数论初步

Elementary Number Theory

陆亚明 易 媛 编著

图书在版编目（CIP）数据

数论初步 / 陆亚明，易媛编著.--西安：西安交通大学出版社，2024.7
ISBN 978-7-5693-3749-5

Ⅰ.①数… Ⅱ.①陆… ②易… Ⅲ.①数论-高等学校-教材 Ⅳ.①O156

中国国家版本馆 CIP 数据核字（2024）第 084517 号

书　　名　数论初步
　　　　　SHULUN CHUBU
编　　著　陆亚明　易　媛
责任编辑　王　欣
责任校对　李　佳
装帧设计　任加盟

出版发行　西安交通大学出版社
　　　　　（西安市兴庆南路 1 号　邮政编码 710048）
网　　址　http://www.xjtupress.com
电　　话　（029）82668357　82667874（市场营销中心）
　　　　　（029）82668315（总编办）
传　　真　（029）82668280
印　　刷　西安日报社印务中心

开　　本　787 mm×1092 mm　1/16　　印张　15.875　　字数　383 千字
版次印次　2024 年 7 月第 1 版　2024 年 7 月第 1 次印刷
书　　号　978-7-5693-3749-5
定　　价　45.00 元

如发现印装质量问题，请于本社市场营销中心联系。
订购热线：（029）82665248　（029）82667874
投稿热线：（029）82664954
读者信箱：1410465857@qq.com

前 言

数论 —— 又被称作算术 —— 是研究整数性质的一个数学分支，有着悠久的历史，例如在两千多年前的我国古代就记载过计算最大公因数、求解不定方程以及同余方程等问题。因为其研究的基本对象是整数，且许多基础概念简单易于接受，所以它成为了唯一一门在小学、中学和大学课程中都会出现的数学分支。然而相反地，其许多问题看似浅显实则非常困难，是用所谓“初等方法”无法解决的。自十九世纪以来，随着分析、代数以及几何工具的不断引入，在许多重要问题的研究获得长足进展的同时也衍生出了数论的众多分支，这彰显了数论所独有的强大兼容性。本书的目的是对数论作一些初步的介绍。

这本书的初稿形成于 2016 年，那是在使用闵嗣鹤与严士健的《初等数论》[1] 给学生授课时所写的讲义。由于西安交通大学的初等数论课程仅有 32 学时，所以当时只写了前七章的部分内容。之后，因为需要给数学试验班一年级的学生在小学期开设数论讨论班，又相继写了与狄利克雷（Dirichlet）特征、素数分布相关的一些材料。最后，把这些内容略作扩充整理，就形成了这本教材。

本书与国内大部分初等数论教材是颇不相同的。首先，目前国内较为流行的初等数论教材有两本，一是上面提到的闵嗣鹤与严士健的《初等数论》，二是潘承洞与潘承彪的《初等数论》[2]，但前者习题太少，后者卷帙过大不利于短学时课程的教学，因此授课教师在使用这两者时均颇为不便，而本书写作的初衷就是在精炼讲解的同时给予学生足量的训练。其次，国内不少教材都沿用了维诺格拉多夫（И. М. Виноградов）的《数论基础》[3] 的模式，那就是先讲二次剩余理论，后讲原根与指标。这一做法的优点在于讲完同余和同余方程的一般理论后就讲二次剩余，从表面上看起来具有连贯性，然而却失去了从高观点来看待原根和二次剩余理论的机会。事实上，从代数观点来看，模 m 有原根当且仅当模 m 的全体既约剩余类所成之集（记作 $\mathbb{Z}_m^*$）在乘法下形成一个循环群，而指标组理论本质上是在讨论 $\mathbb{Z}_m^*$ 的循环群直和分解，因此当我们建立了原根与指标的理论后，在对素数 p 已知 $\mathbb{Z}_p^*$ 是乘法循环群的前提下，勒让德（Legendre）符号的某些性质将会被非常容易得到并理解。所以在本书中我们遵循高斯（C. F. Gauss）在《算术研究》[4] 中的做法，先讲原根与指标，后讲二次剩余理论。最后值得一提的是本书的习题安排，除了常规练习以外，还包含了许多著名的方法与结果（同时还介绍了相关背景），例如在习题 1.4 中先后给出了里歇特（H. -E. Richert）和陈景润的加权筛法；在习题 5.2 中讨论了卡迈克尔（R. D. Carmichael）数的简单性质；在习题 6.2 中给出了高尔士科夫（Д. С. Горшков）将形如 $4n+1$ 的素数表为两整数平方和的方式；在习题 6.6 中给出了希斯–布朗（D. R. Heath-Brown）的平方筛法；在习题 7.4 中利用欧拉–麦克劳林（Euler-Maclaurin）求和公式研究了黎曼（B. Riemann）ζ 函数的显然零点；在习题 8.1 中介绍了西格尔–瓦尔菲斯（Siegel-Walfisz）条件；在习题 9.2 中给出了切比雪夫（П. Л. Чебышев）关于 $\psi(x)$ 的上、下界估计；在习题 9.5 中介绍了兰道（E. Landau）关于 $L(1,\chi)\neq 0$ 的证明（这里 χ 是复特征），等等。虽然无法对这些内容作更深入细致的讨论，但是我们相信这些材料能够极大地激发学生的兴趣以及他们对更高深内容学习的渴望。

本书的内容基本上是自给自足的，除了在部分章节的正文或习题中要用到一些浅显的微积分知识，初学者无需对这些内容过于担心，在阅读时可以将它们略过，愿意深究的读者也可在参考文献 [5] 中查阅到相关材料。此外，为了便于初学者学习，本书附上了较为详细的习题解答以供参考，希望能对读者有所帮助。

本书的编写得到了西安交通大学数学与统计学院的关心与大力支持，我们在此衷心地表示感谢。本书曾以讲义的形式在西安交通大学数学系多次使用，在此过程中，郗平老师和郭振宇老师都对初等数论课程的设置以及教学内容提出了很多宝贵的建议，同学们也在课程中指出了原讲义的不少疏漏和错误，我们在此对他们表示诚挚的谢意。

编者

二〇二二年岁杪于西安交通大学

目 录

符号说明

- 我们用 $\log_a$ 表示以 a 为底的对数，用 $\log$ 表示自然对数. 记 $\exp(x) = \mathrm{e}^x$ 以及 $e(x) = \mathrm{e}^{2\pi\mathrm{i}x}$，这里 e 是自然对数的底，i 是虚数单位.
- 约定 $0! = 1$. 当 n 是正整数时，记 $n! = 1 \cdot 2 \cdots n$，并记

$$(2n)!! = 2 \cdot 4 \cdots (2n), \qquad (2n-1)!! = 1 \cdot 3 \cdots (2n-1).$$

  当 $0 \leqslant k \leqslant n$ 时用 $\binom{n}{k}$ 表示二项式系数，即

$$\binom{n}{k} = \frac{n!}{k!(n-k)!}.$$

- 对有限集 A 而言，用 $|A|$ 表示 A 的元素个数.
- 在集合符号的下标处添加范围的符号用以表示从集合中挑选属于该范围内的元素，例如用 $\mathbb{Z}_{\geqslant 0}$ 表示全体非负整数所成之集，用 $\mathbb{Q}_{<1}$ 表示全体小于 1 的有理数所成之集，等等.
- 设 f, g 均是定义在集合 E 上的函数，如果存在常数 $C > 0$，使得对任意的 $x \in E$ 均有 $|f(x)| \leqslant Cg(x)$，则记

$$f(x) = O(g(x)) \qquad \text{或} \qquad f(x) \ll g(x).$$

  当 C 与某个参数 α 有关时，我们也记 $f(x) = O_\alpha(g(x))$ 或 $f(x) \ll_\alpha g(x)$.
- 设 N 是一个正整数，$a_1, a_2, \cdots, a_N$ 均是复数. 我们把

$$a_1 + a_2 + \cdots + a_N \qquad \text{与} \qquad a_1 \cdot a_2 \cdots a_N$$

  分别记作 $\sum\limits_{n=1}^{N} a_n$ 和 $\prod\limits_{n=1}^{N} a_n$.

  更一般地，对于实数集的有界子集 I，用 $\sum\limits_{n\in I} a_n$ 和 $\prod\limits_{n\in I} a_n$ 分别表示对整数指标 n 属于集合 I 的那些 a_n 进行求和以及求积. 当 I 中不含整数时，约定 $\sum\limits_{n\in I} a_n = 0$ 及 $\prod\limits_{n\in I} a_n = 1$.

  当 $x > 0$ 时，用 $\sum\limits_{n\leqslant x} a_n$ 和 $\prod\limits_{n\leqslant x} a_n$ 分别表示对于整数指标 n 属于区间 $(0, x]$ 的那些 a_n 进行求和以及求积.

- 特殊符号索引

$\sum\limits_{d\mid n}$，$\prod\limits_{d\mid n}$	求和或求积的变量 d 通过 n 的全部正因子
$\sum\limits_{p\mid n}$，$\prod\limits_{p\mid n}$	求和或求积的变量 p 通过 n 的全部素因子
$(a_1,\cdots,a_n)$	$a_1,\cdots,a_n$ 的最大公因数，参见第一章定义 2.1
$[a_1,\cdots,a_n]$	$a_1,\cdots,a_n$ 的最小公倍数，参见第一章定义 3.1
$\pi(x)$	不超过 x 的素数个数
$[x]$	不超过 x 的最大整数
$\{x\}$	$x-[x]$
$v_p(b)$	b 的 p 进赋值，参见第一章定义 5.3
$a\equiv b \pmod m$	a 与 b 关于模 m 同余，参见第三章定义 1.1
$\mathbb{Z}/m\mathbb{Z}$，$\mathbb{Z}_m$	模 m 的全部剩余类所成之集，参见第三章命题 2.2
$\varphi(n)$	Euler 函数，参见第三章命题 2.5
$\delta_m(a)$	a 对模 m 的阶，参见第五章定义 1.1
$\mathrm{ind}_g a$	a 对模 m 的以 g 为底的指标，参见第五章定义 1.5
$\left(\dfrac{a}{p}\right)$	Legendre 符号，参见第六章定义 2.1
$\left(\dfrac{a}{P}\right)$	雅可比（Jacobi）符号，参见第六章定义 3.1
$\tau(n)$，$\tau_k(n)$	除数函数，参见第七章例 1.2 (1)
$\sigma(n)$	除数和函数，参见第七章例 1.2 (2)
$\mu(n)$	默比乌斯（Möbius）函数，参见第七章例 1.2 (4)
$\Lambda(n)$	曼戈尔特（von Mangoldt）函数，参见第七章例 1.2 (5)
$\omega(n)$	n 的不同素因子个数，参见第七章例 1.2 (6)
$\Omega(n)$	n 的全部素因子个数（按重数计），参见第七章例 1.2 (6)
$\lambda(n)$	刘维尔（Liouville）函数，参见第七章例 1.2 (7)
$\chi_q(n)$	模 q 的 Dirichlet 特征，参见第八章定义 1.1
$\sum\limits_{\chi \pmod q}$	求和变量 χ 通过模 q 的全部特征
$\sum\limits_{\chi \pmod q}^{*}$	求和变量 χ 通过模 q 的全部原特征
$G(n,\chi)$	Gauss 和，参见 (8.8)
$\psi(x)$，$\theta(x)$	Чебышев 函数，参见 (9.1)

第一章

整除

因为整数集对加法、减法及乘法封闭，但对除法不封闭，所以整除性是数论研究的首要问题。在本书中，我们将承认整数集的一些基本性质（例如运算性质、大小关系等等）而不去追究其缘由。

§1.1 整除的概念

【定义 1.1】 设 $a, b \in \mathbb{Z}$，$b \neq 0$。如果存在 $q \in \mathbb{Z}$ 使得 $a = bq$，则称 b 整除 a (b divides a)，记为 $b \mid a$；此时也称 a 为 b 的倍数 (multiple)，b 为 a 的因数 (divisor)（或因子，除数）。否则就称 b 不整除 a，记作 $b \nmid a$。

例如，由 $2022 = 6 \cdot 337$ 知 6 和 337 皆是 2022 的因数。此外，容易验证 $5 \nmid 2022$。

下面的命题汇集了整除的一些简单性质，我们把它的证明留作练习。

【命题 1.2】 设 $a, b, c \in \mathbb{Z}$，我们有

(1) $b \mid a \iff -b \mid a \iff b \mid -a \iff |b| \,\big|\, |a|$；

(2) 若 $b \mid a$ 且 $c \mid b$，则 $c \mid a$；

(3) 若 $b \mid a_j$ $(j = 1, 2, \cdots, n)$，则对任意的整数 m_j $(j = 1, 2, \cdots, n)$ 均有

$$b \mid (a_1 m_1 + \cdots + a_n m_n);$$

(4) 设 m 是非零整数，那么 $a \mid b$ 当且仅当 $ma \mid mb$；

(5) $a \mid b$ 且 $b \mid a$ 成立当且仅当 $a = \pm b$；

(6) 若 $a \neq 0$ 且 $b \mid a$，则 $|b| \leqslant |a|$。

【例 1.3】设 $f(x)$ 是一个整系数多项式且 $d \mid a-b$，证明 $d \mid f(a)-f(b)$。

证明 设 $f(x)=\sum\limits_{k=0}^{n} a_k x^k$，则 $f(a)-f(b)=\sum\limits_{k=1}^{n} a_k(a^k-b^k)$。若 $a=b$ 则命题显然成立。当 $a\neq b$ 时由

$$a^k-b^k=(a-b)\sum_{j=0}^{k-1} a^{k-1-j}b^j$$

知 $a-b \mid a^k-b^k$ $(\forall\ k\in\mathbb{Z}_{\geqslant 1})$，再由 $d\mid a-b$ 及命题 1.2 (2) 知 $d\mid f(a)-f(b)$。 □

【例 1.4】设 $a,q\in\mathbb{Z}$，$q>0$。证明：

$$\frac{1}{q}\sum_{k=1}^{q} e\Big(\frac{ak}{q}\Big)=\begin{cases}1, & 若\ q\mid a,\\ 0, & 若\ q\nmid a,\end{cases}$$

其中 $e(x)=\mathrm{e}^{2\pi \mathrm{i}x}$，i 是虚数单位。

证明 为方便起见，将上式左边记作 S_q。若 $q\mid a$，则对任意的 k 有 $e\Big(\dfrac{ak}{q}\Big)=1$，从而 $S_q=1$；若 $q\nmid a$，则 $e\Big(\dfrac{a}{q}\Big)\neq 1$，于是有

$$S_q=\frac{1}{q}\cdot e\Big(\frac{a}{q}\Big)\cdot\frac{1-e\Big(\dfrac{aq}{q}\Big)}{1-e\Big(\dfrac{a}{q}\Big)}=0.$$

□

在上例的条件下，如果我们对整数 n 记

$$f(n)=\frac{1}{q}\sum_{k=1}^{q} e\Big(\frac{nk}{q}\Big),$$

则 f 是定义在 $\mathbb{Z}$ 上的函数，且在 q 的倍数处取值为 1，在其它整数处取值为 0。于是，当我们需要对某些定义在 q 的倍数处的函数进行计算时，可以用 f 把该函数延拓至 $\mathbb{Z}$ 上。例如，当我们需要计算

$$S=\sum_{\substack{n\leqslant x\\ q\mid n}} a_n$$

时，可将 S 写成

$$S=\sum_{n\leqslant x} a_n f(n)=\sum_{n\leqslant x} a_n\cdot\frac{1}{q}\sum_{k=1}^{q} e\Big(\frac{nk}{q}\Big)$$

的形式，再利用加法的交换律和结合律交换上式右边的求和号得到

$$S=\frac{1}{q}\sum_{k=1}^{q}\sum_{n\leqslant x} a_n e\Big(\frac{nk}{q}\Big).$$

当数列 $\{a_n\}$ 的性态较好时，我们可以很好地计算或估计上式中内层和 $\sum_{n\leqslant x} a_n e\left(\frac{nk}{q}\right)$ 的值，进而得到 S 的值或上、下界估计。这种类型的处理方式会在本书中多次出现。

【命题 1.5】 设 $a\in\mathbb{Z}_{>0}$，又设 $d_1,\cdots,d_n$ 为 a 的全体正因数，则 $\frac{a}{d_1},\cdots,\frac{a}{d_n}$ 也是 a 的全体正因数。

证明 不妨设 $d_1,\cdots,d_n$ 两两不同。首先，由 $d_k\mid a$ 知 $\frac{a}{d_k}\in\mathbb{Z}_{>0}$，从而由 $a=d_k\cdot\frac{a}{d_k}$ 知 $\left.\frac{a}{d_k}\right| a$，进而可得

$$\left\{\frac{a}{d_1},\cdots,\frac{a}{d_n}\right\}\subseteq\{d_1,\cdots,d_n\}.$$

此外显然有 $\frac{a}{d_k}\neq\frac{a}{d_\ell}$ $(\forall\, k\neq\ell)$，故而

$$\left|\left\{\frac{a}{d_1},\cdots,\frac{a}{d_n}\right\}\right|=n=|\{d_1,\cdots,d_n\}|,$$

其中 $|\cdot|$ 表示集合的元素个数。综上便知 $\left\{\frac{a}{d_1},\cdots,\frac{a}{d_n}\right\}=\{d_1,\cdots,d_n\}$。 □

在上小学时我们就知道对两个正整数做除法运算可通过竖式得到商和余数，下面的定理是这种竖式运算的前提保证。

【定理 1.6】（带余数除法） 设 $a,b\in\mathbb{Z}$，$b>0$，则存在唯一的 $q,r\in\mathbb{Z}$ 使得

$$a=bq+r\qquad\text{且}\qquad 0\leqslant r<b. \tag{1.1}$$

证明 先证存在性。首先考虑 $a\geqslant 0$ 的情形。记

$$S=\{n\in\mathbb{Z}_{\geqslant 0}:(n+1)b>a\},$$

则由 $\mathbb{Z}$ 的阿基米德（Archimedes）性质[①] 知 $S\neq\varnothing$，进而由良序原理[②] 知 S 有最小元，我们把它记作 q。由 q 的最小性及 $a\geqslant 0$ 知

$$qb\leqslant a<(q+1)b.$$

现令 $r=a-qb$，则有 $a=bq+r$ 及 $0\leqslant r<b$。

[①] 整数集的 Archimedes 性质说的是：对任意的整数 a,b，只要 $b\geqslant 1$，就必存在正整数 k 使得 $kb>a$。

[②] 良序原理说的是：自然数集的任意非空子集均有最小元。

若 $a<0$，则 $-a>0$，从而由上一段知存在 q,r 满足

$$-a=bq+r \qquad 且 \qquad 0\leqslant r<b.$$

若 $r=0$，则上式也即 $a=(-q)b$，从而 a 可写成 (1.1) 的形式；若 $0<r<b$，则由

$$a=(-q-1)b+(b-r) \qquad 且 \qquad 0<b-r<b.$$

知 a 亦可写成 (1.1) 的形式。

再证唯一性。假设 q_1,r_1 也满足 $a=bq_1+r_1$ 及 $0\leqslant r_1<b$，则 $b(q-q_1)=r_1-r$，这说明 r_1-r 是 b 的倍数，但是 $0\leqslant|r_1-r|<b$，故由命题 1.2 (6) 知 $r_1=r$，进而有 $q_1=q$。 □

【**定义 1.7**】上面定理中的 q 被称为 a 除以 b 所得的商 (quotient)，r 被称为 a 除以 b 所得的最小非负余数 (least nonnegative residue)（或简称为余数）。

在定理 1.6 的条件下，可以证明存在唯一的整数 q' 和 r' 满足

$$a=bq'+r' \qquad 及 \qquad 1\leqslant r'\leqslant b,$$

这样的 r' 被称为 a 除以 b 所得的最小正余数；同样存在整数 q'' 和 r'' 满足

$$a=bq''+r'' \qquad 及 \qquad -\frac{b}{2}\leqslant r''\leqslant\frac{b}{2},$$

这样的 r'' 被称为 a 除以 b 所得的绝对最小余数。

习 题 1.1

1. 证明命题 1.2。
2. 证明：对任意的奇数 n 均有 $8\mid n^2-1$。
3. 证明：对任意的整数 n 均有 $6\mid n(n+1)(2n+1)$。
4. 设 k 是正整数，证明 $n^2\mid(n+1)^k-1$ 成立的充要条件是 $n\mid k$。
5. 证明：对任意的整数 a,b 均有 $4\nmid a^2-b^2+2$。
6. 证明：若 $3\nmid xy$，则 x^2+y^2 不是完全平方数。
7. 证明：对任意的正整数 n 有 $6^n n!\mid(3n)!$。
8. 设 $f(x)=a_nx^n+\cdots+a_1x+a_0$ $(a_n\neq 0)$ 是一个整系数多项式，且 $f(0)$ 与 $f(1)$ 均是奇数，证明 f 没有整数根。

9. 设 $f(x_1,\cdots,x_n)$ 是一个 n 元多项式，又设 $d \mid a_j - b_j$ $(1 \leqslant j \leqslant n)$，证明

$$d \mid f(a_1,\cdots,a_n) - f(b_1,\cdots,b_n).$$

10. 绝对最小余数是否是唯一的？若不然，那么在什么情况下它是唯一的？

11. 证明每一个整数都可以用十进制唯一表示。

§1.2 最大公因数

【**定义 2.1**】设 $a_1, \cdots, a_n$ 为 n 个整数，若整数 d 满足 $d \mid a_k$ $(1 \leqslant k \leqslant n)$，则称 d 为 $a_1, \cdots, a_n$ 的公因数 (common divisor)。当 $a_1, \cdots, a_n$ 不全为 0 时，$a_1, \cdots, a_n$ 的公因数中最大者被称为 $a_1,\cdots,a_n$ 的最大公因数 (greatest common divisor)，记为 $(a_1, \cdots, a_n)$。如果 $(a_1, \cdots, a_n) = 1$，则称 $a_1, \cdots, a_n$ 互素 (coprime)。若 $a_1, \cdots, a_n$ 中任意两个整数均互素，则称它们两两互素 (mutually coprime)。

例如三个数 18, 48, 90 的公因数的集合为 $\{\pm1, \pm2, \pm3, \pm6\}$，所以

$$(18, 48, 90) = 6.$$

又如 3, 14, 65, 121 是一组两两互素的整数。

【**命题 2.2**】我们有

(1) $(a_1,\cdots,a_n) = (|a_1|,\cdots,|a_n|)$;

(2) 对任意的 $b \neq 0$ 有 $(0,b) = |b|$;

(3) 设 $b > 0$，那么 $(a,b) = b$ 当且仅当 $b \mid a$;

(4) 设 a, b, c 不全为 0 且 $a = bq + c$，则 $(a,b) = (b,c)$。

证明 (2)，(3) 可由定义直接得到。为了证明 (1)，(4)，只需说明等式两边数组的公因数集合相同即可。以 (4) 为例，若 d 是 a 和 b 的公因数，则由 $c = a - bq$ 及命题 1.2 (3) 知 $d \mid c$，从而 d 是 b 和 c 的公因数；反之，若 d 是 b 和 c 的公因数，则由 $a = bq + c$ 知 $d \mid a$，从而 d 是 a 和 b 的公因数。 □

特别值得注意的是上面的结论 (4)，它可被写成

$$(b, bq + c) = (b, c).$$

这意味着在计算两个数的最大公因数时，对其中一个数添加另一个数的倍数不改变最大公因数的值。换句话说，“倍数部分” bq 在计算中是可以被略去的。

【例 2.3】费马（Fermat）数是形如 $F_n = 2^{2^n} + 1\ (n \in \mathbb{Z}_{\geqslant 0})$ 的数[3]。证明：当 $m \neq n$ 时有 $(F_m, F_n) = 1$。

证明 不妨设 $m > n$，反复利用平方差公式可得

$$\begin{aligned} 2^{2^m} - 1 &= (2^{2^{m-1}} + 1)(2^{2^{m-1}} - 1) \\ &= (2^{2^{m-1}} + 1)(2^{2^{m-2}} + 1)(2^{2^{m-2}} - 1) \\ &= \cdots = (2^{2^{m-1}} + 1)(2^{2^{m-2}} + 1)\cdots(2^{2^n} + 1)(2^{2^n} - 1), \end{aligned}$$

因此 $2^{2^n} + 1 \mid 2^{2^m} - 1$，进而由命题 2.2 (4) 知

$$\begin{aligned} (F_m, F_n) &= \big(2^{2^m} + 1, 2^{2^n} + 1\big) = \big(2^{2^m} + 1 - \big(2^{2^m} - 1\big), 2^{2^n} + 1\big) \\ &= \big(2, 2^{2^n} + 1\big) = 1. \end{aligned}$$

□

按照定义 2.1，最大公因数是公因数中最大者。然而在实际计算中，当数值较大时要将公因数逐一罗列出来是非常困难的，所以给出一个简便算法实乃当务之急。下面首先来考虑最简单的情况，即求两个数的最大公因数。回忆起命题 2.2 (4)，它使得我们可以从一个数中取走另一个数的倍数而不改变最大公因数的值，注意到这一过程可以让其中一个数的数值变小，例如在计算 $(259, 77)$ 时，由于 $259 = 3 \cdot 77 + 28$，所以

$$(259, 77) = (3 \cdot 77 + 28,\ 77) = (28, 77),$$

这样我们就把数值 259 减少为 28，并且保持最大公因数的值不变，进一步地，由于 $77 = 2 \cdot 28 + 21$，所以

$$(259, 77) = (28, 77) = (28,\ 2 \cdot 28 + 21) = (28, 21),$$

我们就把数值 77 减少为 21，且保持最大公因数的值不变。反复利用这一做法就可以不断地减少数值，以至于我们只需对很小的两个数去计算最大公因数即可。以上想法引出了下述重要结论。

---

[3] 可以证明，如果形如 $2^k + 1$ 的数是素数（即除了 1 和其自身外该数没有别的正因子），那么 k 必然是 2 的幂（参见 §1.4 习题 7）。鉴于此，并在验证了前五个数

$$F_0 = 3, \quad F_1 = 5, \quad F_2 = 17, \quad F_3 = 257, \quad F_4 = 65537$$

均是素数的前提下，P. de Fermat 猜测形如 $2^{2^n} + 1$ 的数均是素数，尽管这一猜想被 L. Euler 推翻了（具体参见第五章例 1.4），但是人们依然把这类数用 Fermat 的名字命名。

【定理 2.4】(辗转相除法) 设 $a, b \in \mathbb{Z}_{>0}$。又设由带余数除法可得下面一系列等式:

$$
\begin{aligned}
a &= bq_1 + r_1, & 0 < r_1 < b,\\
b &= r_1q_2 + r_2, & 0 < r_2 < r_1,\\
&\vdots\\
r_{n-2} &= r_{n-1}q_n + r_n, & 0 < r_n < r_{n-1},\\
r_{n-1} &= r_nq_{n+1}.
\end{aligned} \tag{1.2}
$$

那么

(1) $r_n = (a, b)$;

(2) 存在 $x, y \in \mathbb{Z}$ 使得 $r_n = ax + by$。

证明 (1) 由命题 2.2 (3) 和 (4) 知

$$r_n = (r_{n-1}, r_n) = (r_{n-1}, r_{n-2} - r_{n-1}q_n) = (r_{n-1}, r_{n-2}),$$

以此类推可得 $r_n = (r_{n-1}, r_{n-2}) = (r_{n-2}, r_{n-3}) = \cdots = (b, r_1) = (a, b)$。

(2) 将 (1.2) 中的等式逐个回代即得。具体来说,由 (1.2) 中倒数第二步知 $r_n = r_{n-2} - r_{n-1}q_n$,这意味着 r_n 可写成 r_{n-1} 的倍数与 r_{n-2} 的倍数之和。将 (1.2) 中倒数第三步 $r_{n-1} = r_{n-3} - r_{n-2}q_{n-1}$ 代入可得

$$
\begin{aligned}
r_n &= r_{n-2} - r_{n-1}q_n = r_{n-2} - (r_{n-3} - r_{n-2}q_{n-1})q_n\\
&= -q_nr_{n-3} + (1 + q_{n-1}q_n)r_{n-2},
\end{aligned}
$$

这就将 r_n 写成了 r_{n-2} 的倍数与 r_{n-3} 的倍数之和。进一步将 $r_{n-2} = r_{n-4} - r_{n-3}q_{n-2}$ 代入可得

$$
\begin{aligned}
r_n &= -q_nr_{n-3} + (1 + q_{n-1}q_n)(r_{n-4} - r_{n-3}q_{n-2})\\
&= (1 + q_{n-1}q_n)r_{n-4} - (q_n + (1 + q_{n-1}q_n)q_{n-2})r_{n-3},
\end{aligned}
$$

这就将 r_n 写成了 r_{n-3} 的倍数与 r_{n-4} 的倍数之和,反复以上步骤就可将 r_n 写成 $ax+by$ 的形式。 □

所谓辗转相除法,顾名思义就是在反复地做带余数除法,由于 b 是一个给定的正整数,而算式 (1.2) 中每一步的余数都比上一步的余数小,因此经过有限步后余数必然会变为 0,此时算法就会终止,习题 10 给出了算法步数的一个上界。

在我国，上述方法源于《九章算术》中的更相减损术，其原本的目的是在对分数进行约分运算之前先去计算分子和分母的最大公因数，该书中所论及约分的方法为“可半者半之；不可半者，副置分母、子之数，以少减多，更相减损，求其等也，以等数约之。”在国外这被称为 Euclid 算法 (Euclidean algorithm)，这是因为欧几里得（Euclid）在《几何原本》第七章命题 1 和命题 2 中详细论述了这一方法。

【推论 2.5】 $(a, b)=1$ 的充要条件是存在 $x, y \in \mathbb{Z}$ 使得 $ax+by=1$。

证明 必要性可直接由定理 2.4 得出。反之，若存在 $x, y \in \mathbb{Z}$ 使得 $ax+by=1$，那么由命题 1.2 (3) 知 a 和 b 的任一公因数 d 均满足 $d \mid 1$，从而 $(a, b)=1$。 □

【例 2.6】 求 $(-1859, 1573)$，并求一组整数 x, y 使得

$$(-1859)x+1573y=(-1859, 1573).$$

解 利用辗转相除法可得

$$\begin{aligned} 1859 &= 1 \cdot 1573 + 286, \\ 1573 &= 5 \cdot 286 + 143, \\ 286 &= 2 \cdot 143, \end{aligned}$$

故 $(-1859, 1573)=143$。此外，我们有

$$143=1573-5 \cdot 286=1573-5 \cdot(1859-1573)=5 \cdot(-1859)+6 \cdot 1573,$$

故取 $x=5$，$y=6$ 即可。 □

【例 2.7】 设 $m, n \in \mathbb{Z}_{\geqslant 1}$，证明 $(2^m-1, 2^n-1)=2^{(m, n)}-1$。

证明 由辗转相除法知

$$\begin{aligned} m &= nq_1+r_1, & 0<r_1<n, \\ n &= r_1q_2+r_2, & 0<r_2<r_1, \\ & \vdots & \\ r_{k-2} &= r_{k-1}q_k+r_k, & 0<r_k<r_{k-1}, \\ r_{k-1} &= r_kq_{k+1}, & \end{aligned}$$

其中 $r_k=(m, n)$。由上面第一式可得

$$(2^m-1, 2^n-1)=(2^{nq_1+r_1}-1, 2^n-1)=(2^{r_1}(2^{nq_1}-1)+2^{r_1}-1, 2^n-1)$$

$$= (2^n - 1, 2^{r_1} - 1),$$

依此类推便有

$$(2^m - 1, 2^n - 1) = (2^n - 1, 2^{r_1} - 1) = \cdots = (2^{r_{k-1}} - 1, 2^{r_k} - 1) = 2^{r_k} - 1$$
$$= 2^{(m,n)} - 1.$$

□

【例 2.8】 证明 $\dfrac{\sqrt{5}+1}{2}$ 是无理数。

证明 这是个非常有趣的例子，它虽然简单，但却有着非常重要的意义。在历史上，人们一度认为所有的“数”均是有理数，例如古希腊的毕达哥拉斯（Pythagoras）学派就把“任意两个量均可公度”作为他们的信条（所谓两个量可公度 (commensurable)，是指它们的比值是有理数），然而在公元前 5 世纪，该学派的门徒希帕索斯（Hippasus）发现正五边形的对角线与边长是不可公度的，也即是说，他发现了 $\dfrac{\sqrt{5}+1}{2}$ 不是有理数，这对当时的数学理念造成了极大的冲击。Hippasus 是利用几何方法证明这一结论的，但其本质与辗转相除法一致，下面我们来看看具体做法。反设存在正整数 a, b 使得 $\dfrac{\sqrt{5}+1}{2} = \dfrac{a}{b}$，现作带余数除法（不妨如同 (2.1) 一般，设余数不为 0）

$$a = bq_1 + r_1, \qquad 0 < r_1 < b,$$

由 $1 < \dfrac{\sqrt{5}+1}{2} < 2$ 知 $q_1 = 1$，于是

$$\frac{b}{r_1} = \frac{b}{a-b} = \left(\frac{a}{b} - 1\right)^{-1} = \left(\frac{\sqrt{5}+1}{2} - 1\right)^{-1} = \frac{\sqrt{5}+1}{2}.$$

再作带余数除法（仍不妨设余数不为 0）

$$b = r_1 q_2 + r_2, \qquad 0 < r_2 < r_1,$$

那么与上面类似可得 $q_2 = 1$，且 $\dfrac{r_1}{r_2} = \dfrac{\sqrt{5}+1}{2}$，这一过程可以按照 (2.1) 反复做下去，直到 $\dfrac{r_{n-1}}{r_n} = \dfrac{\sqrt{5}+1}{2}$，其中 $r_n \mid r_{n-1}$，可是这个式子左边是整数而右边位于区间 $(1, 2)$ 中，从而得出矛盾。 □

【命题 2.9】 设 a, b 不全为 0，则 d 是 a, b 的公因数当且仅当 $d \mid (a, b)$。

证明 必要性：由定理 2.4 知存在 $x, y \in \mathbb{Z}$ 使得 $(a, b) = ax + by$，故若 d 是 a, b 的公因数，即 $d \mid a$ 且 $d \mid b$，那么 $d \mid (a, b)$。

充分性：由于 (a, b) 也是 a 和 b 的公因数，所以由命题 1.2 (2) 知当 $d \mid (a, b)$ 时必有 $d \mid a$ 且 $d \mid b$。 □

【命题 2.10】 设 a, b, c 是三个整数，且 $(a,c)=1$，则

(1) $(ab,c)=(b,c)$;

(2) 若 $c \mid ab$，则 $c \mid b$;

(3) 若 $a \mid b$ 且 $c \mid b$，则 $ac \mid b$。

证明 由定理 2.4 知存在 $x, y \in \mathbb{Z}$ 使得 $ax+cy=1$。

(1) 首先，b 与 c 的公因数必为 ab 与 c 的公因数；其次，由 $(ab)x+c(by)=b$ 知，ab 与 c 的公因数均为 b 与 c 的公因数。故 $(ab,c)=(b,c)$。

(2) 若 $c \mid ab$，则由命题 2.2 (3) 及本命题 (1) 的结论知

$$c=(ab,c)=(b,c),$$

从而 $c \mid b$。

(3) 不妨设 $b=am=cn$，于是

$$b=(ax+cy)b=ac(nx+my),$$

故而 $ac \mid b$。 □

【推论 2.11】 设 $a_1, \cdots, a_n$ 与 $b_1, \cdots, b_m$ 是两组整数。若 $(a_i,b_j)=1\ (\forall\, i, j)$，则 $(a_1\cdots a_n, b_1\cdots b_m)=1$。

证明 对给定的 a_i，由 $(a_i,b_j)=1\ (\forall\, j)$ 及命题 2.10 (1) 知 $(a_i, b_1\cdots b_m)=1$，再由 i 的任意性及命题 2.10 (1) 知 $(a_1\cdots a_n, b_1\cdots b_m)=1$。 □

接下来介绍另一种刻画最大公因数的方法，为此我们来考虑形如 $ax+by$ 的正整数。一方面，必然有 $(a,b) \mid ax+by$；另一方面，由辗转相除法知 (a,b) 可写成 $ax+by$ 的形式，因此 (a,b) 是所有形如 $ax+by$ 的正整数中最小者。

【定理 2.12】（Bézout[4]） 设 a, b 不全为 0，则

$$(a,b)=\min\{ax+by>0 : x, y \in \mathbb{Z}\}.$$

证明 在上一段中我们事实上已经给出了本定理的证明，但这依赖于辗转相除法。一个独立性的证明是更加有意义的。

记 $S=\{ax+by>0 : x, y \in \mathbb{Z}\}$，则 S 是 $\mathbb{Z}_{\geqslant 0}$ 的一个非空子集，故由良序原理知 S 有最小元，记作 d。下面来证明 d 是 a, b 的最大公因数。

---

[4] 事实上，该定理最早出现在巴歇（C. G. Bachet de Méziriac）于 1624 年出版的著作《关于整数的令人愉悦和舒心的问题 (Problèmes plaisants et délectables qui se font par les nombres)》中，而贝祖（É. Bézout）则是将这一结论推广到了多项式函数上去。

记 $d = ax_0 + by_0$，由带余数除法知存在 q, r 使得

$$a = qd + r, \qquad 0 \leqslant r < d.$$

若 $r \neq 0$，则由 $r = a - qd = a(1 - qx_0) - bqy_0$ 知 $r \in S$，这与 d 的最小性矛盾。因此 $r = 0$，从而 $d \mid a$，同理可得 $d \mid b$。这就证明了 d 是 a, b 的公因数。

此外，由 $d = ax_0 + by_0$ 知 a, b 的公因数均整除 d，从而 $d = (a, b)$。 □

【命题 2.13】 设 a, b 不全为 0，则

(1) 对任意的正整数 k 有 $k(a, b) = (ka, kb)$；

(2) 设 d 是 a, b 的公因子，则 $\left(\dfrac{a}{d}, \dfrac{b}{d}\right) = \dfrac{(a, b)}{|d|}$。特别地，$\left(\dfrac{a}{(a, b)}, \dfrac{b}{(a, b)}\right) = 1$。

证明 (1) 由定理 2.12 知

$$\begin{aligned}(ka, kb) &= \min\{kax + kby > 0 : x, y \in \mathbb{Z}\} \\ &= k \cdot \min\{ax + by > 0 : x, y \in \mathbb{Z}\} = k(a, b),\end{aligned}$$

(2) 利用 (1) 中的结论可得

$$|d|\left(\frac{a}{d}, \frac{b}{d}\right) = \left(|d| \cdot \frac{a}{d}, |d| \cdot \frac{b}{d}\right) = (a, b),$$

所以 $\left(\dfrac{a}{d}, \dfrac{b}{d}\right) = \dfrac{(a, b)}{|d|}$。特别地，取 $d = (a, b)$ 可得 $\left(\dfrac{a}{(a, b)}, \dfrac{b}{(a, b)}\right) = 1$。 □

在本节的最后，我们来考虑求多个数的最大公因数的问题。首先，容易利用定理 2.12 的证明方法得到：

【定理 2.14】 设 $a_1, \cdots, a_n$ 不全为 0，则

$$(a_1, \cdots, a_n) = \min\{a_1x_1 + \cdots + a_nx_n > 0 : x_1, \cdots, x_n \in \mathbb{Z}\}.$$

由这一定理可得如下推论。

【推论 2.15】 设 $a_1, \cdots, a_n$ 不全为 0，则

(1) d 为 $a_1, \cdots, a_n$ 的公因数当且仅当 $d \mid (a_1, \cdots, a_n)$；

(2) $(a_1, \cdots, a_{n+1}) = ((a_1, \cdots, a_n), a_{n+1})$。

证明 (1) 是定理 2.14 的直接推论（可类比命题 2.9 的证明），下证 (2)。一方面，如果 d 是 $a_1, \cdots, a_{n+1}$ 的公因数，那么必有 $d \mid (a_1, \cdots, a_n)$ 以及 $d \mid a_{n+1}$，也即是说 d 是 $(a_1, \cdots, a_n)$ 和 a_{n+1} 的公因数；另一方面，若 d 是 $(a_1, \cdots, a_n)$ 和 a_{n+1} 的公因数，

那么由 (1) 知 d 是 $a_1,\cdots,a_{n+1}$ 的公因数。因此 $(a_1,\cdots,a_n)$ 和 a_{n+1} 的公因数集合与 $a_1,\cdots,a_{n+1}$ 的公因数集合相等，从而 $(a_1,\cdots,a_{n+1})=((a_1,\cdots,a_n),a_{n+1})$。 □

推论 2.15 (2) 说明，我们可将计算多个整数的最大公因数问题转化为计算两个整数的最大公因数。

【例 2.16】 计算 $(234,312,585)$。

解 利用辗转相除法可以得到 $(234,312)=78$ 以及 $(78,585)=39$，所以

$$(234,312,585)=39.$$

□

习题 1.2

1. 证明定理 2.14。
2. 计算:

   (1) $(120,285)$；　(2) $(2914,3596)$；

   (3) $(6188,4709)$；　(4) $(255,663,952)$；

   (5) $(492,1722,3075)$；　(6) $(360,840,288,456)$。
3. 求 $(105,182)$，并求一组 $x,y\in\mathbb{Z}$ 使得 $105x+182y=(105,182)$。
4. 证明：对任意的正整数 n，$\dfrac{21n+4}{14n+3}$ 均为既约分数。
5. 设 $2\nmid n$，证明 $24\mid n(n^2-1)$。
6. 设 a,b 是两个正整数，证明 $17\mid 2a+3b$ 当且仅当 $17\mid 9a+5b$。
7. 设 $(a,b)=1$，证明 $(a+b,a^2+ab+b^2)=1$。
8. 设 $a>b\geqslant 1$，$(a,b)=1$，m,n 是两个正整数。证明

$$(a^m-b^m,a^n-b^n)=a^{(m,n)}-b^{(m,n)}.$$

9. 利用辗转相除法证明 $\sqrt{2}$ 是无理数。
10. 设 $a>b>0$。证明在辗转相除法 (1.2) 中有 $r_{k+2}\leqslant\dfrac{1}{2}r_k\ (\forall\ k\geqslant 1)$，进而推出 (1.2) 中的算法在运算不超过 $2\log_2 b+1$ 步后就会终止。
11. 设 $\{a_n\}$ 是一个严格递增的正整数序列，证明存在 a_s，a_t，使得有无穷多个 a_n 可表为 $a_n=a_sx+a_ty$ 的形式。

§1.3 最小公倍数

【**定义 3.1**】设 $a_1,\cdots,a_n$ 均不为 0。若 $m\in\mathbb{Z}$ 满足 $a_j\mid m\ (j=1,\cdots,n)$，则称 m 是 $a_1,\cdots,a_n$ 的公倍数 (common multiple)。我们把 $a_1,\cdots,a_n$ 的正公倍数中最小者称为 $a_1,\cdots,a_n$ 的最小公倍数 (least common multiple)，记作 $[a_1,\cdots,a_n]$。

【**命题 3.2**】设 $a_1,\cdots,a_n$ 均不为 0，则 $[a_1,\cdots,a_n]=[|a_1|,\cdots,|a_n|]$。

证明　这是因为 $a_1,\cdots,a_n$ 的正公倍数的集合与 $|a_1|,\cdots,|a_n|$ 的正公倍数的集合相同。 □

【**命题 3.3**】m 为 $a_1,\cdots,a_n$ 的公倍数当且仅当 $[a_1,\cdots,a_n]\mid m$。

证明　充分性显然，下证必要性。记 $m_0=[a_1,\cdots,a_n]$，由带余数除法知存在 $q,\ r$ 满足

$$m=qm_0+r,\qquad 0\leqslant r<m_0.$$

因为对任意的 j 有 $a_j\mid m$ 及 $a_j\mid m_0$，故 $a_j\mid r$，也即是说 r 是 $a_1,\cdots,a_n$ 的公倍数，从而由 m_0 是 $a_1,\cdots,a_n$ 的最小公倍数知 $r=0$，进而得到 $m_0\mid m$。 □

【**推论 3.4**】设 $a_1,\cdots,a_{n+1}$ 均不为 0，则 $[a_1,\cdots,a_{n+1}]=[[a_1,\cdots,a_n],a_{n+1}]$。

证明　只需说明 $a_1,\cdots,a_{n+1}$ 的公倍数集合与 $[a_1,\cdots,a_n],a_{n+1}$ 的公倍数集合相等即可。具体过程与推论 2.15 (2) 的证明类似，不再赘述。 □

最小公倍数与最大公因数之间有如下重要联系。

【**定理 3.5**】设 $a,\ b\in\mathbb{Z}_{>0}$，则 $[a,b](a,b)=ab$。

证明　记 $d=(a,b)$，$a=ds$，$b=dt$，则 $\dfrac{ab}{(a,b)}=dst$ 是 $a,\ b$ 的一个正公倍数。另一方面，由辗转相除法知存在 $x,\ y\in\mathbb{Z}$ 使得 $d=ax+by$，故对 $a,\ b$ 的任一正公倍数 m 有

$$\frac{m}{dst}=\frac{md}{ab}=\frac{m}{ab}(ax+by)=\frac{m}{b}x+\frac{m}{a}y\in\mathbb{Z},$$

于是 $m\geqslant dst$。这说明 dst 是 $a,\ b$ 的最小公倍数，从而命题得证。 □

上述定理提供了一个计算最小公倍数的方法，那就是先通过辗转相除法计算出 (a,b)，再利用 $[a,b]=\dfrac{ab}{(a,b)}$ 计算 $[a,b]$。

【**例 3.6**】计算 $[204,374]$。

解　利用辗转相除法可得 $(204,374)=34$，于是

$$[204,374]=\frac{204\cdot 374}{34}=2244.$$

□

最后，我们给出一个与命题 2.13 类似的结论。

【命题 3.7】 对任意的正整数 k 有 $[ak, bk] = [a, b]k$。

证明 不妨设 a, b 均为正整数。由定理 3.5 及命题 2.13 (1) 知

$$[ka, kb] = \frac{k^2ab}{(ka, kb)} = \frac{k^2ab}{k(a, b)} = k[a, b].$$

□

习题 1.3

1. 计算：

   (1) $[21, 45]$； (2) $[48, 84]$；

   (3) $[264, 429]$； (4) $[195, 520, 910]$。

2. 设正整数 a, b, c 满足 $a < b < c$，$(a, b, c) = 10$ 以及 $[a, b, c] = 100$，求 a, b, c。

3. 试求满足 $[a, b] = 150$ 及 $a - 2b = 13$ 的全部正整数 a, b。

4. 设 a, b 是两个给定的正整数，证明方程组

$$\begin{cases} (x, y) = a, \\ [x, y] = b \end{cases}$$

   有解的充要条件是 $a \mid b$。

5. 设 n 是一个正整数，求 $[n, n+1, n+2]$。

6. 在不超过 1000 的正整数中，至少能被 2，3，5 中一个整除的数共有多少个？

7. 设 a, b, c 均是正整数，证明：$(a, b, c)[a, b, c] = abc$ 成立的充要条件是

$$(a, b) = (b, c) = (c, a) = 1.$$

8. 设 a, b 均是非零整数，证明 $(a, b) = (a + b, [a, b])$。

9. 设 $\{a_n\}$ 是一个严格单调递增的正整数数列，证明级数 $\sum\limits_{n=1}^{\infty} \dfrac{1}{[a_n, a_{n+1}]}$ 收敛。

10. 设正整数 M, r, q 满足 $r \mid M$ 以及 $q \mid M$，$F(x)$ 是一个整系数多项式。证明：当 $q \nmid r$ 时有

$$\sum_{\substack{n \leqslant M \\ (F(n), r) = 1}} e\left(\frac{n}{q}\right) = 0.$$

§ 1.4

算术基本定理

【定义 4.1】一个大于 1 的整数，如果它的正因数只有 1 和它自身，则称之为素数 (prime)，否则称之为合数 (composite number)。我们用 $\pi(x)$ 表示不超过 x 的素数的个数。

例如，不超过 20 的素数有

$$2,\quad 3,\quad 5,\quad 7,\quad 11,\quad 13,\quad 17,\quad 19,$$

所以 $\pi(20)=8$。

在本书中，如果未加说明，那么字母 p 总默认表示素数。

【命题 4.2】设 $a>1$，则 a 的除 1 以外的最小正因数 q 是素数，并且当 a 为合数时有 $q\leqslant\sqrt{a}$。

证明 首先，若 q 不是素数，则必存在 q 的因子 r 满足 $1<r<q$，于是 $r\mid a$，这与 q 的最小性矛盾。其次，如果 a 是合数，那么 $\dfrac{a}{q}$ 也是 a 的大于 1 的因子，故由 q 的最小性知 $q\leqslant\dfrac{a}{q}$，也即 $q\leqslant\sqrt{a}$。 □

上述命题提供了一个检测素数的方法。例如为了查验 113 是否是素数，只需对满足 $p\leqslant\sqrt{113}$ 的素数 p 去检验是否有 $p\mid 113$ 即可。因为这样的 p 只能是 2, 3, 5, 7 中的某个，而这些素数都不整除 113，所以 113 是素数。与之类似，对任意给定的正实数 x，我们可以利用上述方法逐步删去合数从而找出不超过 x 的全部素数。以 $x=30$ 为例。首先将不超过 30 的正整数都列出来:

1	2	3	4	5	6	7	8	9	10	11	12	13	14	15
16	17	18	19	20	21	22	23	24	25	26	27	28	29	30

我们将第一个素数 2 挑选出来，并将大于 2 且是 2 的倍数的整数删去，于是得到

1	②	3	~~4~~	5	~~6~~	7	~~8~~	9	~~10~~	11	~~12~~	13	~~14~~	15
~~16~~	17	~~18~~	19	~~20~~	21	~~22~~	23	~~24~~	25	~~26~~	27	~~28~~	29	~~30~~

2 后面第一个没有被删去的数是 3，它必是一个素数，于是我们将它挑选出来，并将大于 3 且是 3 的倍数的整数删去，进而得到

1	②	③	~~4~~	5	~~6~~	7	~~8~~	~~9~~	~~10~~	11	~~12~~	13	~~14~~	~~15~~
~~16~~	17	~~18~~	19	~~20~~	~~21~~	~~22~~	23	~~24~~	25	~~26~~	~~27~~	~~28~~	29	~~30~~

3 后面第一个没有被删去的数是 5，它必是一个素数，于是我们将它挑选出来，并将大于 5 且是 5 的倍数的整数删去，于是得到

1 ② ③ ~~4~~ ⑤ ~~6~~ 7 ~~8~~ ~~9~~ ~~10~~ 11 ~~12~~ 13 ~~14~~ ~~15~~
~~16~~ 17 ~~18~~ 19 ~~20~~ ~~21~~ ~~22~~ 23 ~~24~~ ~~25~~ ~~26~~ ~~27~~ ~~28~~ 29 ~~30~~

这一过程无需再进行下去了，因为由命题 4.2 知不超过 30 的合数必有一个不超过 $\sqrt{30}$ 的素因子，所以剩下的数中除了 1 以外全是素数，现将它们都圈出来

1 ② ③ ~~4~~ ⑤ ~~6~~ ⑦ ~~8~~ ~~9~~ ~~10~~ ⑪ ~~12~~ ⑬ ~~14~~ ~~15~~
~~16~~ ⑰ ~~18~~ ⑲ ~~20~~ ~~21~~ ~~22~~ ㉓ ~~24~~ ~~25~~ ~~26~~ ~~27~~ ~~28~~ ㉙ ~~30~~

这就找出了全部不超过 30 的素数。因为上述做法是由亚历山大（Alexander）时期的埃拉托色尼（Eratosthenes）提出的[5]，所以它被称作 Eratosthenes 筛法 (sieve of Eratosthenes)。

下面我们给出素数的一些简单性质。

【定理 4.3】 *存在无穷多个素数。也即* $\lim\limits_{x\to+\infty}\pi(x)=+\infty$。

证明 （Euclid[6]）由于对任意的正整数 n 而言，$n!+1$ 的素因子必大于 n，故存在无穷多个素数。 □

【命题 4.4】 *设 p 是素数，则对任意整数 a 而言，要么 $p\mid a$，要么 $(p,a)=1$。*

证明 因为 $(p,a)\mid p$ 而 p 是素数，故要么 $(p,a)=1$，要么 $(p,a)=p$，而后者也即 $p\mid a$。 □

【命题 4.5】 *设 p 是素数且 $p\mid a_1\cdots a_n$，则至少存在某个 i，使得 $p\mid a_i$。*

证明 若不然，则由命题 4.4 知 $(p,a_i)=1\ (1\leqslant i\leqslant n)$，进而由推论 2.11 知

$$(p,a_1\cdots a_n)=1,$$

这与假设矛盾。 □

我们在小学学习乘法运算时就意识到大于 1 的整数能写成素数的乘积，例如 $12=2^2\cdot 3$，$105=3\cdot 5\cdot 7$，并且这样的表示方法在不计乘积次序的前提下是唯一的，这一性质虽然看上去简单，但它所展现出的整数结构对于数论而言极为重要，因此人们称之为算术基本定理 (fundamental theorem of arithmetic)。

---

[5] 该方法最早被记录在尼科马凯斯（Nichomachus）（公元 1 ~ 2 世纪）的著作《算术入门》中。

[6] 这里采用的证明方法源于《几何原本》第九卷命题 20 的证明，具体过程虽与 Euclid 的原始证明略有差异，但思想是一致的。

【定理 4.6】（算术基本定理） 设 $a>1$，则必有

$$a=p_1\cdots p_n,$$

其中 $p_k\ (1\leqslant k\leqslant n)$ 均为素数，且在不计乘积次序的情况下上述表达式是唯一的。

证明 先证存在性，利用第二数学归纳法。当 $a=2$ 时命题显然成立。现设对 $a>2$ 而言，所有满足 $2\leqslant k<a$ 的整数 k 均可表为素数的乘积，下证 a 亦可表为素数的乘积。事实上，若 a 为素数，则命题已然获证；若 a 为合数，则 $a=a_1a_2$，其中 $a_1,a_2\in[2,a)$，由归纳假设知 a_1,a_2 均可表为素数的乘积，从而 a 也可表为素数的乘积。

再证唯一性。不妨设 $p_1\leqslant p_2\leqslant\cdots\leqslant p_n$，若还有

$$a=q_1\cdots q_m,\qquad q_1\leqslant q_2\leqslant\cdots\leqslant q_m,$$

其中 $q_j\ (1\leqslant j\leqslant m)$ 均为素数，我们来证 $m=n$ 且 $p_k=q_k\ (1\leqslant k\leqslant n)$。

不妨设 $m\geqslant n$。由于 $p_1\mid q_1\cdots q_m$，故由命题 4.5 知存在 q_j 使得 $p_1\mid q_j$，即 $p_1=q_j$。类似地，由 $q_1\mid p_1\cdots p_n$ 知存在 p_k 使得 $q_1=p_k$。于是

$$p_k=q_1\leqslant q_j=p_1\leqslant p_k,$$

这说明 $p_1=q_1$，从而 $p_2\cdots p_n=q_2\cdots q_m$，依此类推可得 $p_2=q_2$，$\cdots$，$p_n=q_n$ 以及必有 $m=n$。 □

在 a 的素数乘积表达式中把相同的素数合并为幂的形式即可得出下述结论。

【命题 4.7】 任意大于 1 的整数 a 均可表为

$$a=p_1^{\alpha_1}\cdots p_r^{\alpha_r} \tag{1.3}$$

的形式，其中 $p_1<p_2<\cdots<p_r$ 均是素数且 $\alpha_j>0\ (1\leqslant j\leqslant r)$，这被称作 a 的<u>标准分解式 (standard prime factorization)</u>。

有时我们或许需要同时考虑多个正整数的标准分解式，这些整数的素因子并不完全相同，此时为方便计，我们会在 (1.3) 式中添加若干素数的零次幂而把 a 写成下述形式：

$$a=p_1^{\alpha_1}\cdots p_k^{\alpha_k},\qquad \alpha_j\geqslant 0\ (1\leqslant j\leqslant k),$$

其中 $p_j\ (1\leqslant j\leqslant k)$ 两两不同，这种处理方式可以让多个整数的标准分解式达到形式上的统一。例如，当我们要同时考虑 45 和 84 的标准分解式时，我们把它们分别写成

$$45=2^0\cdot 3^2\cdot 5\cdot 7^0,\qquad 84=2^2\cdot 3\cdot 5^0\cdot 7,$$

这样就从形式上把这两个数都写成了 2，3，5，7 的幂相乘的格式。

【命题 4.8】 设 a 是一个大于 1 的整数且具有形如 (1.3) 的标准分解式，则 d 是 a 的正因数当且仅当

$$d = p_1^{\beta_1} \cdots p_r^{\beta_r} \qquad \text{且} \qquad 0 \leqslant \beta_j \leqslant \alpha_j \ (1 \leqslant j \leqslant r).$$

证明 充分性：如果 $d = p_1^{\beta_1} \cdots p_r^{\beta_r}$ 且 $0 \leqslant \beta_j \leqslant \alpha_j$ $(1 \leqslant j \leqslant r)$，那么由

$$a = d \cdot \left(p_1^{\alpha_1 - \beta_1} \cdots p_r^{\alpha_r - \beta_r}\right)$$

知 $d \mid a$。

必要性：由于 d 是 a 的正因数，所以 d 的素因子必是 a 的素因子，从而可写成 $d = p_1^{\beta_1} \cdots p_r^{\beta_r}$ 的形式，其中 $\beta_j \geqslant 0$ $(\forall\, j)$。此外，对任意的 j，由 $d \mid a$ 知 $p_j^{\beta_j} \mid a$，并且由 p_k $(1 \leqslant k \leqslant r)$ 是两两不同的素数知 $\left(p_j^{\beta_j}, \dfrac{a}{p_j^{\alpha_j}}\right) = 1$，于是由命题 2.10 (2) 可得 $p_j^{\beta_j} \mid p_j^{\alpha_j}$，从而 $\beta_j \leqslant \alpha_j$。 □

下述命题也是算术基本定理的一个推论，我们把它的证明留作练习。

【命题 4.9】 设 $a, b \in \mathbb{Z}_{>0}$，且

$$a = p_1^{\alpha_1} \cdots p_k^{\alpha_k}, \qquad \alpha_j \geqslant 0 \ (1 \leqslant j \leqslant k),$$

$$b = p_1^{\beta_1} \cdots p_k^{\beta_k}, \qquad \beta_j \geqslant 0 \ (1 \leqslant j \leqslant k).$$

那么

$$(a, b) = p_1^{\gamma_1} \cdots p_k^{\gamma_k}, \qquad [a, b] = p_1^{\delta_1} \cdots p_k^{\delta_k}, \tag{1.4}$$

其中 $\gamma_j = \min(\alpha_j, \beta_j)$，$\delta_j = \max(\alpha_j, \beta_j)$。

最后，我们引入一个概念并结束本节。

【定义 4.10】 设 a 是一个正整数，如果 a 不能被素数的平方整除，则称它是一个<u>无平方因子数 (squarefree number)</u>。

容易看出 a 是无平方因子数当且仅当下面两个条件中有一个成立：

(1) $a = 1$;

(2) $a \geqslant 2$ 且 a 的标准分解式 (1.3) 中所有 α_j 均等于 1。

习 题 1.4

1. 试利用命题 4.2 判定 2017 是否是素数。

2. 利用 Eratosthenes 筛法找出不超过 200 的全部素数。

3. 写出六个素数，使得它们构成等差数列⑦。

4. 验证当 $0 \leqslant n \leqslant 16$ 时 $n^2 - n + 17$ 均为素数。

5. 对任意的正整数 n，证明存在连续的 n 个整数，它们全是合数。

6. 证明 $\log_2 10$ 是无理数。

7. 证明：若 $2^n + 1$ 为素数，则 n 必为 2 的幂。

8. 设 $a, n \geqslant 2$ 且 $a^n - 1$ 是素数，证明 $a = 2$ 且 n 为素数⑧。

9. 设 $p > 3$，且 p 与 $4p - 1$ 均是素数，证明 $4p + 1$ 是合数。

10. 设 p 是一个给定的素数，试求满足 $x^{-1} - y^{-1} = p^{-1}$ 的所有正整数 x, y。

11. 证明形如 $4n - 1$ 的素数有无穷多个。

12. （哥德巴赫（Goldbach））设 $n \geqslant 1$，$f(x) = a_n x^n + \cdots + a_1 x + a_0$ 是一个整系数多项式且 $a_n > 0$，证明存在无穷多个整数 m 使得 $f(m)$ 是合数。

13. (1) （Goldbach）利用例 2.3 证明存在无穷多个素数。

    (2) 设 $x \geqslant 3$，证明
$$\pi(x) \geqslant \log_2 \log_2 (x - 1).$$

14. 设 n, k 均是正整数，$k \geqslant 2$。证明 n 可以被唯一地写成 $n = ab^k$ 的形式，其中 $a, b \in \mathbb{Z}_{>0}$ 且 a 不被任一素数的 k 次幂整除。特别地，可将 n 唯一地写成 $n = ab^2$ 的形式，其中 $a, b \in \mathbb{Z}_{>0}$ 且 a 是无平方因子数。

15. 设 n, k 是两个正整数，$k \geqslant 2$。证明 $\sqrt[k]{n}$ 是有理数当且仅当 n 是某个整数的 k 次方。

16. 设 $n \in \mathbb{Z}_{\geqslant 2}$，利用第 14 题结论证明 $\pi(n) \geqslant \dfrac{1}{2} \log_2 n$。

17. （Euler）对任意的实数 $s > 1$ 证明 Euler 恒等式
$$\sum_{n=1}^{\infty} \frac{1}{n^s} = \prod_p \left(1 - \frac{1}{p^s}\right)^{-1},$$

---

⑦格林（B. Green）和陶哲轩（T. Tao）[6] 证明了：对任意的正整数 k，均存在 k 个素数组成等差数列。

⑧这种素数被称作梅森（Mersenne）素数，它与所谓的完全数密切相关，参见 §7.2 习题 3。

其中 $\prod_p$ 表示乘积变量通过所有素数。再通过令 $s \to 1^+$ 来证明存在无穷多个素数。

18. 设 $n \geqslant 2$，证明 $1 + \frac{1}{2} + \cdots + \frac{1}{n}$ 不可能是整数。
19. 证明命题 4.9。
20. 利用命题 4.9 证明定理 3.5。
21. 设 n 是一个给定的正整数，求方程 $[x, y] = n$ 的正整数解的解数。
22. 设 a, b, c 均不为 0，证明 $(a, b, c)(ab, bc, ca) = (a, b)(b, c)(c, a)$。
23. 设 a, b, c, d 均不为 0，且 $(a, b) = (c, d) = 1$，证明 $(ac, bd) = (a, d)(b, c)$。
24. 设 a, b, c 均是正整数，证明:
    (1) $[a, (b, c)] = ([a, b], [a, c])$。
    (2) $(a, [b, c]) = [(a, b), (a, c)]$。
25. 设 d 是一个无平方因子数且 $d \mid mn$，证明
$$d = \frac{(d, m)(d, n)}{(d, m, n)}.$$
26. 证明：对任意的正整数 a, b, c 有
$$[a, b, c] = \frac{abc(a, b, c)}{(a, b)(b, c)(c, a)}.$$
    并将该结果推广至多个正整数的情形。
27. 设 n 是一个正整数，从 1，2，$\cdots$，$2n$ 中任取 $n + 1$ 个数，证明其中必存在两个数，它们中的一个会被另一个整除。
28. （拉马尔（Ramaré））设 $x > 1$，记
$$\gamma_m(x) = \Big(1 + \sum_{p \leqslant \sqrt{x},\, p \mid m} 1\Big)^{-1}.$$
    试对区间 $(\sqrt{x}, x]$ 中的无平方因子数 n 证明
$$\sum_{pm = n,\, p \leqslant \sqrt{x}} \gamma_m(x) = \begin{cases} 1, & \text{若 } n \text{ 是合数}, \\ 0, & \text{若 } n \text{ 是素数}. \end{cases}$$[9]

---

[9] 本题给出了从指定区间中挑选合数的办法，事实上这意味着它也同时给出了挑选素数的办法。利用这一公式我们可以把某些关于素数变量的求和转化为双变量的求和（即所谓的双线性型），从而便于进一步的计算和估计。

29. （Richert[7]）设 $x \geqslant 2$，$r \in \mathbb{Z}_{\geqslant 2}$，$1 < u < r < v$。又设无平方因子数 $n \leqslant x$ 且 n 的素因子均不小于 $x^{\frac{1}{v}}$。现记

$$\rho(n) = 1 - \frac{1}{r-u} \sum_{\substack{x^{\frac{1}{v}} < p \leqslant x^{\frac{1}{u}} \\ p \mid n}} \left(1 - \frac{u \log p}{\log x}\right),$$

证明：如果 $\rho(n) > 0$，则 n 至多有 $r-1$ 个素因子。

30. （陈景润[8]）设 $N \geqslant 2$，又设无平方因子数 $n \leqslant N$ 且 n 的素因子均不小于 $N^{\frac{1}{10}}$。现记

$$\rho(n) = 1 - \frac{1}{2} \sum_{\substack{N^{\frac{1}{10}} \leqslant p < N^{\frac{1}{3}} \\ p \mid n}} 1 - \frac{1}{2} \sum_{\substack{p_1 p_2 p_3 = n \\ N^{\frac{1}{10}} \leqslant p_1 < N^{\frac{1}{3}} \leqslant p_2 < (N/p_1)^{\frac{1}{2}}}} 1,$$

这里的求和变量均为素数，证明：如果 $\rho(n) > 0$，则 n 至多有两个素因子⑩。

§1.5
函数 $[x]$

【定义 5.1】 设 $x \in \mathbb{R}$，我们用 $[x]$ 表示不超过 x 的最大整数，并称之为 x 的<u>整数部分 (integral part)</u>；记 $\{x\} = x - [x]$，并称之为 x 的<u>小数部分 (fractional part)</u>。函数 $[x]$ 也被称作<u>取整函数</u>。

下面是取整函数的一些基本性质。

【命题 5.2】 设 $x, y \in \mathbb{R}$，则

(1) $[x] \leqslant x < [x] + 1$，$0 \leqslant \{x\} < 1$；

(2) 对任意的 $m \in \mathbb{Z}$ 有 $[x+m] = [x] + m$；

---

⑩Goldbach 猜想宣称：每个大于 4 的偶数均是两个奇素数之和。该猜想是由 C. Goldbach 于 1742 年在其与 L. Euler 的通信中提出的，至今尚未被解决。现设 N 是一个充分大的偶数，记

$$\mathscr{A}_N = \{N - p : p \text{ 是素数且 } p < N\}.$$

陈景润[8]于 1973 年引入了本题中的 $\rho(n)$ 并证明了

$$\sum_{\substack{n \in \mathscr{A}_N,\ n \text{ 无平方因子} \\ p \mid n \Rightarrow p \geqslant N^{\frac{1}{10}}}} \rho(n) > 0.67 \frac{N}{\log N} \prod_{p>2} \left(1 - \frac{1}{(p-1)^2}\right) \prod_{2 < p \mid N} \left(1 + \frac{1}{p-2}\right),$$

进而获得他在 Goldbach 猜想研究方面的重要结果：每个充分大的偶数均能写成一个素数及一个至多有两个素因子的正整数之和，这一命题常被简记为“$1+2$”。

(3) 若 $x \leqslant y$，则 $[x] \leqslant [y]$；

(4) $[x]+[y] \leqslant [x+y] \leqslant [x]+[y]+1$；

(5) $[-x]=\begin{cases}-[x], & 若\ x \in \mathbb{Z}, \\ -[x]-1, & 若\ x \notin \mathbb{Z};\end{cases}$ $\qquad \{-x\}=\begin{cases}-\{x\}=0, & 若\ x \in \mathbb{Z}, \\ 1-\{x\}, & 若\ x \notin \mathbb{Z};\end{cases}$

(6) （带余数除法）对任意的 $a, b \in \mathbb{Z}$，$b>0$ 有

$$a=b\left[\frac{a}{b}\right]+b\left\{\frac{a}{b}\right\} \qquad 以及 \qquad 0 \leqslant b\left\{\frac{a}{b}\right\}<b;$$

(7) 设 $a \in \mathbb{Z}_{>0}$，$x \geqslant 1$，则区间 $[1, x]$ 中被 a 整除的正整数的个数为 $\left[\frac{x}{a}\right]$。

证明 (1) 可由定义直接得出。

(2) 记 $x=n+\theta$，其中 $n \in \mathbb{Z}$ 且 $\theta \in[0,1)$，则 $n=[x]$，于是由 $x+m=m+n+\theta$ 知

$$[x+m]=n+m=[x]+m.$$

(3) 因为 $[x] \leqslant x$，所以 $[x] \leqslant y$，这意味着 $[x]$ 是一个不超过 y 的整数，注意到 $[y]$ 是不超过 y 的最大整数，故而 $[x] \leqslant [y]$。

(4) 记 $x=m+\theta$，$y=n+\eta$，其中 $m, n \in \mathbb{Z}$ 且 $\theta, \eta \in[0,1)$，则 $[x]=m$，$[y]=n$。并且由 (2) 知

$$[x+y]=[m+n+\theta+\eta]=m+n+[\theta+\eta]=[x]+[y]+[\theta+\eta].$$

注意到 $0 \leqslant \theta+\eta<2$，所以 $[\theta+\eta]$ 等于 0 或 1，从而命题得证。

(5) 当 $x \in \mathbb{Z}$ 时结论是显然的，所以在下面的讨论中我们假设 $x \notin \mathbb{Z}$，并记 $x=m+\theta$，其中 $m \in \mathbb{Z}$ 且 $\theta \in(0,1)$，于是由 $-x=-m-1+(1-\theta)$ 知

$$[-x]=-m-1=-[x]-1 \qquad 以及 \qquad \{-x\}=1-\theta=1-\{x\}.$$

(6) 可在等式 $\frac{a}{b}=\left[\frac{a}{b}\right]+\left\{\frac{a}{b}\right\}$ 两侧同时乘以 b 得到。

(7) 整数 n 被 a 整除当且仅当存在 $d \in \mathbb{Z}$ 使得 $n=ad$，并且 $n \in[1, x]$ 当且仅当 $d \in\left[1, \frac{x}{a}\right]$（当 $x<a$ 时这个区间是空的）。因此区间 $[1, x]$ 中被 a 整除的正整数的个数也即是区间 $\left[1, \frac{x}{a}\right]$ 中的整数个数，它等于 $\left[\frac{x}{a}\right]$。 □

我们可以利用取整函数来求 $n!$ 的标准分解式，在此之前先做一些准备工作。

【定义 5.3】 设 $a, b \in \mathbb{Z}$，$a > 1$，$b \neq 0$。如果 $a^k \mid b$ 且 $a^{k+1} \nmid b$，则称 a^k 恰好整除 b，并记作 $a^k \parallel b$。若素数 p 满足 $p^k \parallel b$，则称 k 为 b 的 p 进赋值 (p-adic valuation)，记作 $v_p(b)$。为了方便起见，我们约定 $v_p(0) = \infty$。

例如，$2^3 \parallel 120$，所以 $v_2(120) = 3$。

由算术基本定理知，对任意的正整数 a 有

$$a = \prod_p p^{v_p(a)}, \tag{1.5}$$

这里乘积通过全体素数。

【命题 5.4】 设 p 为素数，$a, b \in \mathbb{Z}$，则

(1) $v_p(ab) = v_p(a) + v_p(b)$;

(2) $v_p(a+b) \geqslant \min\big(v_p(a), v_p(b)\big)$。

证明 不妨设 a, b 及 $a+b$ 均不为 0，并记 $a = p^k a_1$，$b = p^\ell b_1$，其中 $p \nmid a_1 b_1$，因此 $v_p(a) = k$，$v_p(b) = \ell$。

(1) 由 $ab = p^{k+\ell} a_1 b_1$ 知 $v_p(ab) = k + \ell = v_p(a) + v_p(b)$。

(2) 不妨设 $k \leqslant \ell$，则由

$$a + b = p^k(a_1 + p^{\ell-k} b_1)$$

知 $v_p(a+b) \geqslant k = \min\big(v_p(a), v_p(b)\big)$。 □

由上述命题的证明过程还可看出，当 $v_p(a) \neq v_p(b)$ 时必有

$$v_p(a+b) = \min\big(v_p(a), v_p(b)\big).$$

【定理 5.5】 设 $n \in \mathbb{Z}_{>0}$，p 为素数，则

$$v_p(n!) = \sum_{j=1}^{\infty} \left[\frac{n}{p^j}\right].$$

证明 由命题 5.4 (1) 可得

$$v_p(n!) = \sum_{m \leqslant n} v_p(m) = \sum_{m \leqslant n} \sum_{1 \leqslant j \leqslant v_p(m)} 1 = \sum_{j \geqslant 1} \sum_{\substack{m \leqslant n \\ v_p(m) \geqslant j}} 1,$$

注意到上式右边内层和表示不超过 n 且被 p^j 整除的正整数的个数，而由命题 5.2 (7) 知这等于 $\left[\dfrac{n}{p^j}\right]$。于是定理得证。 □

上面定理中等式右边看似是无穷多项的求和，但本质上只有有限多个非零项。事实上，当 $j > \dfrac{\log n}{\log p}$ 时有 $p^j > n$，此时通项 $\left[\dfrac{n}{p^j}\right] = 0$，因此我们有

$$v_p(n!) = \sum_{j \leqslant \frac{\log n}{\log p}} \left[\frac{n}{p^j}\right].$$

结合定理 5.5 及 (1.5) 可得

$$n! = \prod_{p \leqslant n} p^{\sum\limits_{j=1}^{\infty} [\frac{n}{p^j}]}$$

【推论 5.6】 若 $p_1 < p_2$，则 $v_{p_1}(n!) \geqslant v_{p_2}(n!)$。

【例 5.7】 30! 的十进制表示末尾有多少个 0?

解 2 和 5 相乘可以在末尾产生一个 0。因为 $v_5(30!) = 7$ 并且由上述推论知 $v_2(30!) \geqslant v_5(30!)$，所以 30! 末尾有 7 个 0。 □

【例 5.8】 设 $a_j \in \mathbb{Z}_{\geqslant 0}$ $(1 \leqslant j \leqslant k)$ 且 $n = a_1 + \cdots + a_k$，证明 $\dfrac{n!}{a_1! \cdots a_k!}$ 是整数。

证明 因为 $0! = 1$，故不妨设 $a_j > 0$ $(\forall\, j)$，我们只需对任意的素数 p 证明

$$v_p(n!) \geqslant v_p(a_1!) + \cdots + v_p(a_k!),$$

而这可由定理 5.5 及

$$\left[\frac{n}{p^j}\right] \geqslant \left[\frac{a_1}{p^j}\right] + \cdots + \left[\frac{a_k}{p^j}\right]$$

（参见命题 5.2 (4)）得出。 □

【例 5.9】 设 $m, n \in \mathbb{Z}_{>0}$，证明 $n!(m!)^n \mid (mn)!$。

证明 按照定理 5.5，只需对任意的素数 p 证明

$$\sum_{j=1}^{\infty} \left[\frac{mn}{p^j}\right] \geqslant n \sum_{j=1}^{\infty} \left[\frac{m}{p^j}\right] + \sum_{j=1}^{\infty} \left[\frac{n}{p^j}\right].$$

设 $m = p^\ell c$，$p \nmid c$。当 $j \leqslant \ell$ 时，由于 $p^j \mid m$，故 $\left[\dfrac{mn}{p^j}\right] = n\left[\dfrac{m}{p^j}\right]$，从而

$$\sum_{j \leqslant \ell} \left[\frac{mn}{p^j}\right] = n \sum_{j \leqslant \ell} \left[\frac{m}{p^j}\right]. \tag{1.6}$$

当 $j > \ell$ 时，记 $m = qp^j + r$ $(0 < r \leqslant p^j - 1)$，则

$$\left[\frac{mn}{p^j}\right] = \left[\frac{(qp^j + r)n}{p^j}\right] = nq + \left[\frac{nr}{p^j}\right] = n\left[\frac{m}{p^j}\right] + \left[\frac{nr}{p^j}\right],$$

其中 $\dfrac{r}{p^j}=\left\{\dfrac{m}{p^j}\right\}=\left\{\dfrac{c}{p^{j-\ell}}\right\}\geqslant\dfrac{1}{p^{j-\ell}}$，故由取整函数的单调递增性（命题 5.2 (3)）知

$$\left[\frac{mn}{p^j}\right]\geqslant n\left[\frac{m}{p^j}\right]+\left[\frac{n}{p^{j-\ell}}\right],\qquad \forall\, j>\ell.$$

于是

$$\sum_{j>\ell}\left[\frac{mn}{p^j}\right]\geqslant n\sum_{j>\ell}\left[\frac{m}{p^j}\right]+\sum_{j>\ell}\left[\frac{n}{p^{j-\ell}}\right]=n\sum_{j>\ell}\left[\frac{m}{p^j}\right]+\sum_{j\geqslant 1}\left[\frac{n}{p^j}\right], \tag{1.7}$$

结合 (1.6) 与 (1.7) 便可立即得出结论。 □

习 题 1.5

1. 证明：对任意的 $n\in\mathbb{Z}_{>0}$ 有 $\left[\dfrac{[x]}{n}\right]=\left[\dfrac{x}{n}\right]$。
2. 设 $n\in\mathbb{Z}_{>0}$，$a\in\mathbb{R}$，证明 $\left[\dfrac{[na]}{n}\right]=[a]$。
3. 设 $n\in\mathbb{Z}_{>0}$，$a\in\mathbb{R}$，证明 $\sum\limits_{k=0}^{n-1}\left[a+\dfrac{k}{n}\right]=[na]$。
4. 证明：对任意的 $x, y\in\mathbb{R}$ 有 $[x]+[x+y]+[y]\leqslant[2x]+[2y]$。
5. 平面直角坐标系中横、纵坐标均为整数的点被称为<u>整点</u>或<u>格点 (lattice point)</u>。设 $x_1<x_2$，$y=f(x)$ 为 $[x_1,x_2]$ 上的非负连续函数，证明：

   (1) 满足条件 $x_1<x\leqslant x_2$，$0<y\leqslant f(x)$ 的整点 (x,y) 的个数为

   $$M=\sum_{x_1<n\leqslant x_2}[f(n)].$$

   (2) $[x_1]-[x_2]<M-\sum\limits_{x_1<n\leqslant x_2}f(n)\leqslant 0$。
6. 设 m, n 是两个整数且 $m\geqslant 1$。证明

   $$\left[\frac{n}{m}\right]-\left[\frac{n-1}{m}\right]=\begin{cases}1, & 若\ m\mid n,\\ 0, & 若\ m\nmid n.\end{cases}$$

7. 求 50! 的标准分解式。
8. 设 f 是一个整系数多项式，证明：对任意的正整数 n 以及任意的整数 x 有 $n!\mid f^{(n)}(x)$，这里 $f^{(n)}$ 表示 f 的 n 阶导数。
9. 设 $n=p^rm$，其中 p 为素数，$r\geqslant 1$ 且 $p\nmid m$，证明：$p\nmid\dbinom{n}{p^r}$。

10. 设 p 是一个素数，在有理数集 $\mathbb{Q}$ 上定义函数 v_p 为

$$v_p\Big(\frac{a}{b}\Big)=v_p(a)-v_p(b),\qquad \forall\ a,b\in\mathbb{Z},\ b\neq 0.$$

(1) 试说明上述定义的合理性。也即是说，对任意的 a, b, c, $d\in\mathbb{Z}$，$bd\neq 0$，只要 $\frac{a}{b}=\frac{c}{d}$，就有 $v_p\Big(\frac{a}{b}\Big)=v_p\Big(\frac{c}{d}\Big)$。

(2) 证明：对任意的 x, $y\in\mathbb{Q}$ 有 $v_p(x+y)\geqslant\min\big(v_p(x),v_p(y)\big)$。

11. 设 $x\in\mathbb{R}$，用 $\|x\|$ 表示 x 与离它最近的整数之间的距离，即 $\|x\|=\min\limits_{n\in\mathbb{Z}}|x-n|$，证明：

(1) 对任意的 $x\in\mathbb{R}$ 有 $\|x\|\leqslant\frac{1}{2}$；

(2) $\|x\|$ 是以 1 为最小正周期的周期函数；

(3) $\|x\|=\left|\Big[x+\frac{1}{2}\Big]-x\right|$；

(4) （三角形不等式）对任意的 x, $y\in\mathbb{R}$ 有 $\|x+y\|\leqslant\|x\|+\|y\|$。

12. 设 N 是一个正整数，α 为实数，证明

$$\left|\sum_{n=1}^{N}e(\alpha n)\right|\leqslant\min\Big(N,\frac{1}{2\|\alpha\|}\Big),$$

这里 $\|\alpha\|$ 如上题中所定义。

13. 设 $n\in\mathbb{Z}_{>0}$，证明：在 $(\sqrt{5}+\sqrt{6})^{2n}$ 的十进制表示中，小数点后的前 n 位数字均相同。

14. 设 $n\in\mathbb{Z}_{\geqslant 0}$，证明 $2^{n+1}\parallel\big[(1+\sqrt{3})^{2n+1}\big]$。

15. 设 $x\geqslant 2$。

(1) （Eratosthenes–Legendre 公式）利用容斥原理证明

$$\pi(x)-\pi(\sqrt{x}\,)+1=[x]+\sum_{j\geqslant 1}(-1)^j\sum_{p_1<p_2<\cdots<p_j\leqslant\sqrt{x}}\Big[\frac{x}{p_1\cdots p_j}\Big].$$

(2) 计算 $\pi(100)$。

第 二 章

不定方程

所谓不定方程，是指未知数个数大于 1，且未知数只取整数值的方程，它通常也被称作丢番图（Diophantus）方程 (Diophantine equation)。本章只讨论两类简单的不定方程。

§2.1 一次不定方程

首先讨论二元一次不定方程。

【命题 1.1】 设 $a, b, c \in \mathbb{Z}$，a, b 不全为 0，则方程

$$ax + by = c \tag{2.1}$$

有解的充要条件是 $(a, b) \mid c$。当其有解时，若 x_0, y_0 是一组解，则其全部解为

$$\begin{cases} x = x_0 + \dfrac{b}{(a,b)}k \\ y = y_0 - \dfrac{a}{(a,b)}k \end{cases} \quad (k \in \mathbb{Z}). \tag{2.2}$$

证明 记 $d = (a, b)$。若 (2.1) 有解，则由 $d \mid a$ 及 $d \mid b$ 知 $d \mid c$。另一方面，由辗转相除法知存在 m, n 使得 $d = am + bn$，故若 $d \mid c$，则

$$c = \frac{c}{d} \cdot d = \frac{c}{d}(am + bn),$$

从而 (2.1)有解。

再来证明命题的第二部分。设 x_0, y_0 是一组解，则 $ax_0 + by_0 = c$。一方面，容易验证 (2.2) 是 (2.1) 的解。另一方面，对 (2.1) 的任意一组解 x, y 而言，由 $ax + by = c = ax_0 + by_0$ 知

$$a(x - x_0) = -b(y - y_0),$$

于是

$$\frac{a}{d}(x-x_0)=-\frac{b}{d}(y-y_0).$$

注意到 $\left(\frac{a}{d},\frac{b}{d}\right)=1$，故必有 $\frac{a}{d}\,\Big|\,(y-y_0)$ 以及 $\frac{b}{d}\,\Big|\,(x-x_0)$，从而推出 x, y 必然具有形式 (2.2)。 □

上述命题的证明过程事实上同时提供了研究二元一次不定方程 $ax+by=c$ 的一个具体步骤，那就是首先利用辗转相除法求出 (a,b)，当 $(a,b)\nmid c$ 时原方程无解；当 $(a,b)\mid c$ 时利用辗转相除法的回代过程求出一组满足 $au+bv=(a,b)$ 的 u, v，那么 $x_0=\frac{cu}{(a,b)}$，$y_0=\frac{cv}{(a,b)}$ 就是原方程的一组解，再由 (2.2) 便可得出全部解。

【例 1.2】 求 $7x+4y=65$ 的全部解。

解 由于 $7\cdot(-1)+4\cdot 2=1$，故 $x_0=-65$，$y_0=130$ 是一组解，从而原方程的全部解为

$$\begin{cases} x=-65+4k \\ y=130-7k \end{cases} \qquad (k\in\mathbb{Z}).$$

□

对于多元一次不定方程，利用第一章定理 2.14 可得下述结论，我们把它的证明留给读者自行完成。

【命题 1.3】 设 $a_1,\cdots,a_n$ 及 N 均为整数，a_i $(1\leqslant i\leqslant n)$ 不全为 0，则

$$a_1x_1+\cdots+a_nx_n=N$$

有解的充要条件是 $(a_1,\cdots,a_n)\mid N$。

习 题 2.1

1. 证明命题 1.3。
2. 判断下列不定方程是否有解，在有解的情况下求其解：

   (1) $8x+15y=36$；　　(2) $24x+78y=184$；

   (3) $28x+259y=196$；　　(4) $105x+168y=546$。
3. 设 a, $b\in\mathbb{Z}_{>0}$，$d=(a,b)$。若 $d\mid c$ 且 $c>ab$，证明必存在 x, $y\in\mathbb{Z}_{>0}$ 使得

$$ax+by=c.$$

4. 设 a, b, c, N 是四个给定的整数，a, b, c 均不为 0 且 $(a,b,c)=1$。又设 x_0, y_0, z_0 是方程的一组解，$d=(a,b)$，q, r 是满足 $aq+br=d$ 的一组整数。证明不定方程 $ax+by+cz=N$ 的全部解为

$$\begin{cases} x=x_0+cqk+\dfrac{b}{d}\ell, \\ y=y_0+crk-\dfrac{a}{d}\ell, \\ z=z_0-dk, \end{cases} \qquad k,\ \ell\in\mathbb{Z}.$$

5. 判断下列不定方程是否有解，在有解的情况下求其解：

(1) $x+2y+3z=10$；　　(2) $6x+15y-4z=32$；

(3) $48x-102y-117z=217$；　　(4) $14x+42y-105z=231$。

6. 设 a, b 是两个互素的正整数，N 是一个充分大的正整数。证明：不定方程 $ax+by=N$ 的正整数解的个数等于 $\dfrac{N}{ab}+O(1)$，其中 O 常数仅与 a, b 有关。

§ 2.2 $x^2+y^2=z^2$

本节的目的是给出不定方程

$$x^2+y^2=z^2 \tag{2.3}$$

的全部解。在证明主要定理之前，我们先介绍一个引理。

【引理 2.1】 不定方程

$$uv=w^2, \qquad u,\ v,\ w>0, \quad (u,v)=1 \tag{2.4}$$

的全部解为

$$u=a^2, \quad v=b^2, \quad w=ab, \qquad \text{其中 } a>0,\ b>0,\ (a,b)=1. \tag{2.5}$$

证明 (2.5) 显然是 (2.4) 的解。下证 (2.4) 的解均形如 (2.5)。不妨设 $u>1$，$v>1$，且 u,v 的标准分解式分别为

$$u=p_1^{\alpha_1}\cdots p_k^{\alpha_k}, \qquad v=q_1^{\beta_1}\cdots q_\ell^{\beta_\ell}.$$

由 $(u,v)=1$ 知 $p_i \neq q_j$ ($\forall\ i,j$)，于是

$$w^2 = uv = p_1^{\alpha_1}\cdots p_k^{\alpha_k} q_1^{\beta_1}\cdots q_\ell^{\beta_\ell}$$

为 w^2 的标准分解式，故 $\alpha_1, \cdots, \alpha_k$ 以及 $\beta_1, \cdots, \beta_\ell$ 均为偶数，从而 u 与 v 均为完全平方数。

□

下面来讨论 (2.3) 的解，首先对问题作一些简化处理。如果记 $d=(x,y)$，那么 $d^2 \mid z^2$，进而有 $d \mid z$，此时可在方程 (2.3) 两侧同时约去 d^2，因此不妨设 $(x,y)=1$，在这一前提下 x 与 y 必然一奇一偶，这是因为若 x 与 y 均是奇数，那么 x^2 与 y^2 除以 4 的余数都是 1，从而 x^2+y^2 除以 4 的余数是 2，这与它是完全平方数矛盾。因此不妨假设 $2 \mid x$。

【定理 2.2】不定方程 (2.3) 的适合条件

$$x>0, \quad y>0, \quad z>0, \quad (x,y)=1, \quad 2 \mid x \tag{2.6}$$

的全部解为

$$x=2ab, \qquad y=a^2-b^2, \qquad z=a^2+b^2, \tag{2.7}$$

其中 $a>b>0$，$(a,b)=1$，且 a 与 b 一奇一偶。

证明 首先证明 (2.7) 是满足 (2.3) 及 (2.6) 的解。容易验证其满足 (2.3) 以及 $2 \mid x$，所以只需证明 $(x,y)=1$。事实上，若记 $d=(x,y)$，则由 $x^2+y^2=z^2$ 知 $d^2 \mid z^2$，从而 $d \mid z$。于是由 $d \mid y+z$ 及 $d \mid y-z$ 可分别得到 $d \mid 2a^2$ 和 $d \mid 2b^2$。注意到 $(a,b)=1$，故 $d \mid 2$，又由于 a 与 b 一奇一偶，故 $2 \nmid y$，从而必有 $d=1$。

其次证明适合条件 (2.3) 和 (2.6) 的解均可写成 (2.7) 的形式。设 x, y, z 是这样的一组解，则由 $2 \mid x$ 与 $(x,y)=1$ 知 $2 \nmid yz$ 且 $(y,z)=1$。于是

$$\left(\frac{x}{2}\right)^2 = \frac{z+y}{2}\cdot\frac{z-y}{2} \qquad 且 \qquad \left(\frac{z+y}{2}, \frac{z-y}{2}\right)=1, \tag{2.8}$$

上面第二式成立是因为若正整数 d 满足 $d \,\Big|\, \left(\frac{z+y}{2}, \frac{z-y}{2}\right)$，则

$$d \,\Big|\, \frac{z+y}{2}+\frac{z-y}{2} \qquad 且 \qquad d \,\Big|\, \frac{z+y}{2}-\frac{z-y}{2},$$

也即 $d \mid z$ 且 $d \mid y$，进而有 $d \mid (y,z)$，再由 $(y,z)=1$ 知 $d=1$。由 (2.8) 及引理 2.1 知，存在满足 $(a,b)=1$ 的正整数 a, b 使得

$$\frac{z+y}{2}=a^2, \qquad \frac{z-y}{2}=b^2, \qquad \frac{x}{2}=ab,$$

由此便得 $x=2ab$，$y=a^2-b^2$，$z=a^2+b^2$。此外，由 $2\nmid y$ 知 a 与 b 一奇一偶。

至此定理得证。 □

下面来介绍上述定理的一个应用。

【命题 2.3】 方程 $x^4+y^4=z^2$ 没有正整数解。

证明 这个证明源于 Fermat。反设 $x^4+y^4=z^2$ 有正整数解，现选取这样的一组解 x_0, y_0, z_0，并假设 z_0 是所有正整数解的 z 值中最小的一个，那么必有 $(x_0,y_0)=1$，否则便有 $(x_0,y_0)>1$，$(x_0,y_0)^2\mid z_0$ 以及

$$\left(\frac{x_0}{(x_0,y_0)}\right)^4+\left(\frac{y_0}{(x_0,y_0)}\right)^4=\left(\frac{z_0}{(x_0,y_0)^2}\right)^2,$$

这与 z_0 的最小性矛盾。

由定理 2.2 知 x_0^2 与 y_0^2 一奇一偶，我们不妨设 x_0^2 是偶数，于是

$$x_0^2=2ab,\qquad y_0^2=a^2-b^2,\qquad z_0=a^2+b^2,\tag{2.9}$$

其中 $a>b>0$，$(a,b)=1$，且 a 与 b 一奇一偶。注意到 y_0 是奇数，故 y_0^2 除以 4 余 1，因此必有 $2\nmid a$ 且 $2\mid b$。现记 $b=2b_1$，则 $(a,b_1)=1$ 且 $\left(\frac{x_0}{2}\right)^2=ab_1$，于是由引理 2.1 知 a 与 b_1 均是完全平方数，即存在正整数 u, v 使得

$$a=u^2,\qquad b_1=v^2\qquad \text{且}\qquad (u,v)=1.$$

将此代入 (2.9) 中第二式可得 $y_0^2+(2v^2)^2=u^4$。注意到 $(y_0,2v^2)=(y_0,b)=1$，故而再次利用定理 2.2 知存在正整数 s, t 满足 $(s,t)=1$，

$$2v^2=2st,\qquad u^2=s^2+t^2.$$

由 $(s,t)=1$ 与 $v^2=st$ 知存在正整数 q, r 使得 $s=q^2$，$t=r^2$，将这代入上面第二个式子可得 $q^4+r^4=u^2$。注意到 $u\leqslant u^2=a<a^2+b^2=z_0$，这与 z_0 的最小性矛盾，从而命题得证。 □

在上述命题的证明过程中我们采用了反证法，在预先设定了一组 z 值最小的正整数解的前提下构造出了一组 z 值更小的正整数解，从而得出矛盾。换个角度来说，如果不预先做反证假设而仅看构造过程，那么该方程一旦存在正整数解，我们就能构造出一组新的解使得 z 值更小，这一过程可以反复做下去，但是正整数集合是不能“无限递降”的，所以推出矛盾。鉴于此，上述方法被称为无穷递降法 (method of infinite descent)。

【推论 2.4】（Fermat） 方程 $x^4+y^4=z^4$ 没有满足 $xyz\neq 0$ 的解。

1637 年，Fermat 在阅读 Diophantus 的《算术》时，在关于方程 $x^2+y^2=z^2$ 求解的那一页的空白处写下了这样一段话："不可能把一个立方数写成两个立方数之和。或者把一个四次方写成两个四次方数之和，或者更一般地把一个高于二次的幂写成两个同次幂之和。我发现了一个巧妙的证明，但是这里的空白太小写不下。"简而言之，Fermat 认为当 $n\geqslant 3$ 时方程

$$x^n+y^n=z^n$$

都没有非零整数解，这一结论被称为 Fermat 大定理 (Fermat last theorem)，推论 2.4 也即是该定理对应于 $n=4$ 的情形。自从 1670 年 Fermat 的儿子将上述论断公开以来，许多数学家对其进行了研究，但直到 1994 年才由怀尔斯（A.Wiles）证明了该定理，对 Fermat 大定理的研究极大地推动了代数数论以及相关理论的发展，有兴趣的读者可阅读通识性读物 [9]。

习题 2.2

1. 设 b, k 是两个正整数，又设正整数 $a_1,\cdots,a_n$ 两两互素且 $a_1\cdots a_n=b^k$，证明每个 a_j 都是某个正整数的 k 次幂。
2. 设 n 是一个正整数，证明 n 可表为两个整数平方和的充要条件是 $2n$ 可表为两个整数平方和。
3. 求不定方程 $y^2=x^3-x$ 的全部整数解。
4. 求不定方程 $x^2+2y^2=z^2$ 的满足 $(x,y)=1$ 的全部正整数解。
5. 证明不定方程 $x^4-y^4=z^2$ 没有满足 $xyz\neq 0$ 的整数解。
6. （Fermat）证明：边长为有理数的直角三角形的面积不可能是完全平方数。

第三章

同余

§3.1 定义及基本性质

【定义 1.1】 设 $m \in \mathbb{Z}_{>0}$，如果 $m \mid a-b$，那么就称 a 与 b 关于模 m 同余 (a is congruent to b modulo m)，记作

$$a \equiv b \pmod{m}.$$

否则就称 a 与 b 关于模 m 不同余，记作 $a \not\equiv b \pmod{m}$。

容易验证:

(1) （自反性）对任意的整数 a 有 $a \equiv a \pmod{m}$;

(2) （对称性）若 $a \equiv b \pmod{m}$，则 $b \equiv a \pmod{m}$;

(3) （传递性）若 $a \equiv b \pmod{m}$ 且 $b \equiv c \pmod{m}$，则 $a \equiv c \pmod{m}$，

因此“关于模 m 同余”是整数集上的一个等价关系。

下面是同余的一些基本性质。

【命题 1.2】 设 $m \in \mathbb{Z}_{>0}$，

(1) $a \equiv b \pmod{m}$ 当且仅当 a, b 除以 m 所得的最小非负余数相等[1]。

(2) 设 $a \equiv b \pmod{m}$，$c \equiv d \pmod{m}$，则有 $a+c \equiv b+d \pmod{m}$ 及 $ac \equiv bd \pmod{m}$;

(3) $qa \equiv qb \pmod{m}$ 当且仅当 $a \equiv b\left(\bmod \dfrac{m}{(q,m)}\right)$;

(4) 若 $a \equiv b \pmod{m}$，则 $(a,m)=(b,m)$;

[1] 这也是“同余”这一名词的来由。

(5) 若 $(a, m) = 1$，则存在 a' 使得 $aa' \equiv 1 \pmod{m}$，并且这样的 a' 在模 m 下是唯一的，也即是说，如果还有 a'' 满足 $aa'' \equiv 1 \pmod{m}$，则 $a' \equiv a'' \pmod{m}$。我们称 a' 为 a 在模 m 下的逆 (inverse)。通常将 a 的逆记作 $\overline{a}$ 或 a^{-1}；

(6) 同余式组 $a \equiv b \pmod{m_j}$ $(j = 1, 2, \cdots, k)$ 成立的充要条件是

$$a \equiv b \,(\mathrm{mod}\ [m_1, \cdots, m_k]).$$

证明 (1) 假设 $a = q_1 m + r_1$，$b = q_2 m + r_2$，其中 $0 \leqslant r_1, r_2 < b$，则由 $m \mid a - b = (q_1 - q_2)m + (r_1 - r_2)$ 知 $m \mid r_1 - r_2$，但是 $0 \leqslant |r_1 - r_2| < b$，所以由第一章命题 1.2 (6) 知 $r_1 = r_2$。

(2) 设 $a = b + km$，$c = d + \ell m$，则

$$a + c = b + d + (k + \ell)m,$$

$$ac = bd + (b\ell + dk + k\ell m)m,$$

因此 $a + c \equiv b + d \pmod{m}$ 且 $ac \equiv bd \pmod{m}$。

(3) $qa \equiv qb \pmod{m}$ 当且仅当 $m \mid q(a - b)$，这当且仅当 $\dfrac{m}{(q, m)} \,\Big|\, \dfrac{q}{(q, m)}(a - b)$，回忆起 $\left(\dfrac{q}{(q, m)}, \dfrac{m}{(q, m)}\right) = 1$（参见第一章命题 2.13），故由第一章命题 2.10 (2) 知这当且仅当 $\dfrac{m}{(q, m)} \,\Big|\, a - b$，也即 $a \equiv b \left(\mathrm{mod}\ \dfrac{m}{(q, m)}\right)$。

(4) 这是第一章命题 2.2 (4) 的直接推论。

(5) 由辗转相除法知存在 x, y 使得 $ax + my = 1$，于是 $ax \equiv 1 \pmod{m}$。此外，若 a' 与 a'' 满足 $aa' \equiv 1 \equiv aa'' \pmod{m}$，则由 (3) 知 $a' \equiv a'' \pmod{m}$，这就证明了 a 的逆在模 m 下的唯一性。

(6) 此即第一章命题 3.3。 □

【例 1.3】 求 3^{406} 在十进制表示下的个位数字。

解 我们有

$$3^{406} = 9^{203} \equiv (-1)^{203} \equiv -1 \equiv 9 \,(\mathrm{mod}\ 10),$$

所以 3^{406} 的个位数字是 9。 □

【例 1.4】 证明 $x^2 - 5y^2 = 203$ 无解。

证明 由于 $203 = 7 \cdot 29$，故若 (x_0, y_0) 是一个解，则 $(x_0, 203) = (y_0, 203) = 1$，这是因为如果 $(x_0, 203) > 1$，例如 $29 \mid x_0$，那么必有 $29 \mid y_0$，进而有 $29^2 \mid x^2 - 5y^2 = 203$，矛盾。因为 $x_0^2 \equiv 5y_0^2 \pmod{7}$，所以 $(x_0\overline{y_0})^2 \equiv 5 \pmod{7}$，但是对于整数 n 而

言，n 除以 7 的绝对最小余数只可能是 0，±1，±2 或 ±3，因此 n^2 对于模 7 仅可能与 0，1，2，4 同余，故原方程无解。 □

习 题 3.1

1. 试求 5^{100} 除以 17 所得的最小非负余数。
2. 求 13^{200} 在十进制表示下的个位数与十位数。
3. 证明 $641 \mid 2^{2^5}+1$。
4. 求所有的正整数 n，使得 7^n+1 是 10 的倍数。
5. 证明不定方程 $x^2-3y^2=187$ 无解。
6. 设 $n \geqslant 5$，证明：n 为合数的充要条件是 $(n-2)! \equiv 0 \pmod{n}$。
7. 证明存在无穷多个正整数 n 使得 $2^n \equiv -1 \pmod{n}$。
8. （十进制下整除的判定方法）设正整数 N 的十进制表示为 $(a_na_{n-1}\cdots a_1a_0)_{10}$，其中 $0 \leqslant a_j \leqslant 9$ $(0 \leqslant j \leqslant n)$，也即是说

$$N=10^na_n+10^{n-1}a_{n-1}+\cdots+10a_1+a_0.$$

证明：

(1) $2 \mid N$ 当且仅当 $a_0 \equiv 0 \pmod{2}$;

(2) $3 \mid N$ 当且仅当 $a_n+a_{n-1}+\cdots+a_0 \equiv 0 \pmod{3}$;

(3) $4 \mid N$ 当且仅当 $10a_1+a_0 \equiv 0 \pmod{4}$;

(4) $5 \mid N$ 当且仅当 $a_0 \equiv 0 \pmod{5}$;

(5) $6 \mid N$ 当且仅当 $4(a_n+a_{n-1}+\cdots+a_1)+a_0 \equiv 0 \pmod{6}$;

(6) $7 \mid N$ 当且仅当

$$(100a_2+10a_1+a_0)-(100a_5+10a_4+a_3)+(100a_8+10a_7+a_6)-\cdots \equiv 0 \pmod{7};$$

(7) $8 \mid N$ 当且仅当 $100a_2+10a_1+a_0 \equiv 0 \pmod{8}$;

(8) $9 \mid N$ 当且仅当 $a_n+a_{n-1}+\cdots+a_0 \equiv 0 \pmod{9}$;

(9) $11 \mid N$ 当且仅当 $a_0-a_1+\cdots+(-1)^na_n \equiv 0 \pmod{11}$。

9. 证明：对任意的正整数 n 而言，$19 \cdot 8^n+17$ 均是合数。
10. 求 $\left[(\sqrt{29}+\sqrt{21})^{2016}\right]$ 在十进制表示下的个位数与十位数。

§3.2 剩余类与剩余系

【**定义 2.1**】给定模 m，对任意的整数 r，我们把与 r 关于模 m 同余的全体整数所成之集称为模 m 的一个剩余类 (residue class)（或同余类），记作 $r \bmod m$。因此 $r \bmod m = \{r + km : k \in \mathbb{Z}\}$。

事实上，模 m 的剩余类也即是 $\mathbb{Z}$ 在"关于模 m 同余"这一等价关系下的等价类。

利用带余数除法容易验证下述结论。

【**命题 2.2**】设 $m \in \mathbb{Z}_{>0}$，

(1) $r \bmod m = s \bmod m$ 当且仅当 $r \equiv s \pmod m$；

(2) 对任意的 $r, s \in \mathbb{Z}$，要么 $r \bmod m = s \bmod m$，要么 $r \bmod m \cap s \bmod m = \varnothing$；

(3) 有且仅有 m 个不同的模 m 的剩余类，它们是

$$0 \bmod m, \quad 1 \bmod m, \quad \cdots, \quad (m-1) \bmod m,$$

因此 $\mathbb{Z} = \bigcup\limits_{r=0}^{m-1} r \bmod m$，我们把全体剩余类所成之集记为 $\mathbb{Z}/m\mathbb{Z}$ 或 $\mathbb{Z}_m$。

【**定义 2.3**】设 $m \in \mathbb{Z}_{>0}$，若整数 $a_1, \cdots, a_m$ 两两关于模 m 不同余，我们就称 $\{a_1, \cdots, a_m\}$ 为模 m 的一个完全剩余系 (complete residue system)。

$\{a_1, \cdots, a_m\}$ 是模 m 的一个完全剩余系当且仅当诸 a_j 来源于两两不同的剩余类。

接下来我们来讨论与 m 互素的全体整数在模 m 的剩余类中的分布情况。由命题 1.2 (4) 知，如果 $(r, m) = 1$，那么 $r \bmod m$ 中每个元素都与 m 互素，这保证了下述定义的合理性。

【**定义 2.4**】若 $(r, m) = 1$，则称 $r \bmod m$ 为模 m 的一个既约剩余类 (reduced residue class)。

由命题 2.2 (3) 可立即得出下面的结论。

【**命题 2.5**】模 m 的全部既约剩余类是

$$r \bmod m, \qquad 1 \leqslant r \leqslant m, \ (r, m) = 1.$$

我们把模 m 的全部既约剩余类的个数记作 $\varphi(m)$，并称 φ 为 Euler 函数。

按照定义，$\varphi(m)$ 也即是集合 $\{1, 2, \cdots, m\}$ 中与 m 互素的元素个数。

【定义 2.6】从模 m 的每个既约剩余类中各取一个元素所形成的集合被称为模 m 的一个简化剩余系 (reduced residue system)。因此模 m 的每个简化剩余系中都恰有 $\varphi(m)$ 个元素。

例如 $\{1,5\}$ 是模 6 的一个简化剩余系，$\{-4, -2, -1, 1, 2, 4\}$ 是模 9 的一个简化剩余系。如果 p 是素数，那么 $\{1, 2, \cdots, p-1\}$ 是模 p 的一个简化剩余系。对于一般的模 m，我们可以先写出它的一个完全剩余系，从中把与 m 互素的元素都挑选出来就可得到模 m 的一个简化剩余系。

【定理 2.7】设 n 是正整数，则

$$\sum_{d|n}\varphi(d)=n,$$

这里 $\sum\limits_{d|n}$ 表示对 n 的全体正因数进行求和。

证明 将区间 $[1,n]$ 中的整数按照它与 n 的最大公因数来进行分类可得

$$n=\sum_{k\leqslant n}1=\sum_{d|n}\sum_{\substack{k\leqslant n\\(k,n)=d}}1=\sum_{d|n}\sum_{\substack{j\leqslant n/d\\(j,n/d)=1}}1=\sum_{d|n}\varphi\Big(\frac{n}{d}\Big)=\sum_{d|n}\varphi(d),$$

上面最后一步用到了第一章命题 1.5。 □

下面来讨论剩余系的整体性质，这些性质体现了完全剩余系或简化剩余系在某些变换下的不变性。

【命题 2.8】设 $(a,m)=1$，$b\in\mathbb{Z}$。

(1) $\{x_1,\cdots,x_m\}$ 是模 m 的完全剩余系当且仅当 $\{ax_1+b,\cdots,ax_m+b\}$ 是模 m 的完全剩余系；

(2) $\{y_1,\cdots,y_{\varphi(m)}\}$ 是模 m 的简化剩余系当且仅当 $\{ay_1,\cdots,ay_{\varphi(m)}\}$ 是模 m 的简化剩余系。

证明 (1) 这是因为 $x_i\not\equiv x_j \pmod m$ 当且仅当 $ax_i+b\not\equiv ax_j+b \pmod m$。

(2) 这是因为 $y_i\not\equiv y_j \pmod m$ 当且仅当 $ay_i\not\equiv ay_j \pmod m$，并且 $(y_j,m)=1$ 当且仅当 $(ay_j,m)=1$。 □

【例 2.9】设 $m\in\mathbb{Z}_{\geqslant 2}$，$(a,m)=1$，$b\in\mathbb{Z}$，计算 $\sum\limits_{n\leqslant m}\left\{\dfrac{an+b}{m}\right\}$。

解 因为函数 $\{x\}$ 以 1 为周期，所以$\left\{\dfrac{x}{m}\right\}$ 以 m 为周期，进而由命题 2.8 (1) 知

$$\sum_{n\leqslant m}\left\{\frac{an+b}{m}\right\}=\sum_{n\leqslant m}\left\{\frac{n}{m}\right\}=\sum_{n\leqslant m-1}\frac{n}{m}=\frac{m-1}{2}.$$

□

【例 2.10】 设 $k, n\in\mathbb{Z}_{>0}$，$k\leqslant n$，我们知道 $\zeta_k=e\Big(\dfrac{k}{n}\Big)$ 是一个 n 次单位根。如果集合

$$\{\zeta_k^j: 1\leqslant j\leqslant n\}$$

中包含全部 n 次单位根，则称 ζ_k 是一个本原单位根 (primitive root of unity)。证明：ζ_k 是本原单位根当且仅当 $(k,n)=1$。

证明 这等价于去证明：$\{kj: 1\leqslant j\leqslant n\}$ 构成模 n 的完全剩余系当且仅当 $(k,n)=1$。充分性可由命题 2.8 (1) 得到，下证必要性。反设 $(k,n)=d>1$，则 $\dfrac{n}{d}+1\leqslant n$，于是由

$$k\equiv k\Big(\frac{n}{d}+1\Big)\ (\mathrm{mod}\ n)$$

知 $\{kj: 1\leqslant j\leqslant n\}$ 不构成模 n 的完全剩余系。 □

【命题 2.11】 设 $\{x_1,\cdots,x_m\}$ 是模 m 的一个完全剩余系，$\{y_1,\cdots,y_n\}$ 是模 n 的一个完全剩余系。若记 $z_{ij}=x_i+my_j$，则 $\{z_{ij}: 1\leqslant i\leqslant m,\ 1\leqslant j\leqslant n\}$ 是模 mn 的一个完全剩余系。

证明 诸 z_{ij} 共有 mn 个，所以只需证明它们两两不同余即可。

若存在 i_1, i_2, j_1, j_2 使得 $z_{i_1j_1}\equiv z_{i_2j_2}\ (\mathrm{mod}\ mn)$，也即

$$x_{i_1}+my_{j_1}\equiv x_{i_2}+my_{j_2}\ (\mathrm{mod}\ mn),$$

那么把同余关系式约化到模 m 上可得 $x_{i_1}+my_{j_1}\equiv x_{i_2}+my_{j_2}\ (\mathrm{mod}\ m)$，此即 $x_{i_1}\equiv x_{i_2}\ (\mathrm{mod}\ m)$，因此 $i_1=i_2$。将这代入到上式中可得 $my_{j_1}\equiv my_{j_2}\ (\mathrm{mod}\ mn)$，再由命题 1.2 (3) 知 $y_{j_1}\equiv y_{j_2}\ (\mathrm{mod}\ n)$，故而 $j_1=j_2$。 □

【命题 2.12】 设 $M=mn$，$(m,n)=1$，若记

$$z_{ij}=nx_i+my_j,\qquad 1\leqslant i\leqslant s,\ 1\leqslant j\leqslant t.$$

则诸 z_{ij} 构成模 M 的一个完全（相应地，简化）剩余系的充要条件是：$\{x_1,\cdots,x_s\}$ 是模 m 的一个完全（相应地，简化）剩余系，且 $\{y_1,\cdots,y_t\}$ 是模 n 的一个完全（相应地，简化）剩余系。

证明 先对完全剩余系来证明。

充分性：此时 $s=m$，$t=n$。由于诸 z_{ij} 共有 $mn=M$ 个，故只需证明它们对于模 M 两两不同余即可。若 $z_{i_1j_1}\equiv z_{i_2j_2}\ (\mathrm{mod}\ M)$，则把该同余式约化到模 m 和模 n 上可分别得到

$$z_{i_1j_1}\equiv z_{i_2j_2}\ (\mathrm{mod}\ m)\qquad \text{以及}\qquad z_{i_1j_1}\equiv z_{i_2j_2}\ (\mathrm{mod}\ n),$$

此即

$$nx_{i_1} \equiv nx_{i_2} \pmod{m}, \qquad my_{j_1} \equiv my_{j_2} \pmod{n},$$

注意到 $(m,n)=1$，故由命题 1.2 (3) 知

$$x_{i_1} \equiv x_{i_2} \pmod{m}, \qquad y_{j_1} \equiv y_{j_2} \pmod{n},$$

从而 $i_1=i_2$，$j_1=j_2$。

必要性：设全体 z_{ij} $(1 \leqslant i \leqslant s, 1 \leqslant j \leqslant t)$ 构成模 M 的一个完全剩余系，则 $st=M=mn$。取定 y_1，由 $z_{i1}=nx_i+my_1$ 对于模 $M=mn$ 两两不同余知 nx_i 对于模 mn 两两不同余，从而 x_i 对于模 m 两两不同余。类似可得 y_j 对于模 n 两两不同余。故 $s \leqslant m$，$t \leqslant n$，但 $st=mn$，从而必有 $s=m$，$t=n$。必要性得证。

为了证明简化剩余系的情形，只需对任意的 i, j 说明

$$(z_{ij}, M)=1 \text{ 当且仅当 } (x_i, m)=(y_j, n)=1.$$

事实上，$(z_{ij}, M)=1$ 当且仅当 $(z_{ij}, m)=(z_{ij}, n)=1$，而由 $(m,n)=1$ 知

$$(z_{ij}, m)=(nx_i+my_j, m)=(nx_i, m)=(x_i, m),$$

同理可得 $(z_{ij}, n)=(y_j, n)$，故而命题得证。 □

【推论 2.13】 若 m, $n \in \mathbb{Z}_{>0}$ 且 $(m,n)=1$，则 $\varphi(mn)=\varphi(m)\varphi(n)$。

证明 沿用命题 2.12 中的记号，则当 $\{x_1, \cdots, x_{\varphi(m)}\}$ 是模 m 的一个简化剩余系且 $\{y_1, \cdots, y_{\varphi(n)}\}$ 是模 n 的一个简化剩余系时，$\{z_{ij}: 1 \leqslant i \leqslant \varphi(m),\ 1 \leqslant j \leqslant \varphi(n)\}$ 是模 mn 的一个简化剩余系，因为这样的 z_{ij} 共有 $\varphi(m)\varphi(n)$ 个，所以模 mn 的一个简化剩余系中有 $\varphi(m)\varphi(n)$ 个元素，进而有 $\varphi(mn)=\varphi(m)\varphi(n)$。 □

利用这一推论我们可以给出 $\varphi(n)$ 的一个计算公式。

【命题 2.14】 设 $n \in \mathbb{Z}_{>0}$，则

$$\varphi(n)=n\prod_{p|n}\Big(1-\frac{1}{p}\Big),$$

其中 $\prod\limits_{p|n}$ 表示乘积变量 p 通过 n 的全部素因子。

证明 当 $n=1$ 时命题显然成立。现设 $n \geqslant 2$，并假设 n 的标准分解式为 $n=p_1^{\alpha_1}\cdots p_r^{\alpha_r}$，那么由推论 2.13 知

$$\varphi(n)=\varphi(p_1^{\alpha_1})\cdots\varphi(p_r^{\alpha_r}).$$

注意到

$$\varphi(p^\alpha)=\sum_{\substack{k=1\\(k,p)=1}}^{p^\alpha}1=\sum_{k=1}^{p^\alpha}1-\sum_{\substack{k=1\\p|k}}^{p^\alpha}1=p^\alpha-p^{\alpha-1}=p^\alpha\Big(1-\frac{1}{p}\Big),$$

因此

$$\varphi(n)=p_1^{\alpha_1}\Big(1-\frac{1}{p_1}\Big)\cdots p_r^{\alpha_r}\Big(1-\frac{1}{p_r}\Big)=n\prod_{p|n}\Big(1-\frac{1}{p}\Big).$$

□

【例 2.15】 设 $(n,q)=1$，计算拉马努金（Ramanujan）和

$$c_q(n)=\sum_{\substack{k\leqslant q\\(k,q)=1}}e\Big(\frac{kn}{q}\Big).$$

解 因为函数 $e\Big(\dfrac{x}{q}\Big)$ 以 q 为周期，所以由命题 2.8 (2) 知 $c_q(n)=c_q(1)$，从而只需计算 $c_q(1)$ 即可。

若 $(q_1,q_2)=1$，则当 a,b 分别通过模 q_1 和 q_2 的简化剩余系时，aq_2+bq_1 通过模 q_1q_2 的简化剩余系，故而

$$\begin{aligned}c_{q_1q_2}(1)&=\sum_{\substack{k\leqslant q_1q_2\\(k,q_1q_2)=1}}e\Big(\frac{k}{q_1q_2}\Big)=\sum_{\substack{a\leqslant q_1\\(a,q_1)=1}}\sum_{\substack{b\leqslant q_2\\(b,q_2)=1}}e\Big(\frac{aq_2+bq_1}{q_1q_2}\Big)\\&=\sum_{\substack{a\leqslant q_1\\(a,q_1)=1}}e\Big(\frac{a}{q_1}\Big)\sum_{\substack{b\leqslant q_2\\(b,q_2)=1}}e\Big(\frac{b}{q_2}\Big)=c_{q_1}(1)c_{q_2}(1).\end{aligned}$$

因此若 q 具有标准分解式 $q=p_1^{\alpha_1}\cdots p_r^{\alpha_r}$，则

$$c_q(1)=c_{p_1^{\alpha_1}}(1)\cdots c_{p_r^{\alpha_r}}(1).$$

注意到利用第一章例 1.4 可得

$$c_{p^\alpha}(1)=\sum_{\substack{k\leqslant p^\alpha\\(k,p)=1}}e\Big(\frac{k}{p^\alpha}\Big)=\sum_{k\leqslant p^\alpha}e\Big(\frac{k}{p^\alpha}\Big)-\sum_{k\leqslant p^{\alpha-1}}e\Big(\frac{k}{p^{\alpha-1}}\Big)=\begin{cases}-1 & 若\ \alpha=1,\\0 & 若\ \alpha>1.\end{cases}$$

所以

$$c_q(n)=\begin{cases}1, & q=1,\\(-1)^r, & q=p_1\cdots p_r,\ 其中\ p_1,\cdots,p_r\ 为两两不同的素数,\\0, & 其它.\end{cases}$$

上式右边也即是著名的 Möbius 函数 $\mu(q)$，我们会在第七章中再次提到它。 □

在上例中我们仅对 $(n,q)=1$ 的情况计算了 Ramanujan 和，在 §8.3 中我们将会讨论一般情况。

习 题 3.2

1. 试求满足 $\varphi(n)=12$ 的全部正整数 n。
2. 设 $n=k\ell$ 且 ℓ 的素因子均整除 k，则 $\varphi(n)=\ell\varphi(k)$。
3. 证明当 $n\geqslant 3$ 时有 $2\mid\varphi(n)$。
4. 设 $p>3$，且 p 和 $p+2$ 均是素数，证明 $\varphi(p+1)\leqslant\dfrac{p+1}{3}$。
5. 设 $\{x_1,\cdots,x_{\varphi(m)}\}$ 是模 m 的一个简化剩余系，证明 $\{\overline{x_1},\cdots,\overline{x_{\varphi(m)}}\}$ 也是模 m 的一个简化剩余系。
6. 设 $m=abc$，其中 $(a,b)=1$，又记 $z=ax+by$。

   (1) 若 x 通过模 bc 的完全剩余系，且 y 通过模 a 的完全剩余系，证明 z 通过模 m 的一个完全剩余系。

   (2) 设 c 的素因子均整除 a。若 x 通过模 bc 的完全剩余系中与 b 互素的元素，且 y 通过模 a 的简化剩余系，证明 z 通过模 m 的一个简化剩余系。
7. 设整数 a, b, m, M 满足 $M\geqslant m\geqslant 2$，$(a,m)=1$ 及 $m\mid M$，计算 $\sum\limits_{k\leqslant M}\left[\dfrac{ak+b}{m}\right]$。
8. 设 $m\in\mathbb{Z}_{\geqslant 2}$ 且 $(a,m)=1$，计算 $\sum\limits_{\substack{k\leqslant m\\(k,m)=1}}\left\{\dfrac{ak}{m}\right\}$。
9. 设 n 是一个正整数，证明
$$\sum_{d=1}^{n}\varphi(d)\left[\frac{n}{d}\right]=\frac{n(n+1)}{2}.$$
10. 设 $m\in\mathbb{Z}_{\geqslant 2}$，
$$A=\{a+dj \bmod m: j=1,\cdots,k\}\subseteq\mathbb{Z}_m,$$
其中 a, d, $k\in\mathbb{Z}$，$(d,m)=1$ 且 $1\leqslant k\leqslant m$。证明：存在 b, $\ell\in\mathbb{Z}$ 使得
$$A^c=\{b+\ell j \bmod m: j=1,\cdots,m-k\}.$$
简而言之，$\mathbb{Z}_m$ 中的等差数列的余集亦是等差数列。

11. 设 f 是一个整系数多项式，对正整数 n 记

$$\varphi_f(n)=\sum_{\substack{j\leqslant n\\(f(j),n)=1}}1.$$

证明：当 $(m,n)=1$ 时有 $\varphi_f(mn)=\varphi_f(m)\varphi_f(n)$。

12. 设 $p>2$ 为素数。对整数 $m\geqslant 0$，记

$$S_m=1^m+2^m+\cdots+(p-1)^m.$$

证明：要么 $S_m\equiv 0 \pmod p$，要么 $S_m\equiv -1 \pmod p$。

§3.3 Euler 定理

【定理 3.1】（Euler） 设 m 是正整数，$(a,m)=1$，则 $a^{\varphi(m)}\equiv 1 \pmod m$。

证明 假设 $\{x_1,\cdots,x_{\varphi(m)}\}$ 是模 m 的一个简化剩余系，那么由 $(a,m)=1$ 及命题 2.8 (2) 知 $\{ax_1,\cdots,ax_{\varphi(m)}\}$ 也是模 m 的一个简化剩余系，从而

$$x_1\cdots x_{\varphi(m)}\equiv (ax_1)\cdots(ax_{\varphi(m)}) \pmod m.$$

按照命题 1.2 (3)，在上式两侧同时约去 $x_1\cdots x_{\varphi(m)}$ 便得 $a^{\varphi(m)}\equiv 1 \pmod m$。 □

特别地，当 m 为素数时，我们可以得到下面的结论，它有时被称为 Fermat 小定理，以示和著名的 Fermat 大定理相区别。

【定理 3.2】（Fermat） 若 p 为素数，则对任意的 $a\in\mathbb{Z}$ 有 $a^p\equiv a \pmod p$。

证明 若 $p\mid a$，则 $a^p\equiv 0\equiv a \pmod p$。若 $p\nmid a$，则由定理 3.1 知

$$a^{p-1}=a^{\varphi(p)}\equiv 1 \pmod p,$$

进而有 $a^p\equiv a \pmod p$。 □

一个自然的想法是去讨论上述定理的逆命题是否成立，也即是问：“如果 $n\geqslant 2$，并且对任意的整数 a 均有 $a^n\equiv a \pmod n$，那么 n 是否一定是素数？”这个问题的答案是否定的，R. D. Carmichael 不但指出 561 是满足上述条件的合数，还对该问题进行了系统的研究（参见文献 [10]），因此人们把满足上述条件的合数称为<u>Carmichael 数</u>。1994 年，奥尔福德（W. R. Alford），格兰维尔（A. Granville）和波默朗斯（C.

Pomerance）[11]对充分大的 x 证明了不超过 x 的 Carmichael 数的个数大于 $x^{\frac{2}{7}}$，由此立即推出存在无穷多个 Carmichael 数。

利用 Euler 定理我们可以简单地证明下述推论，它也即是 §3.2 习题 3。

【推论 3.3】 当 $m \geqslant 3$ 时 $\varphi(m)$ 是偶数。

证明　在定理 3.1 中取 $a = -1$ 可得 $(-1)^{\varphi(m)} \equiv 1 \pmod m$，也即是说 m 是 $(-1)^{\varphi(m)} - 1$ 的因数。因为 $m \geqslant 3$，所以 $\varphi(m)$ 必为偶数。□

【例 3.4】 $2017^{2017^{2017}}$ 在十进制表示下的个位数和十位数分别是多少？

解　因为 $\varphi(100) = 40$ 且 $(2017, 100) = 1$，所以由 Euler 定理知 $2017^{40} \equiv 1 \pmod{100}$，进而得知 $2017^{40k} \equiv 1 \pmod{100}$ 对任意的正整数 k 均成立。注意到

$$2017^{2017} \equiv 17^{2017} \equiv 17 \cdot 289^{1008} \equiv 17 \cdot 9^{1008} \equiv 17 \cdot 81^{504} \equiv 17 \pmod{40},$$

故而 2017^{2017} 可写成 $40\ell + 17$ 的形式，进而有

$$\begin{aligned} 2017^{2017^{2017}} &= 2017^{40\ell+17} \equiv 2017^{17} \equiv 17^{17} \equiv 17 \cdot 289^8 \equiv 17 \cdot (-11)^8 \\ &\equiv 77 \pmod{100}, \end{aligned}$$

所以 $2017^{2017^{2017}}$ 在十进制表示下的个位数和十位数都是 7。□

在小学我们学过，有理数在十进制下要么是有限小数，要么是无限循环小数。我们下面来证明纯循环小数的情况，而把混循环小数的讨论放到习题中请读者自己完成。

【例 3.5】 有理数 $\dfrac{a}{b}$ $(0 < a < b,\ (a, b) = 1)$ 在十进制下可表为纯循环小数的充要条件是 $(b, 10) = 1$。

证明　必要性：若 $\dfrac{a}{b} = 0.\dot{a}_1 a_2 \cdots \dot{a}_t$，则

$$10^t \cdot \frac{a}{b} = 10^{t-1}a_1 + \cdots + 10a_{t-1} + a_t + \frac{a}{b},$$

所以 $\dfrac{a(10^t - 1)}{b} = 10^{t-1}a_1 + \cdots + 10a_{t-1} + a_t \in \mathbb{Z}$，又因为 $(a, b) = 1$，故而 $b \mid 10^t - 1$，因此 $(b, 10) = 1$。

充分性：若 $(b, 10) = 1$，则由定理 3.1 知存在 $t > 0$ 使得 $10^t \equiv 1 \pmod b$，从而存在 q 使得 $10^t a = qb + a$，且

$$0 < q < 10^t \cdot \frac{a}{b} \leqslant 10^t \cdot \frac{b-1}{b} < 10^t - 1.$$

因此可令 $q = 10^{t-1}q_1 + \cdots + 10q_{t-1} + q_t$，其中 $q_j \in [0,9] \cap \mathbb{Z}$ $(1 \leqslant j \leqslant t)$ 并且诸 q_j 既不全是 0，也不全是 9。于是由 $10^t \cdot \frac{a}{b} = q + \frac{a}{b}$ 可得

$$\frac{a}{b} = 0.q_1 \cdots q_t + \frac{1}{10^t} \cdot \frac{a}{b},$$

反复利用该式便得 $\frac{a}{b} = 0.\dot{q}_1 \cdots \dot{q}_t$。 □

【注 3.6】 由上面例子的证明过程容易看出，当 $\frac{a}{b}$ $(0 < a < b, (a,b) = 1)$ 是纯循环小数时其循环节的长度是使得 $10^t \equiv 1 \pmod b$ 成立之最小正整数 t。

习题 3.3

1. 求 $100^{100^{100}}$ 除以 27 的最小非负余数。
2. 设 $(m,n) = 1$，证明 $m^{\varphi(n)} + n^{\varphi(m)} \equiv 1 \pmod{mn}$。
3. 设 n 是正整数，证明
$$\Big(\prod_{\substack{m \leqslant n \\ (m,n)=1}} m\Big)^2 \equiv 1 \pmod n.$$ ②
4. 验证 561 是 Carmichael 数。
5. 利用 $(x_1 + \cdots + x_n)^p$ 的展开式证明 Fermat 定理③。
6. 设 m, n 是两个正整数，$d = (n, \varphi(m))$，证明
$$\{a^n \bmod m : 1 \leqslant a \leqslant m,\ (a,m) = 1\} = \{a^d \bmod m : 1 \leqslant a \leqslant m,\ (a,m) = 1\}.$$
7. 设 $\frac{a}{b}$ 满足 $0 < a < b$，$(a,b) = 1$，$b = 2^\alpha 5^\beta b_1$，$b_1 > 1$，$(b_1, 10) = 1$ 且 α, β 不全为 0，则 $\frac{a}{b}$ 在十进制下可表为混循环小数，其中不循环的位数为 $r = \max(\alpha, \beta)$。
8. 设 p 是一个素数且 $(p, 10a) = 1$，又设 $\frac{a}{p}$ 的十进制小数表示中循环节的长度为偶数。证明：把循环节对半分开后所得到的两个数相加必是一个完全由 9 组成的数（例如，$\frac{1}{7} = 0.\dot{1}4285\dot{7}$，则 $142 + 857 = 999$）。

---

②§5.4 习题 3 给出了一个更精细的版本。

③这种方法源于 Fermat，他利用二项式定理证明了定理 3.2 中 $a = 2$ 的情形，莱布尼茨（G. W. Leibniz）利用本题中的方法证明了一般情形。

第四章

同余方程

§4.1 基本概念及一次同余方程

设 $f(x)$ 是一个整系数多项式，由第一章例 1.3 知，若 $f(x_0) \equiv 0 \pmod{m}$，那么剩余类 $x_0 \bmod m$ 中的每个元素均满足方程 $f(x) \equiv 0 \pmod{m}$，这保证了下述定义的合理性。

【定义 1.1】 设 $f(x) = a_n x^n + \cdots + a_1 x + a_0$ 为整系数多项式，m 是一个正整数。我们称

$$f(x) \equiv 0 \pmod{m} \tag{4.1}$$

为关于模 m 的同余方程 (congruence equation)。若整数 x_0 满足 $f(x_0) \equiv 0 \pmod{m}$，则称 $x \equiv x_0 \pmod{m}$ 为 (4.1) 的一个解 (solution)。

事实上，更一般地我们可以研究多元同余方程。设 $f(x_1, \cdots, x_n)$ 是一个 n 元多项式，如果 $a_1, \cdots, a_n$ 满足

$$f(a_1, \cdots, a_n) \equiv 0 \pmod{m},$$

则称 $x_j \equiv a_j \pmod{m}$ $(1 \leqslant j \leqslant m)$ 是同余方程 $f(x_1, \cdots, x_n) \equiv 0 \pmod{m}$ 的一个解①。在本章中，我们的重点是讨论一元的同余方程。

【例 1.2】 (1) $x^4 + 4x^2 + 1 \equiv 0 \pmod{5}$ 无解。

(2) $x^2 - 1 \equiv 0 \pmod{8}$ 的全部解为 $x \equiv \pm 1, \pm 3 \pmod{8}$。

下面首先来讨论一次同余方程。

---

①§1.1 习题 9 保证了这一定义的合理性。

【命题 1.3】 记 $d=(a,m)$，则同余方程

$$ax \equiv b \pmod{m} \tag{4.2}$$

有解的充要条件是 $d \mid b$，当它有解时，若 $x_0 \pmod{m}$ 是一个解，则其全部解为

$$x \equiv x_0 + \frac{m}{d}k \pmod{m}, \qquad k=0,1,\cdots,d-1. \tag{4.3}$$

因此，如果 (4.2) 有解，则其共有 d 个解。

证明 $x \pmod{m}$ 是 (4.2) 的一个解当且仅当存在 $y \in \mathbb{Z}$ 使得 $ax+my=b$，由第二章命题 1.1 知后者有解当且仅当 $d \mid b$。

此外，若 $d \mid b$ 且 x_0，y_0 是 $ax+my=b$ 的一组解，则该不定方程的全部解为

$$\begin{cases} x = x_0 + \dfrac{m}{d}k \\ y = y_0 - \dfrac{a}{d}k \end{cases} \quad (k \in \mathbb{Z}),$$

因此 (4.2) 的全部解可由 (4.3) 给出。 □

【推论 1.4】 若 $(a,m)=1$，则同余方程 $ax \equiv b \pmod{m}$ 有唯一解。

【例 1.5】 求解同余方程 $10x \equiv 6 \pmod{12}$。

解 由于 $(10,12)=2 \mid 6$，故该方程有解。又由于 $3 \pmod{12}$ 是一个解，故原方程的全部解为 $x \equiv 3 \pmod{12}$ 及 $x \equiv 9 \pmod{12}$。 □

对于一般的同余方程，由第三章命题 1.2 (6) 可得如下结论。

【命题 1.6】 设 $m_1,\cdots,m_k$ 是两两互素的正整数，并记 $m=m_1\cdots m_k$，则同余方程

$$f(x) \equiv 0 \pmod{m}$$

与同余方程组

$$\begin{cases} f(x) \equiv 0 \pmod{m_1} \\ f(x) \equiv 0 \pmod{m_2} \\ \qquad \vdots \\ f(x) \equiv 0 \pmod{m_k} \end{cases}$$

等价。

【例 1.7】求解同余方程 $x^5 \equiv 4 \pmod{15}$。

解　按照命题 1.6，这等价于

$$\begin{cases} x^5 \equiv 4 \,(\mathrm{mod}\ 3), \\ x^5 \equiv 4 \,(\mathrm{mod}\ 5). \end{cases}$$

其中第一个方程的解为 $x \equiv 1 \pmod 3$，第二个方程的解为 $x \equiv 4 \pmod 5$，注意到第一个方程的解也可被写成 $x \equiv 4 \pmod 3$，故原方程的解为 $x \equiv 4 \pmod{15}$。 □

上述例子提示了我们一个解同余方程的方法：假设 m 的标准分解式为 $m = p_1^{\alpha_1} \cdots p_r^{\alpha_r}$，由命题 1.6 知同余方程 $f(x) \equiv 0 \pmod m$ 等价于同余方程组

$$\begin{cases} f(x) \equiv 0 \,(\mathrm{mod}\ p_1^{\alpha_1}), \\ \qquad\quad \vdots \\ f(x) \equiv 0 \,(\mathrm{mod}\ p_r^{\alpha_r}). \end{cases}$$

如果上述某个同余方程无解，则原方程无解；在上述每个同余方程都有解的情况下我们可将它们先解出，这样就能知道 x 应当位于 $p_j^{\alpha_j}$ $(1 \leqslant j \leqslant r)$ 的哪些剩余类中，进而得出原方程的解。因此研究同余方程有两个关键步骤，一是去讨论模为素数幂的同余方程，二是需要从形如

$$\begin{cases} x \equiv a_1 \,(\mathrm{mod}\ p_1^{\alpha_1}), \\ \qquad\quad \vdots \\ x \equiv a_r \,(\mathrm{mod}\ p_r^{\alpha_r}) \end{cases}$$

的同余方程组得到形如 $x \equiv b \pmod m$ 的解，也即是一次同余方程组的求解。我们将在接下来的两节中分别研究以上两个问题，由于相比较而言后者较为简单，所以在下一节中先讨论它。

习 题 4.1

1. 判断下列一次同余方程是否有解。若有解，试求其全部解：

   (1) $5x \equiv 6 \pmod 9$；　(2) $14x \equiv 27 \pmod{133}$；

   (3) $54x \equiv 50 \pmod{32}$；　(4) $24x \equiv 39 \pmod{105}$。

2. 判断下列高次同余方程是否有解。若有解，试求其全部解：

   (1) $x^2 \equiv 6 \pmod{15}$；　(2) $x^4 + x - 4 \equiv 0 \pmod{42}$；

   (3) $x^3 \equiv 5 \pmod{44}$。

3. 设 $f(x_1,\cdots,x_n)$ 是一个 n 元整系数多项式，证明同余方程

$$f(x_1,\cdots,x_n)\equiv 0\,(\mathrm{mod}\ m)$$

的解数为

$$\frac{1}{m}\sum_{a\leqslant m}\sum_{x_1\leqslant m}\cdots\sum_{x_n\leqslant m}e\left(\frac{af(x_1,\cdots,x_n)}{m}\right).$$

4. 记 $d=(a_1,\cdots,a_n,m)$，利用上题结论证明同余方程

$$a_1x_1+\cdots+a_nx_n\equiv b\,(\mathrm{mod}\ m)$$

有解的充要条件是 $d\mid b$，并且当 $d\mid b$ 时它的解数为 dm^{n-1}。

§4.2 中国剩余定理

本节讨论一次同余方程组的求解。

【定理 2.1】（中国剩余定理） 设 $m_1,\cdots,m_k$ 是两两互素的正整数，并记 $m=m_1\cdots m_k$，则同余方程组

$$\begin{cases} x\equiv a_1\,(\mathrm{mod}\ m_1)\\ x\equiv a_2\,(\mathrm{mod}\ m_2)\\ \qquad\vdots\\ x\equiv a_k\,(\mathrm{mod}\ m_k)\end{cases}\tag{4.4}$$

对模 m 有唯一解。

证明 存在性：记 $M_j=m/m_j$，又记 $\overline{M_j}$ 为满足 $\overline{M_j}M_j\equiv 1\ (\mathrm{mod}\ m_j)$ 的整数，因为当 $j\neq\ell$ 时总有 $m_\ell\mid M_j$，故对任意的 ℓ 有

$$\sum_{j=1}^{k}a_j\overline{M_j}M_j\equiv a_\ell\overline{M_\ell}M_\ell\equiv a_\ell\,(\mathrm{mod}\ m_\ell),$$

所以 $\sum\limits_{j=1}^{k}a_j\overline{M_j}M_j$ 满足 (4.4)。

唯一性：设 x_1 与 x_2 均满足 (4.4)，则

$$x_1\equiv x_2\quad(\mathrm{mod}\ m_i),\qquad 1\leqslant i\leqslant k,$$

于是由第三章命题 1.2 (6) 知 $x_1 \equiv x_2 \pmod{m}$，这就证明了 (4.4) 在模 m 下有唯一解。 □

上述定理之所以被命名为中国剩余定理 (Chinese remainder theorem)，是因为我国数学家在一次同余方程组的研究中做出了卓越的贡献。一次同余方程组的研究最早出现在我国约成书于四、五世纪的《孙子算经》中，该书提出了“物不知其数”问题 (参见下面例 2.2)。《孙子算经》虽然给出了该问题的正确答案，但并未详述求解过程，也没有阐述其理论依据，直到南宋时期秦九韶才在其于 1247 年所著成的《数书九章》中系统地给出了一次同余方程组的求解方法，这也即是定理 2.1 存在性证明中所用的方法，秦九韶把它称作大衍求一术。具体来说，秦九韶把上述证明过程中的 M_j 称为“衍数”，把 $\overline{M_j}$ 称为“乘率”，为了计算出乘率，他本质上使用了辗转相除法及其回代过程，因为 $\overline{M_j}M_j$ 除以 m_j 的余数是 1，所以他把该方法命名为“求一术”。

【例 2.2】 今有物不知其数，三三数之剩二，五五数之剩三，七七数之剩二，问物几何？(出自《孙子算经》)

解　这实际上是在求解同余方程组

$$\begin{cases} x \equiv 2 \pmod{3}, \\ x \equiv 3 \pmod{5}, \\ x \equiv 2 \pmod{7}. \end{cases}$$

记 $m_1 = 3$，$m_2 = 5$，$m_3 = 7$，于是 $m = 105$，按照定理 2.1 存在性的证明过程可依次计算得 $M_1 = 35$，$M_2 = 21$，$M_3 = 15$，$\overline{M_1} = 2$，$\overline{M_2} = 1$，$\overline{M_3} = 1$，于是该同余方程组的解为

$$x \equiv 2 \cdot 35 \cdot 2 + 3 \cdot 21 \cdot 1 + 2 \cdot 15 \cdot 1 \equiv 23 \pmod{105}.$$

□

关于上述问题，明朝数学家程大位在其所著《算法统宗》(1593) 一书中给出了如下歌诀：

三人同行七十稀，五树梅花廿一枝，

七子团圆正月半，除百零五便得知。

这里的“七十”，“廿一”及“正月半”分别对应于上面解答中的 $M_1\overline{M_1}$，$M_2\overline{M_2}$ 以及 $M_3\overline{M_3}$。

定理 2.1 要求同余式的模两两互素，但在实际应用中这一条件常常难以满足，接下来的定理彻底解决了这一问题。

【定理 2.3】 设 $m_1, \cdots, m_k$ 为正整数，并记 $m = [m_1, \cdots, m_k]$，则同余方程组

$$\begin{cases} x \equiv a_1 \pmod{m_1} \\ x \equiv a_2 \pmod{m_2} \\ \qquad \vdots \\ x \equiv a_k \pmod{m_k} \end{cases} \tag{4.5}$$

有解当且仅当 $(m_i, m_j) \mid a_i - a_j \ (\forall\, i \neq j)$。当 (4.5) 有解时，它对模 m 有唯一解。

证明 命题的第二部分可类似于定理 2.1 的唯一性证明来处理，下面来证明命题的第一部分。

必要性：若 x_0 是 (4.5) 的一个解，则 $m_i \mid x_0 - a_i \ (\forall\, i)$，于是对任意的 $i \neq j$ 均有 $(m_i, m_j) \mid x_0 - a_i$ 及 $(m_i, m_j) \mid x_0 - a_j$，从而 $(m_i, m_j) \mid a_i - a_j$。

充分性：用 $p_1, \cdots, p_r$ 表示 m 的全部素因子，并记

$$m_i = p_1^{\alpha_{i1}} \cdots p_r^{\alpha_{ir}}, \qquad 1 \leqslant i \leqslant k,$$

其中 $\alpha_{i\ell} \geqslant 0 \ (\forall\, i, \ell)$。又对 $1 \leqslant \ell \leqslant r$ 记

$$\beta_\ell = \max\{\alpha_{i\ell} : i = 1, \cdots, k\}.$$

于是由命题 1.6 知 (4.5) 等价于同余方程组

$$x \equiv a_i \pmod{p_\ell^{\alpha_{i\ell}}}, \qquad 1 \leqslant i \leqslant k,\ 1 \leqslant \ell \leqslant r.$$

对同一个 ℓ 而言，由 $(m_i, m_j) \mid a_i - a_j \ (\forall\, i \neq j)$ 知，如果 $\alpha_{i\ell} \leqslant \alpha_{j\ell}$，则 $p_\ell^{\alpha_{i\ell}} \mid a_i - a_j$，这意味着 $x \equiv a_j \pmod{p_\ell^{\alpha_{j\ell}}}$ 一旦成立，同余式 $x \equiv a_i \pmod{p_\ell^{\alpha_{i\ell}}}$ 也必然成立，故当 $\alpha_{ij} < \beta_j$ 时同余式 $x \equiv a_i \pmod{p_j^{\alpha_{ij}}}$ 均是多余的，从而上述同余方程组等价于

$$x \equiv a_{i(j)} \pmod{p_j^{\beta_j}}, \qquad 1 \leqslant j \leqslant r, \tag{4.6}$$

这里 $i(j)$ 表示使得 $\alpha_{ij} = \beta_j$ 成立的 i（若有两个以上 i 同时满足条件，则任取一个作为 $i(j)$ 即可）。由中国剩余定理知同余方程组 (4.6) 对模 $p_1^{\beta_1} \cdots p_r^{\beta_r} = m$ 有唯一解。

至此，定理得证。 □

【例 2.4】 求解同余方程组

$$\begin{cases} x \equiv 1 \pmod{6}, \\ x \equiv 3 \pmod{20}, \\ x \equiv -2 \pmod{15}. \end{cases}$$

解 由定理 2.3 容易验证上述同余方程组有解，并且按照 (4.6)，我们知道它等价于

$$\begin{cases} x \equiv 1 \pmod 3, \\ x \equiv 3 \pmod 4, \\ x \equiv -2 \pmod 5. \end{cases}$$

类似于例 2.2 可求得其解为 $x \equiv 43 \pmod{60}$。 □

利用中国剩余定理和命题 1.6 我们可以立即得到下述推论。

【推论 2.5】 以 $\rho(f, m)$ 表示同余方程 $f(x) \equiv 0 \pmod m$ 的解数，则对于满足 $(m, n) = 1$ 的任意正整数 m, n 有

$$\rho(f, mn) = \rho(f, m)\rho(f, n). \tag{4.7}$$

习 题 4.2

1. 判定下列同余方程组是否有解。若有解，试求其全部解:

(1) $\begin{cases} x \equiv 2 \pmod 5, \\ x \equiv 4 \pmod 6, \\ x \equiv 7 \pmod{11}. \end{cases}$ (2) $\begin{cases} x \equiv 1 \pmod 4, \\ x \equiv -2 \pmod 7, \\ x \equiv 11 \pmod{15}. \end{cases}$

(3) $\begin{cases} x \equiv 13 \pmod{40}, \\ x \equiv 5 \pmod{44}, \\ x \equiv 38 \pmod{275}. \end{cases}$ (4) $\begin{cases} x \equiv 1 \pmod 6, \\ x \equiv 5 \pmod{28}, \\ x \equiv -2 \pmod{21}, \\ x \equiv 9 \pmod{40}. \end{cases}$

2. 设 $m_1, \cdots, m_k$ 是两两互素的正整数，证明：若对 $1 \leqslant j \leqslant k$，$x_j$ 均遍历模 m_j 的完全剩余系（相应地，简化剩余系），则

$$\sum_{j=1}^{k} x_j \overline{M_j} M_j$$

遍历模 $m_1 \cdots m_k$ 的完全剩余系（相应地，简化剩余系），这里 M_j 与 $\overline{M_j}$ 如定理 2.1 的证明中所定义。反之亦然。

3. 设 $(m, n) = 1$，$\ell \pmod{mn}$ 是同余方程组

$$\begin{cases} x \equiv a \pmod m, \\ x \equiv b \pmod n \end{cases}$$

的解，又设 $\overline{n}$ 和 $\overline{m}$ 分别满足 $n\overline{n} \equiv 1 \pmod m$ 和 $m\overline{m} \equiv 1 \pmod n$。证明

$$\frac{\ell}{mn} - \frac{a\overline{n}}{m} - \frac{b\overline{m}}{n} \in \mathbb{Z}.$$

4. 设 $(m,n)=1$，$d \mid a-b$，且 $\ell \pmod{dmn}$ 是同余方程组

$$\begin{cases} x \equiv a \pmod{dm}, \\ x \equiv b \pmod{dn} \end{cases}$$

的解，又设 $\overline{n}$ 满足 $n\overline{n} \equiv 1 \pmod m$。证明

$$\frac{\ell}{dmn} - \frac{a-b}{d} \cdot \frac{\overline{n}}{m} - \frac{b}{dmn} \in \mathbb{Z}.$$

5. 设 q 为正整数。对任意的整数 m, n，定义克鲁斯特曼（Kloosterman）和为

$$S(m,n;q) = \sum_{\substack{a=1 \\ (a,q)=1}}^{q} e\Big(\frac{am+\overline{a}n}{q}\Big),$$

其中 $\overline{a}$ 为 a 在模 q 下的逆。证明:

(1) $S(m,n;q) = S(n,m;q)$。

(2) 若 $(k,q)=1$，则有 $S(km,n;q) = S(m,kn;q)$。

(3) 若 $(q,r)=1$，则有 $S(m,n;qr) = S(\overline{r}m,\overline{r}n;q)S(\overline{q}m,\overline{q}n;r)$，其中 $\overline{q}$ 与 $\overline{r}$ 分别满足 $q\overline{q} \equiv 1 \pmod r$ 和 $r\overline{r} \equiv 1 \pmod q$。

§4.3 以素数幂为模的同余方程

由命题 1.6 及中国剩余定理知，可将同余方程 $f(x) \equiv 0 \pmod m$ 的求解转化为对

$$f(x) \equiv 0 \pmod{p^\alpha} \tag{4.8}$$

的求解。此外，由上节推论 2.5 知，若 $m = p_1^{\alpha_1} \cdots p_r^{\alpha_r}$，则

$$\rho(f,m) = \rho(f,p_1^{\alpha_1}) \cdots \rho(f,p_r^{\alpha_r}).$$

本节的目的就是讨论形如 (4.8) 的同余方程的解数及求解的问题。

首先讨论 $\alpha = 1$ 的情形。

【定理 3.1】（拉格朗日（**Lagrange**）） 设 p 为素数，$f(x)=a_nx^n+\cdots+a_1x+a_0$ 为整系数多项式且 $p\nmid a_n$，则 $\rho(f,p)\leqslant\min(n,p)$。

证明 因为总有 $\rho(f,p)\leqslant p$ 成立，故只需说明 $\rho(f,p)\leqslant n$。下面利用数学归纳法来证明。

当 $n=1$ 时由命题 1.3 知结论成立。现设对于满足 $\deg f=n-1$ 以及首项系数与 p 互素的任意整系数多项式 f 均有 $\rho(f,p)\leqslant n-1$。那么对于某个次数为 n 的多项式 $f(x)=a_nx^n+\cdots+a_1x+a_0$ 而言，一方面，若 $f(x)\equiv 0 \pmod p$ 无解，则 $\rho(f,p)=0\leqslant n$。另一方面，若 $f(x)\equiv 0 \pmod p$ 有解 x_0，那么 $f(x)\equiv 0 \pmod p$ 等价于 $f(x)-f(x_0)\equiv 0 \pmod p$。注意到

$$f(x)-f(x_0)=\sum_{k=1}^{n}a_k(x^k-x_0^k)=(x-x_0)g(x),$$

其中

$$g(x)=a_nx^{n-1}+\cdots$$

是一个 $n-1$ 次整系数多项式且其首项系数与 p 互素，故 $f(x)\equiv 0 \pmod p$ 等价于 $(x-x_0)g(x)\equiv 0 \pmod p$，于是由第一章命题 4.5 知 $x-x_0\equiv 0 \pmod p$ 或 $g(x)\equiv 0 \pmod p$，进而由归纳假设可得

$$\rho(f,p)\leqslant 1+\rho(g,p)\leqslant 1+(n-1)=n.$$

从而定理得证。 □

【注 3.2】 对上述定理而言，模为素数这一条件是至关重要的。例如，同余方程 $x^2-1\equiv 0 \pmod 8$ 便有 4 个解。

作为上述结论的一个应用，我们来证明下面的威尔逊（Wilson）定理，它是由 J. Wilson 提出并由 J. L. Lagrange 于 1771 年证明的，C. F. Gauss 在 [4] 中对该定理进行了推广，参见 §5.4 习题 3。

【定理 3.3】（**Wilson**） 设 $n>1$，则 n 是素数的充要条件是

$$(n-1)!\equiv -1 \pmod n.$$

证明 充分性：若 $(n-1)!\equiv -1 \pmod n$，则对 n 的任意一个满足 $m<n$ 的正因子 m 而言，均有 $-1\equiv (n-1)!\equiv 0 \pmod m$，从而 $m=1$，这就证明了 n 是素数。

必要性：现设 $n=p$ 是一个素数。当 $p=2$ 时命题显然成立。下面假设 $p>2$。记

$$f(x)=(x-1)(x-2)\cdots(x-p+1)-x^{p-1}+1,$$

由 Fermat 定理知 $f(x) \equiv 0 \pmod p$ 共有 $p-1$ 个解，即 $x \equiv k \pmod p$ ($k = 1, \cdots, p-1$)。注意到 $\deg f < p-1$，故由定理 3.1 知 $f(x)$ 的每个系数均被 p 整除，特别地，p 整除常数项，即 $(p-1)! \equiv -1 \pmod p$。 □

【命题 3.4】 设 p 是一个奇素数，则同余方程 $x^2+1 \equiv 0 \pmod p$ 有解的充要条件是 $p \equiv 1 \pmod 4$。

证明 充分性：若 $p \equiv 1 \pmod 4$，则由 Wilson 定理及 $p-k \equiv -k \pmod p$ $\left(k=1,\cdots,\dfrac{p-1}{2}\right)$ 可得

$$-1 \equiv (p-1)! \equiv (-1)^{\frac{p-1}{2}}\left[\left(\frac{p-1}{2}\right)!\right]^2 \equiv \left[\left(\frac{p-1}{2}\right)!\right]^2 \pmod p,$$

从而 $\left(\dfrac{p-1}{2}\right)!$ 是 $x^2+1 \equiv 0 \pmod p$ 的一个解。

必要性：假设 $x^2+1 \equiv 0 \pmod p$ 有解 x_0，则 $p \nmid x_0$。于是由 Fermat 定理知

$$1 \equiv x_0^{p-1} \equiv (x_0^2)^{\frac{p-1}{2}} \equiv (-1)^{\frac{p-1}{2}} \pmod p,$$

由于 p 是奇素数，故而必有 $2 \,\Big|\, \dfrac{p-1}{2}$，也即 $p \equiv 1 \pmod 4$。 □

【推论 3.5】 设 p 是一个素数，以 $\rho(p)$ 表示同余方程 $x^2+1 \equiv 0 \pmod p$ 的解数，则

$$\rho(p) = \begin{cases} 1 & 若\ p = 2, \\ 2 & 若\ p \equiv 1 \pmod 4, \\ 0 & 若\ p \equiv 3 \pmod 4. \end{cases}$$

【命题 3.6】 存在无穷多个形如 $4n+1$ 的素数。

证明 反设仅有有限多个形如 $4n+1$ 的素数，记为 $p_1, \cdots, p_r$。现令 $N = (2p_1\cdots p_r)^2+1$，由命题 3.4 知 N 的素因子均形如 $4n+1$，但 N 的素因子不可能是 $p_1, \cdots, p_r$，从而得出矛盾。 □

下面我们将对 $\alpha > 1$ 讨论 (4.8) 式。注意到如果 $f(x_0) \equiv 0 \pmod{p^\alpha}$，则必有 $f(x_0) \equiv 0 \pmod{p^{\alpha-1}}$，所以我们可以从

$$f(x) \equiv 0 \pmod p \tag{4.9}$$

的解出发通过逐步提高 p 的次幂来寻找 (4.8) 的解，这一做法被称为亨泽尔（Hensel）引理，它本质上可以被看作是求解方程根的牛顿（Newton）法的同余版本。

【定理 3.7】(Hensel 引理)　设 $\alpha \geqslant 1$，p 是素数，f 是一个整系数多项式且 x_0 是

$$f(x) \equiv 0 \pmod{p^\alpha} \tag{4.10}$$

的一个解。我们用 f' 表示 f 的导函数，以 ρ 表示 $f(x) \equiv 0 \pmod{p^{\alpha+1}}$ 的满足 $x \equiv x_0 \pmod{p^\alpha}$ 的解的个数。

(1) 若 $f'(x_0) \not\equiv 0 \pmod{p}$，则 $\rho = 1$，且这一解由下式给出:

$$x \equiv x_0 + \ell p^\alpha \pmod{p^{\alpha+1}}, \qquad 其中\ f'(x_0)\ell \equiv -\frac{f(x_0)}{p^\alpha} \pmod{p};$$

(2) 若 $f'(x_0) \equiv 0 \pmod{p}$ 且 $f(x_0) \not\equiv 0 \pmod{p^{\alpha+1}}$，则 $\rho = 0$;

(3) 若 $f'(x_0) \equiv 0 \pmod{p}$ 且 $f(x_0) \equiv 0 \pmod{p^{\alpha+1}}$，则 $\rho = p$，且这 p 个解由下式给出:

$$x \equiv x_0 + \ell p^\alpha \pmod{p^{\alpha+1}}, \qquad \ell = 0, 1, \cdots, p-1.$$

证明　记 $\deg f = n$。因为要求 $x \equiv x_0 \pmod{p^\alpha}$，故可将 x 写成

$$x = x_0 + \ell p^\alpha$$

的形式。由泰勒(Taylor)公式知[②]

$$f(x_0 + \ell p^\alpha) = f(x_0) + f'(x_0)\ell p^\alpha + \frac{f''(x_0)}{2!}\ell^2 p^{2\alpha} + \cdots + \frac{f^{(n)}(x_0)}{n!}\ell^n p^{n\alpha}.$$

一方面，由 $\alpha \geqslant 1$ 知 $2\alpha \geqslant \alpha + 1$，因此上式右边从第三项开始，每一项中 p 的次幂均不小于 $\alpha + 1$；另一方面，可以证明 $j! \mid f^{(j)}(x_0)$(参见 §1.5 习题 8)。于是由上式可得

$$f(x_0 + \ell p^\alpha) \equiv f(x_0) + f'(x_0)\ell p^\alpha \pmod{p^{\alpha+1}}.$$

因此 $x_0 + \ell p^\alpha$ 满足方程 $f(x) \equiv 0 \pmod{p^{\alpha+1}}$ 当且仅当

$$f(x_0) + f'(x_0)\ell p^\alpha \equiv 0 \pmod{p^{\alpha+1}}.$$

考虑到 $p^\alpha \mid f(x_0)$，故上式的同余方程等价于

$$f'(x_0)\ell \equiv -\frac{f(x_0)}{p^\alpha} \pmod{p},$$

由此立即推出命题结论。　□

[②]这里之所以使用 Taylor 公式是为了书写的方便。注意到这个式子实质上是要把 $f(x_0 + \ell p^\alpha)$ 写成关于 ℓp^α 的多项式，所以它也可以通过对 f 的每个单项式使用二项式定理得出。

【例 3.8】 解同余方程 $x^4+7x+4\equiv 0\pmod{27}$。

解 记 $f(x)=x^4+7x+4$。则 $f(x)\equiv 0\pmod 3$ 有唯一解 $x\equiv 1\pmod 3$，且 $f'(1)=11\not\equiv 0\pmod 3$，于是由定理 3.7 (1) 知方程 $f(x)\equiv 0\pmod 9$ 有唯一解 $1+3\ell\pmod 9$，其中

$$11\ell\equiv -4\,(\mathrm{mod}\ 3),$$

于是可取 $\ell=1$，也即 $f(x)\equiv 0\pmod 9$ 有唯一解 $x\equiv 4\pmod 9$。注意到 $f'(4)=263\not\equiv 0\pmod 3$，故再次利用定理 3.7 (1) 知 $f(x)\equiv 0\pmod{27}$ 有唯一解 $4+9k\pmod{27}$，其中

$$263k\equiv -32\,(\mathrm{mod}\ 3),$$

于是可取 $k=2$，也即 $f(x)\equiv 0\pmod{27}$ 有一个解 $x\equiv 22\pmod{27}$。 □

【推论 3.9】 *设 f 是一个整系数多项式，p 是一个素数。若 $f(x)\equiv 0\pmod p$ 与 $f'(x)\equiv 0\pmod p$ 无公共解，则对任意的 $\alpha\geqslant 1$ 有 $\rho(f,p^\alpha)=\rho(f,p)$。*

证明 只需对任意的 $\alpha\geqslant 1$ 证明 $\rho(f,p^{\alpha+1})=\rho(f,p^\alpha)$ 即可。一方面，$f(x)\equiv 0\pmod{p^{\alpha+1}}$ 的解必是 $f(x)\equiv 0\pmod{p^\alpha}$ 的解；另一方面，$f(x)\equiv 0\pmod{p^\alpha}$ 的任意一个解 $x_0\pmod{p^\alpha}$ 均满足 $f(x_0)\equiv 0\pmod p$，进而由条件知 $p\nmid f'(x_0)$，因此利用定理 3.7 (1) 知从 x_0 出发可得到 $f(x)\equiv 0\pmod{p^{\alpha+1}}$ 的一个解。从而命题得证。□

习题 4.3

1. 设 p 是一个素数，证明：对任意的整数 $k\in[1,p-1]$ 有

$$(k-1)!(p-k)!\equiv(-1)^k\,(\mathrm{mod}\ p).$$

这是 Wilson 定理的推广。

2. 证明：p 与 $p+2$ 均为素数的充要条件是

$$4\big((p-1)!+1\big)+p\equiv 0\,(\mathrm{mod}\ p(p+2)).$$

3. （米纳契（Mináč））设 $x\geqslant 2$，证明

$$\pi(x)=\sum_{j\leqslant x}\left(\left[\frac{(j-1)!+1}{j}\right]-\left[\frac{(j-1)!}{j}\right]\right).$$

4. 设 $p>3$ 是一个素数，k 是一个正整数且 $k<p-1$，证明

$$\sum_{1\leqslant i_1<\cdots<i_k\leqslant p-1} i_1\cdots i_k\equiv 0\quad(\mathrm{mod}\ p).$$

5. （沃斯滕霍姆（Wolstenholme））设 p 是一个奇素数。对 $1 \leqslant k \leqslant p-1$，用 $\overline{k}$ 表示 k 在模 p^2 下的逆。证明

$$\sum_{k=1}^{p-1} \overline{k} \equiv 0 \pmod{p^2}.$$

6. 求解下列同余方程：

(1) $x^3 \equiv 2 \pmod{25}$； (2) $4x^4 - 7x + 1 \equiv 0 \pmod{27}$；

(3) $x^5 - 3x^2 + 1 \equiv 0 \pmod{343}$； (4) $x^3 + 7x - 2 \equiv 0 \pmod{72}$。

7. （Hensel）设 f 是一个整系数多项式，p 是一个素数，整数 α 和 k 满足 $0 \leqslant k < \dfrac{\alpha}{2}$。又设 x_0 满足 $f(x_0) \equiv 0 \pmod{p^\alpha}$ 以及 $p^k \parallel f'(x_0)$。证明同余方程 $f(x) \equiv 0 \pmod{p^{\alpha+1}}$ 有满足

$$x \equiv x_0 \pmod{p^{\alpha-k}} \qquad 和 \qquad p^k \parallel f'(x)$$

的解 $x \pmod{p^{\alpha+1}}$。

§4.4 表整数为两整数的平方和

作为命题 3.4 的一个应用，我们来研究哪些整数可以写成两个整数的平方和。首先从素数开始讨论。

【定理 4.1】 设 p 是奇素数，则 p 可表为两整数平方和的充要条件是 $p \equiv 1 \pmod{4}$。

证明 必要性：如果存在 $x, y \in \mathbb{Z}$ 使得 $x^2 + y^2 = p$，则 $p \nmid xy$ 且

$$x^2 \equiv -y^2 \pmod{p},$$

进而有 $(x\overline{y})^2 \equiv -1 \pmod{p}$，于是由命题 3.4 知 $p \equiv 1 \pmod{4}$。

充分性：下面来证明每个满足 $p \equiv 1 \pmod{4}$ 的素数 p 均是两个整数的平方和。由条件知存在 ℓ 使得 $\ell^2 \equiv -1 \pmod{p}$。现考虑满足 $0 \leqslant x, y \leqslant \sqrt{p}$ 的有序对 (x, y)，这样的有序对的个数为$([\sqrt{p}] + 1)^2 > p$，由抽屉原理知必存在两个不同的有序对 (x_1, y_1) 及 (x_2, y_2)，使得 $x_1, x_2, y_1, y_2 \in [0, \sqrt{p}]$ 以及

$$x_1 - \ell y_1 \equiv x_2 - \ell y_2 \pmod{p}.$$

若记 $a=|x_1-x_2|$，$b=|y_1-y_2|$，则有 $a, b\in[0,\sqrt{p}]$，a, b 不同时为 0 且 $a\equiv\pm\ell b \pmod{p}$。于是

$$0<a^2+b^2<2p \qquad 且 \qquad a^2+b^2\equiv a^2-(\ell b)^2\equiv 0 \pmod{p},$$

从而必有 $a^2+b^2=p$。 □

当 $p\equiv 1 \pmod{4}$ 时，上面的存在性证明中并没有给出 p 写成两整数平方和的具体表达式，事实上这种表示方法 $p=x^2+y^2$ 在不考虑 x 与 y 的顺序和符号的前提下是唯一的（参见习题 1），§6.2 习题 $18\sim 21$ 给出了 $p=x^2+y^2$ 的一组解。

【定理 4.2】 设 n 是正整数，且 $n=n_1^2n_2$，其中 n_2 为无平方因子数，则 n 可表为两整数平方和的充要条件是 n_2 的奇素因子均 $\equiv 1 \pmod{4}$。

证明 必要性：设 p 是奇素数且 $p\mid n_2$，由于 n 可表为两整数的平方和，所以存在 $x, y\in\mathbb{Z}$ 使得 $x^2+y^2=n$。若记 $d=(x,y)$，则 $d^2\mid n$，因为 n_2 是无平方因子数，故而必有 $d\mid n_1$（参见 §1.4 习题 14）。现记 $x=x_1d$，$y=y_1d$，$n_1=md$，则 $(x_1,y_1)=1$ 且 $x_1^2+y_1^2=m^2n_2$。因此 $p\nmid x_1y_1$ 且

$$x_1^2\equiv -y_1^2 \pmod{p},$$

于是 $(x_1\overline{y_1})^2\equiv -1 \pmod{p}$，进而由命题 3.4 知 $p\equiv 1 \pmod{4}$。

充分性：现设 n_2 的奇素因子均 $\equiv 1 \pmod{4}$。容易验证

$$(u^2+v^2)(s^2+t^2)=(us+vt)^2+(ut-vs)^2,$$

这意味着能写成两个整数平方和的整数的乘积也可写成两个整数的平方和，于是结合 $2=1^2+1^2$ 以及定理 4.1 便知 n_2 可表为两个整数的平方和，从而 n 也可表为两个整数的平方和。 □

习题 4.4

1. 设 p 是满足 $p\equiv 1 \pmod{4}$ 的素数，证明方程

$$x^2+y^2=p, \qquad 0<x<y$$

有唯一解。

2. 设 $n=4^\alpha(8k+7)$，其中 α 与 k 均是非负整数，证明 n 不能表为三个整数的平方和。

第五章

原根与指标

在 §3.2 中我们介绍了两个剩余系，一个是完全剩余系，另一个是简化剩余系。前者较为简单，我们可以用简洁且规律的方式将其写出，例如从 1 到 m 的全部整数就构成了模 m 的一个完全剩余系，但后者较为复杂。对于一般的 m，我们也希望给出简化剩余系的一个较为简便的表示方法，这样能更好地了解其结构并进行应用。本章的目的就是来完成这一工作。

§5.1 基本概念

由 Euler 定理知：若 $(a, m) = 1$，则 $a^{\varphi(m)} \equiv 1 \pmod m$。这保证了下述定义的合理性。

【定义 1.1】 设 m 是正整数，$(a, m) = 1$，我们称使得同余式

$$a^{\gamma} \equiv 1 \pmod m$$

成立的最小正整数 γ 为 a 对模 m 的阶 (order)（或指数），记作 $\delta_m(a)$。若 $\delta_m(a) = \varphi(m)$，则称 a 是模 m 的一个原根 (primitive root)。

下面我们给出阶和原根的一些基本性质。

【命题 1.2】 设 $(a, m) = 1$。

(1) 若 $a \equiv b \pmod m$，则 $\delta_m(a) = \delta_m(b)$；

(2) 若 $a^k \equiv a^\ell \pmod m$，则 $k \equiv \ell \pmod{\delta_m(a)}$。特别地，$\delta_m(a) \mid \varphi(m)$；

(3) a^j $(j = 0, 1, \cdots, \delta_m(a) - 1)$ 对模 m 两两不同余。特别地，a 是模 m 的原根的充要条件是 $\{a^0, a^1, \cdots, a^{\varphi(m)-1}\}$ 为模 m 的一个简化剩余系。

(4) a 是模 m 的原根的充要条件是：对任意的素数 $p \mid \varphi(m)$ 均有

$$a^{\frac{\varphi(m)}{p}} \not\equiv 1 \pmod m.$$

(5) 对任意的 $k \in \mathbb{Z}_{\geqslant 0}$ 有

$$\delta_m(a^k) = \frac{\delta_m(a)}{(\delta_m(a), k)}.$$

证明 (1) 对任意的 $\gamma \in \mathbb{Z}_{>0}$，由条件知 $a^\gamma \equiv 1 \pmod m$ 成立当且仅当 $b^\gamma \equiv 1 \pmod m$，故而 $\delta_m(a) = \delta_m(b)$。

(2) 不妨设 $k \geqslant \ell$。由带余数除法知存在 q, r 使得

$$k - \ell = q\delta_m(a) + r, \qquad 0 \leqslant r < \delta_m(a).$$

因为 $a^k \equiv a^\ell \pmod m$，所以

$$a^r \equiv a^{q\delta_m(a)+r} = a^{k-\ell} \equiv 1 \pmod m,$$

再由 $\delta_m(a)$ 的最小性知 $r = 0$，也即 $\delta_m(a) \mid k - \ell$。最后，由

$$a^{\varphi(m)} \equiv 1 \equiv a^0 \pmod m$$

知 $\delta_m(a) \mid \varphi(m)$。

(3) 可由 (2) 推出。

(4) 一方面，若 a 是模 m 的原根，则 $\delta_m(a) = \varphi(m)$，于是由 $\delta_m(a)$ 的最小性知对任意的素数 $p \mid \varphi(m)$ 均有 $a^{\frac{\varphi(m)}{p}} \not\equiv 1 \pmod m$。另一方面，若 a 不是模 m 的原根，则 $\delta_m(a) < \varphi(m)$，注意到由 (2) 知 $\delta_m(a) \mid \varphi(m)$，所以存在素数 p 使得 $p \,\Big|\, \dfrac{\varphi(m)}{\delta_m(a)}$，这个素数 p 满足 $a^{\frac{\varphi(m)}{p}} \equiv 1 \pmod m$。

(5) 为方便起见，记 $\delta = \delta_m(a)$，$\delta' = \delta_m(a^k)$。由定义知

$$a^{k\delta'} = (a^k)^{\delta'} \equiv 1 \pmod m,$$

于是由 (2) 知 $\delta \mid k\delta'$。从而

$$\frac{\delta}{(\delta, k)} \,\Big|\, \delta'.$$

此外，由 $(a^k)^{\frac{\delta}{(\delta,k)}} \equiv (a^\delta)^{\frac{k}{(\delta,k)}} \equiv 1 \pmod m$ 知 $\delta' \,\Big|\, \dfrac{\delta}{(\delta, k)}$，综上便得 $\delta' = \dfrac{\delta}{(\delta, k)}$。 □

【例 1.3】 按照命题 1.2 (4)，由 $3^8 \not\equiv 1 \pmod{17}$ 知 3 是模 17 的原根；由 $2^5, 2^2 \not\equiv 1 \pmod{11}$ 知 2 是模 11 的原根。

【例 1.4】在第一章例 2.3 中我们引入了 Fermat 数 $F_n = 2^{2^n} + 1$ $(n \in \mathbb{Z}_{\geqslant 0})$。Fermat 验证了当 $0 \leqslant n \leqslant 4$ 时 F_n 均是素数，并且猜测 F_n 全是素数，但是 Euler 于 1732 年发现 $641 \mid F_5$，这推翻了 Fermat 的猜想①。下面我们来看看 Euler 是如何找出这一整除关系式的。

设 p 是 F_5 的一个素因子。因为 $2^{2^5} \equiv -1 \pmod p$，所以 $2^{2^6} \equiv 1 \pmod p$，因此 $\delta_p(2) \mid 2^6$，这意味着 $\delta_p(2)$ 是 2 的幂，但注意到 $2^{2^5} \equiv -1 \pmod p$，故而必有 $\delta_p(2) = 2^6 = 64$。又由命题 1.2 (2) 知 $\delta_p(2) \mid p-1$，所以 p 是形如 $64k+1$ 的素数②，前几个这样的素数依次是 193，257，449，577，641，逐一验证后发现 $641 \mid F_5$。

根据命题 1.2 (3)，我们可以给出如下定义。

【定义 1.5】设 g 是模 m 的原根，$(a, m) = 1$。若 $a \equiv g^\gamma \pmod m$ $(0 \leqslant \gamma < \varphi(m))$，则称 γ 为 a 对模 m 的以 g 为底的指标 (index)，记作 $\operatorname{ind}_g a$ 或 $\operatorname{ind} a$。

指标有如下类似于对数函数的性质。

【命题 1.6】设 g 是模 m 的原根，我们有

(1) 若 $(a_1 \cdots a_n, m) = 1$，则

$$\operatorname{ind}_g(a_1 \cdots a_n) \equiv \operatorname{ind}_g a_1 + \cdots + \operatorname{ind}_g a_n \pmod{\varphi(m)};$$

(2) （换底公式）设 h 也是模 m 的原根，$(a, m) = 1$，则

$$\operatorname{ind}_g a \equiv \operatorname{ind}_g h \cdot \operatorname{ind}_h a \pmod{\varphi(m)}.$$

证明 这两个结论可分别由

$$g^{\operatorname{ind}_g(a_1 \cdots a_n)} \equiv a_1 \cdots a_n \equiv g^{\operatorname{ind}_g a_1 + \cdots + \operatorname{ind}_g a_n} \pmod m$$

及

$$g^{\operatorname{ind}_g a} \equiv a \equiv h^{\operatorname{ind}_h a} \equiv \left(g^{\operatorname{ind}_g h}\right)^{\operatorname{ind}_h a} \pmod m,$$

并结合命题 1.2 (2) 得到。 □

---

①到目前为止，除了 $0 \leqslant n \leqslant 4$ 以外，尚未发现其它的 Fermat 数 F_n 是素数。

②事实上可以证明 p 是形如 $128k+1$ 的素数，参见 §6.2 习题 11。

习题 5.1

1. 试对模 20 的一个简化剩余系中的每个元素计算其对于模 20 的阶，并由此判断模 20 是否存在原根。
2. 试求模 23 的最小正原根。
3. 设 $a > 1$，$n \geqslant 1$，证明 $n \mid \varphi(a^n - 1)$。
4. 设 p 是素数，证明 Mersenne 数 $2^p - 1$ 的素因子均大于 p，并由此推出存在无穷多个素数。
5. （Fermat）证明 $2^{37} - 1$ 不是素数。
6. 设模 m 有原根，证明在模 m 的一个简化剩余系中共有 $\varphi(\varphi(m))$ 个原根。
7. 设 p 是一个奇素数，证明 $\delta_p(a) = 3$ 成立的充要条件是 $\delta_p(a+1) = 6$。
8. 设 $(m, n) = 1$ 且 $(a, mn) = 1$，证明 $\delta_{mn}(a) = [\delta_m(a), \delta_n(a)]$。
9. 利用上题结论计算：

   (1) $\delta_{120}(7)$；　　(2) $\delta_{45}(11)$；

   (3) $\delta_{105}(2)$；　　(4) $\delta_{770}(3)$。
10. 设 $(ab, m) = 1$，证明 $\delta_m(ab) = \delta_m(a)\delta_m(b)$ 成立当且仅当 $(\delta_m(a), \delta_m(b)) = 1$。
11. 设 $(ab, m) = 1$，证明存在与 m 互素的整数 c 使得 $\delta_m(c) = [\delta_m(a), \delta_m(b)]$。

§5.2 原根存在的条件

本节的目的是证明如下定理：

【定理 2.1】 模 m 有原根当且仅当 m 是如下形式的数之一：

$$1,\ 2,\ 4,\ p^\alpha,\ 2p^\alpha, \tag{5.1}$$

其中 p 为奇素数，$\alpha \geqslant 1$。

我们首先通过以下几个命题来证明充分性的部分。

【命题 2.2】 设 p 为素数且 $d \mid p-1$，则在模 p 的一个简化剩余系中阶为 d 的元素共有 $\varphi(d)$ 个。

证明 记

$$S_d = \{1 \leqslant a \leqslant p-1 : \delta_p(a) = d\}$$

以及 $f(d) = |S_d|$，则 $\sum\limits_{d|p-1} f(d) = p-1$。于是由 $\sum\limits_{d|p-1} \varphi(d) = p-1$ 知

$$\sum_{d|p-1} \big(\varphi(d) - f(d)\big) = 0.$$

因此，为了证明命题，只需对任意的 $d \mid p-1$ 证明 $f(d) \leqslant \varphi(d)$ 即可。

不妨设 $f(d) \geqslant 1$，于是存在 $a \in S_d$。由 S_d 的定义知 a^j $(j = 1, \cdots, d)$ 对于模 p 两两不同余，且它们都是

$$x^d \equiv 1 \,(\mathrm{mod}\ p) \tag{5.2}$$

的根。注意到由 Lagrange 定理知这一同余方程至多有 d 个根，所以 a^j $(j = 1, \cdots, d)$ 是它的全部解。对任意的 $y \in S_d$ 而言，由于其必为 (5.2) 的根，故存在 $1 \leqslant j_0 \leqslant d$ 使得 $y \equiv a^{j_0} \pmod p$，因为 y 的阶也是 d，故由命题 1.2 (5) 知 $(j_0, d) = 1$。这就证明了 $f(d) \leqslant \varphi(d)$。 □

在命题 2.2 中取 $d = p-1$ 便得以下推论。

【推论 2.3】 若 p 为素数，则模 p 的原根共有 $\varphi(p-1)$ 个。

下面我们要对奇素数 p 证明模 p^α 的原根的存在性。在此之前，首先注意到若 g 是模 p^α 的原根，则其必是模 $p^{\alpha-1}$ 的原根。事实上，若以 d 表示 g 对模 $p^{\alpha-1}$ 的阶，则 $d \mid \varphi(p^{\alpha-1})$ 且 $g^d \equiv 1 \pmod{p^{\alpha-1}}$。若记 $g^d = 1 + kp^{\alpha-1}$，则由二项式定理知

$$\begin{aligned} g^{dp} &= (1+kp^{\alpha-1})^p \\ &= 1 + \binom{p}{1} kp^{\alpha-1} + \binom{p}{2} (kp^{\alpha-1})^2 + \cdots + \binom{p}{p} (kp^{\alpha-1})^p \equiv 1 \,(\mathrm{mod}\ p^\alpha), \end{aligned}$$

于是由 g 是模 p^α 的原根可推得 $\varphi(p^\alpha) \mid dp$，此即 $\varphi(p^{\alpha-1}) \mid d$。结合 $d \mid \varphi(p^{\alpha-1})$ 便知 $d = \varphi(p^{\alpha-1})$。因此我们可以通过逐步提高幂次从模 p 的原根中去寻找模 p^α 的原根。

【命题 2.4】 设 p 为奇素数且 $\alpha \geqslant 1$，那么模 p^α 的原根存在。

证明 设 g 是模 p 的一个原根。我们首先证明 g 和 $g+p$ 中至少有一个是模 p^2 的原根。记 g 对模 p^2 的阶为 d，则 $d \mid \varphi(p^2) = p(p-1)$。又由于 $g^d \equiv 1 \pmod{p^2}$，从而 $g^d \equiv 1 \pmod p$，故有 $\varphi(p) \mid d$。因此

$$d = p(p-1) \qquad \text{或} \qquad d = p-1.$$

若前者成立，则 g 是模 p^2 的原根。现假设 $d = p-1$，我们来证明 $g+p$ 是模 p^2 的原根。由于 $g+p$ 也是模 p 的原根，故同上可证 $g+p$ 对模 p^2 的阶为 $p(p-1)$ 或 $p-1$，因为 $g^{p-1} \equiv 1 \pmod{p^2}$，故由二项式定理知

$$\begin{aligned}(g+p)^{p-1} &= g^{p-1} + (p-1)g^{p-2}\cdot p + \binom{p-1}{2} g^{p-3}\cdot p^2 + \cdots \\ &\equiv 1 - pg^{p-2} \pmod{p^2}.\end{aligned}$$

所以 $(g+p)^{p-1} \not\equiv 1 \pmod{p^2}$，这就证明了 $g+p$ 对模 p^2 的阶为 $p(p-1)$，从而它是模 p^2 的原根。

接下来我们利用数学归纳法证明：若 h 是模 p^2 的原根，则它必是模 p^α $(\forall\ \alpha \geqslant 2)$ 的原根。假设对某个 $\alpha \geqslant 2$ 而言，h 是模 p^α 的原根，并以 d 表示 h 对模 $p^{\alpha+1}$ 的阶，则 $\varphi(p^\alpha) \mid d$ 且 $d \mid \varphi(p^{\alpha+1})$，从而 $d = p^{\alpha-1}(p-1)$ 或 $d = p^\alpha(p-1)$。为了证明 h 是模 $p^{\alpha+1}$ 的原根，只需证明 $d \neq p^{\alpha-1}(p-1)$ 即可，这等价于

$$h^{p^{\alpha-1}(p-1)} \not\equiv 1 \pmod{p^{\alpha+1}}. \tag{5.3}$$

由 Euler 定理知 $h^{p^{\alpha-2}(p-1)} \equiv 1 \pmod{p^{\alpha-1}}$，故存在 k 使得 $h^{p^{\alpha-2}(p-1)} = 1 + kp^{\alpha-1}$。注意到 h 是模 p^α 的原根，所以 $h^{p^{\alpha-2}(p-1)} \not\equiv 1 \pmod{p^\alpha}$，这说明 $(k,p)=1$。此外，

$$\begin{aligned}h^{p^{\alpha-1}(p-1)} &= (1+kp^{\alpha-1})^p = 1 + kp^\alpha + \binom{p}{2}(kp^{\alpha-1})^2 + \cdots \\ &\equiv 1 + kp^\alpha \pmod{p^{\alpha+1}},\end{aligned}$$

最后一步成立是因为当 $\alpha \geqslant 2$ 时有 $2\alpha - 1 \geqslant \alpha + 1$，再由 $(k,p)=1$ 即得 (5.3)。 □

【命题 2.5】 设 p 为奇素数且 $\alpha \geqslant 1$，那么模 $2p^\alpha$ 的原根存在。

证明 设 g 是模 p^α 的原根，则 $g+p^\alpha$ 也是模 p^α 的原根，且 g 与 $g+p^\alpha$ 中必有一个是奇数，我们记之为 h。下面来证 h 是模 $2p^\alpha$ 的原根。首先，$(h, 2p^\alpha) = 1$。其次，若以 d 表示 h 对模 $2p^\alpha$ 的阶，则 $d \mid \varphi(2p^\alpha)$，此外，由 h 是模 p^α 的原根知 $\varphi(p^\alpha) \mid d$，注意到 $\varphi(2p^\alpha) = \varphi(p^\alpha)$，故 $d = \varphi(2p^\alpha)$。从而命题得证。 □

由于当 $m = 1, 2, 4$ 时，模 m 的原根显然存在，故结合推论 2.3，命题 2.4 和 2.5，我们便证明了定理 2.1 的充分性部分。下面我们来证明定理 2.1 的必要性部分，为此，先证明一个引理。

【引理 2.6】设 $m=rs$，其中 r, $s>2$ 且 $(r,s)=1$，则模 m 没有原根。

证明 由 $(r,s)=1$ 知 $\varphi(m)=\varphi(r)\varphi(s)$。因为 r, s 都大于 2，故由第三章推论 3.3 知 $\varphi(r)$ 与 $\varphi(s)$ 均为偶数，从而 $4\mid\varphi(m)$。现记 $d=\dfrac{1}{2}\varphi(m)$，则 $\varphi(r)$ 与 $\varphi(s)$ 均为 d 的因子，因此对任意的 $(a,m)=1$ 均有 $a^d\equiv 1 \pmod r$ 及 $a^d\equiv 1 \pmod s$，从而 $a^d\equiv 1 \pmod m$，这就证明了 a 不是模 m 的原根。 □

定理 2.1 必要性的证明. 若 $m\neq 1$, 2, 4, p^α, $2p^\alpha$，则只可能有如下三种情形:

(i) $m=2^\alpha$，其中 $\alpha\geqslant 3$;

(ii) $m=2^\alpha p^\beta$，其中 p 是奇素数，$\alpha\geqslant 2$，$\beta\geqslant 1$;

(iii) m 至少有两个奇素因子。

对于后两种情形，我们可由引理 2.6 推知模 m 没有原根。下面考虑情形 (i)，我们来对任意的奇数 n 证明

$$n^{2^{\alpha-2}}\equiv 1 \,(\mathrm{mod}\ 2^\alpha), \tag{5.4}$$

由此便知模 2^α ($\alpha\geqslant 3$) 没有原根。下面利用数学归纳法来证明 (5.4)。当 $\alpha=3$ 时显然成立（此即 §1.1 习题 2）。现设 $n^{2^{\alpha-2}}=1+2^\alpha k$，其中 k 为某一整数，于是

$$n^{2^{\alpha-1}}=(1+2^\alpha k)^2=1+2^{\alpha+1}k+2^{2\alpha}k^2\equiv 1 \,(\mathrm{mod}\ 2^{\alpha+1}),$$

从而命题得证。 □

习 题 5.2

1. 对任意的 $\alpha\geqslant 1$ 证明 2 是模 5^α 的原根。

2. 对任意的 $\alpha\geqslant 1$ 求出模 $2\cdot 31^\alpha$ 的一个公共原根。

3. 设 p 是一个奇素数，g 是模 p^α 的一个原根，证明 $g^{\frac{\varphi(p^\alpha)}{2}}\equiv -1 \pmod{p^\alpha}$。

4. 设 $p>2$ 为素数。对整数 $m\geqslant 0$，记

$$S_m=1^m+2^m+\cdots+(p-1)^m.$$

证明：若 $p-1\nmid m$，则 $S_m\equiv 0 \pmod p$ ③。

5. （Korselt[12]）设 $n\geqslant 2$，证明 n 是 Carmichael 数当且仅当 n 是无平方因子的合数且 n 的任一素因子 p 均满足 $p-1\mid n-1$ ④。

---

③本题是 §3.2 习题 12 的更加精细的版本。

④由此立即得知 Carmichael 数均是奇数。

6. (Chernick[13])设 n 是一个正整数且 $6n+1$,$12n+1$ 与 $18n+1$ 均是素数,证明 $(6n+1)(12n+1)(18n+1)$ 是 Carmichael 数。

7. 设 p 是一个奇素数,k 是 $p-1$ 的一个正因子,并记 $p-1=k\ell$。

   (1) 记 $A=\{x^k \bmod p : x\in[1,p-1]\}$,证明 A 的元素个数为 ℓ;

   (2) 设 $a_1,\cdots,a_n$ 是 n 个整数,并用 N 表示集合

$$S=\{a_1x_1^k+\cdots+a_nx_n^k \bmod p : x_j\in[0,p-1],\ 1\leqslant j\leqslant n\}$$

   的元素个数,证明 $N\equiv 1\ (\mathrm{mod}\ \ell)$。

§5.3 指标组

由命题 1.2 (3) 知,若模 m 的原根存在,则其简化剩余系可用原根的幂表示出来,这是非常方便的。当原根不存在时,我们也希望能对其简化剩余系作出类似的表示,这就是本节要介绍的指标组的理论。

【引理 3.1】 对任意的 $n\geqslant 0$ 均有 $2^{n+2}\parallel 5^{2^n}-1$。

证明 我们利用数学归纳法来证明。$n=0$ 时命题显然成立。现设命题对 n 成立,也即 $2^{n+2}\parallel 5^{2^n}-1$,结合 $2\parallel 5^{2^n}+1$(这可由 $5^{2^n}\equiv 1\ (\mathrm{mod}\ 4)$ 推出)知 $2^{n+3}\parallel (5^{2^n}-1)(5^{2^n}+1)=5^{2^{n+1}}-1$。 □

【命题 3.2】 若 $\alpha\geqslant 3$,则

$$\{\pm 5^j : 0\leqslant j<2^{\alpha-2}\} \tag{5.5}$$

是模 2^α 的一个简化剩余系。

证明 用 d 表示 5 对于模 2^α 的阶,则 $d\mid\varphi(2^\alpha)=2^{\alpha-1}$,因此存在 k 使得 $d=2^k$。由 (5.4) 知 $k\leqslant\alpha-2$,再结合引理 3.1 知 $k=\alpha-2$。这说明 $5^j\ (0\leqslant j<2^{\alpha-2})$ 关于模 2^α 两两不同余,注意到 $5^j\equiv 1\ (\mathrm{mod}\ 4)$,故必有

$$\{5^j \bmod 2^\alpha : 0\leqslant j<2^{\alpha-2}\}=\{n \bmod 2^\alpha : 1\leqslant n\leqslant 2^\alpha \text{ 且 } n\equiv 1\,(\mathrm{mod}\ 4)\},$$

由此可得

$$\{-5^j \bmod 2^\alpha : 0\leqslant j<2^{\alpha-2}\}=\{n \bmod 2^\alpha : 1\leqslant n\leqslant 2^\alpha \text{ 且 } n\equiv -1\,(\mathrm{mod}\ 4)\},$$

从而命题得证。 □

由简化剩余系的定义知，任一奇数均与集合 (5.5) 中的某个元素关于模 2^α 同余，这就得到了如下结论。

【推论 3.3】 设 $\alpha \geqslant 0$。令

$$c_{-1} = \begin{cases} 1, & 若\ \alpha = 0\ 或\ 1, \\ 2, & 若\ \alpha \geqslant 2, \end{cases} \quad 以及 \quad c_0 = \begin{cases} 1, & 若\ \alpha = 0\ 或\ 1, \\ 2^{\alpha-2}, & 若\ \alpha \geqslant 2. \end{cases} \tag{5.6}$$

则对于任一奇数 a，均存在唯一的一对整数 γ_{-1}, γ_0，使得 $0 \leqslant \gamma_{-1} < c_{-1}$，$0 \leqslant \gamma_0 < c_0$ 以及

$$a \equiv (-1)^{\gamma_{-1}} 5^{\gamma_0} \pmod{2^\alpha}.$$

我们称 γ_{-1}，γ_0 是 a 关于模 2^α 的指标组 (system of indices of a modulo 2^α)。

证明 $\alpha = 0, 1, 2$ 的情形可直接验证，$\alpha \geqslant 3$ 的情形可由命题 3.2 得到。 □

下面来考虑一般合数模的情形。因为当模为奇素数的幂时我们可把简化剩余系用原根的各次幂表出，当模为 2^α 时有上述定理，所以可以用中国剩余定理把这些情况整合起来从而得到如下合数模的结论。

【定理 3.4】 设 $m = 2^\alpha p_1^{\alpha_1} \cdots p_r^{\alpha_r}$，其中 $p_1, \cdots, p_r$ 为互不相同的奇素数。又设 g_j 是模 $p_j^{\alpha_j}$ $(1 \leqslant j \leqslant r)$ 的原根，c_{-1} 和 c_0 如 (5.6) 所定义，则

$$\left\{ (-1)^{\gamma_{-1}} 5^{\gamma_0} M_0 \overline{M_0} + \sum_{j=1}^{r} g_j^{\gamma_j} M_j \overline{M_j} : \begin{matrix} 0 \leqslant \gamma_{-1} < c_{-1},\ 0 \leqslant \gamma_0 < c_0, \\ 0 \leqslant \gamma_j < \varphi(p_j^{\alpha_j})\ (1 \leqslant j \leqslant r) \end{matrix} \right\} \tag{5.7}$$

是模 m 的一个简化剩余系，其中 $M_0 = \dfrac{m}{2^\alpha}$，$M_j = \dfrac{m}{p_j^{\alpha_j}}$ $(1 \leqslant j \leqslant r)$，且 $\overline{M_j}$ 满足

$$M_0 \overline{M_0} \equiv 1 \pmod{2^\alpha}, \quad M_j \overline{M_j} \equiv 1 \pmod{p_j^{\alpha_j}}\ (1 \leqslant j \leqslant r).$$

证明 假设存在两组数 $\gamma_{-1}, \gamma_0, \cdots, \gamma_r$ 和 $\gamma'_{-1}, \gamma'_0, \cdots, \gamma'_r$，使得

$$(-1)^{\gamma_{-1}} 5^{\gamma_0} M_0 \overline{M_0} + \sum_{j=1}^{r} g_j^{\gamma_j} M_j \overline{M_j} \equiv (-1)^{\gamma'_{-1}} 5^{\gamma'_0} M_0 \overline{M_0} + \sum_{j=1}^{r} g_j^{\gamma'_j} M_j \overline{M_j} \pmod{m},$$

则有

$$\begin{cases} (-1)^{\gamma_{-1}} 5^{\gamma_0} \equiv (-1)^{\gamma'_{-1}} 5^{\gamma'_0} \pmod{2^\alpha}, \\ g_1^{\gamma_1} \equiv g_1^{\gamma'_1} \pmod{p_1^{\alpha_1}}, \\ \qquad \vdots \\ g_r^{\gamma_r} \equiv g_r^{\gamma'_r} \pmod{p_r^{\alpha_r}}. \end{cases}$$

于是由推论 3.3 及 g_j 的定义知 $\gamma_j=\gamma_j'$ $(-1\leqslant j\leqslant r)$。这说明 (5.7) 式集合中的元素两两关于模 m 不同余。另一方面，容易验证该集合中的元素均与 2^α 及 $p_j^{\alpha_j}$ $(1\leqslant j\leqslant r)$ 互素，从而与 m 互素，且元素个数为

$$c_{-1}c_0\varphi(p_1^{\alpha_1})\cdots\varphi(p_r^{\alpha_r})=\varphi(m).$$

因此 (5.7) 是模 m 的一个简化剩余系。 □

【定义 3.5】在定理 3.4 的条件下，若与 m 互素的整数 a 满足

$$a\equiv(-1)^{\gamma_{-1}}5^{\gamma_0}M_0\overline{M_0}+\sum_{j=1}^{r}g_j^{\gamma_j}M_j\overline{M_j}\ (\mathrm{mod}\ m),$$

其中 $0\leqslant\gamma_{-1}<c_{-1}$，$0\leqslant\gamma_0<c_0$，$0\leqslant\gamma_j<\varphi(p_j^{\alpha_j})$ $(1\leqslant j\leqslant r)$，那么就称数组 $\gamma_{-1},\gamma_0,\cdots,\gamma_r$ 是 a 关于模 m 的指标组 (system of indices of a modulo m)。

习 题 5.3

1. 沿用定理 3.4 中的记号，并对 $-1\leqslant k\leqslant r$ 记

$$h_k=(-1)^{\delta_{k,-1}}5^{\delta_{k,0}}M_0\overline{M_0}+\sum_{j=1}^{r}g_j^{\delta_{k,j}}M_j\overline{M_j},$$

其中 $\delta_{k,\ell}$ 是按下述方式定义的克罗内克（Kronecker）δ 符号:

$$\delta_{k,\ell}=\begin{cases}1, & 若\ k=\ell,\\ 0, & 若\ k\neq\ell.\end{cases}$$

证明

$$\left\{h_{-1}^{\gamma_{-1}}h_0^{\gamma_0}\cdots h_r^{\gamma_r}:\ \begin{matrix}0\leqslant\gamma_{-1}<c_{-1},\ 0\leqslant\gamma_0<c_0,\\ 0\leqslant\gamma_j<\varphi(p_j^{\alpha_j})\ (1\leqslant j\leqslant r)\end{matrix}\right\}\tag{5.8}$$

是模 m 的一个简化剩余系。

2. 试写出模 105 的形如 (5.8) 的简化剩余系。

§5.4 n 次剩余

作为前三节结果的应用，我们来讨论 n 次剩余。

【定义 4.1】 设 m 是一个正整数，$(a,m)=1$。若同余方程

$$x^n \equiv a \pmod{m} \tag{5.9}$$

有解，则称 a 是模 m 的一个 n 次剩余 (n-th power residue)。否则，就称 a 是模 m 的 n 次非剩余 (n-th power non-residue)。

设 $m=2^{\alpha}p_1^{\alpha_1}\cdots p_r^{\alpha_r}$，其中 $p_1,\cdots,p_r$ 为互不相同的奇素数，则同余方程 (5.9) 等价于

$$\begin{cases} x^n \equiv a \pmod{2^{\alpha}}, \\ x^n \equiv a \pmod{p_1^{\alpha_1}}, \\ \qquad\vdots \\ x^n \equiv a \pmod{p_r^{\alpha_r}}. \end{cases}$$

因此我们只需对模为素数幂的情形讨论 (5.9) 即可。

【命题 4.2】 设模 m 有原根 g，$(a,m)=1$，则 (5.9) 有解的充要条件是

$$(n,\varphi(m)) \mid \mathrm{ind}_g a.$$

在有解的情形下，(5.9) 恰有 $(n,\varphi(m))$ 个解。

证明 记 $\mathrm{ind}_g x=y$，则 (5.9) 也即 $g^{ny}\equiv g^{\mathrm{ind}_g a} \pmod{m}$，由命题 1.2 (2) 知其等价于 $ny\equiv \mathrm{ind}_g a \pmod{\varphi(m)}$，再利用第四章命题 1.3 便可得出结论。 □

【命题 4.3】 设 $m=2^{\alpha}$ $(\alpha\geqslant 3)$，$a\equiv(-1)^{\gamma_{-1}}5^{\gamma_0} \pmod{2^{\alpha}}$，则当 $2\nmid n$ 时 (5.9) 仅有一个解。若 $2\mid n$，则 (5.9) 有解当且仅当 $\gamma_{-1}=0$ 且 $(n,2^{\alpha-2})\mid\gamma_0$，在有解的情形下 (5.9) 恰有 $2(n,2^{\alpha-2})$ 个解。

证明 令 $x\equiv(-1)^u5^v \pmod{2^{\alpha}}$，则由推论 3.3 知 (5.9) 等价于

$$nu\equiv\gamma_{-1} \pmod{2} \quad 且 \quad nv\equiv\gamma_0 \pmod{2^{\alpha-2}},$$

从而可由第四章命题 1.3 推出结论。 □

【例 4.4】 解同余方程 $x^4\equiv 13 \pmod{17}$。

解 在例 1.3 中我们验证了 3 是模 17 的一个原根，此外容易计算出 $\mathrm{ind}_3 13=4$。若记 $\mathrm{ind}_3 x=y$，那么原同余方程等价于 $4y\equiv 4 \pmod{16}$，因为后者有四个解 $y\equiv 1, 5, 9, 13 \pmod{16}$，所以原同余方程有四个解 $x\equiv 3^1, 3^5, 3^9, 3^{13} \pmod{17}$，也即 $x\equiv 3, 5, 12, 14 \pmod{17}$。 □

【例 4.5】 作为二次剩余的一个应用，我们来看看 C. F. Gauss[4] 是如何证明 Wilson 定理的。不妨设 $p \geqslant 5$ 是一个奇素数，如果 $(a,p)=1$，则 $a \equiv \overline{a} \pmod p$ 当且仅当 $a^2 \equiv 1 \pmod p$，由命题 4.2 知这个方程只有两个解，也即 $a \equiv \pm 1 \pmod p$，因此区间 $[2, p-2]$ 中每个数 b 都不与 $\overline{b}$ 关于模 p 同余，注意到 $b\overline{b} \equiv 1 \pmod p$，所以通过把 b 与 $\overline{b}$ 两两配对可得

$$2 \cdots (p-2) \equiv 1 \,(\mathrm{mod}\, p),$$

进而有 $(p-1)! \equiv -1 \pmod p$。利用类似的方法，Gauss 把 Wilson 定理推广至更一般的形式（尽管他略去了证明过程），参见习题 3。

习 题 5.4

1. 判断下列同余方程是否有解，在有解的情况下利用本节中的方法求其解:

   (1) $x^3 \equiv 2 \pmod{25}$;　　(2) $x^6 \equiv 17 \pmod{19}$;

   (3) $x^4 \equiv 9 \pmod{16}$;　　(4) $x^{10} \equiv 13 \pmod{27}$。

2. 设 a 是奇数，证明:

   (1) $x^2 \equiv a \pmod 2$ 有一个解;

   (2) $x^2 \equiv a \pmod 4$ 有解当且仅当 $a \equiv 1 \pmod 4$，在有解时该方程有两个解;

   (3) 当 $\alpha \geqslant 3$ 时 $x^2 \equiv a \pmod{2^\alpha}$ 有解当且仅当 $a \equiv 1 \pmod 8$，在有解时该方程有四个解。

3. （Gauss[4]）设 n 是一个正整数，证明

$$\prod_{\substack{m \leqslant n \\ (m,n)=1}} m \equiv \begin{cases} -1 \,(\mathrm{mod}\, n), & \text{若模 } n \text{ 有原根}, \\ 1 \,(\mathrm{mod}\, n), & \text{若模 } n \text{ 没有原根}. \end{cases}$$

附录 1000 以内的素数及其最小正原根

p	g	$p-1$	p	g	$p-1$	p	g	$p-1$
2	1	1	127	3	$2\cdot3^2\cdot7$	283	3	$2\cdot3\cdot47$
3	2	2	131	2	$2\cdot5\cdot13$	293	2	$2^2\cdot73$
5	2	2^2	137	3	$2^3\cdot17$	307	5	$2\cdot3^2\cdot17$
7	3	$2\cdot3$	139	2	$2\cdot3\cdot23$	311	17	$2\cdot5\cdot31$
11	2	$2\cdot5$	149	2	$2^2\cdot37$	313	10	$2^3\cdot3\cdot13$
13	2	$2^2\cdot3$	151	6	$2\cdot3\cdot5^2$	317	2	$2^2\cdot79$
17	3	2^4	157	5	$2^2\cdot3\cdot13$	331	3	$2\cdot3\cdot5\cdot11$
19	2	$2\cdot3^2$	163	2	$2\cdot3^4$	337	10	$2^4\cdot3\cdot7$
23	5	$2\cdot11$	167	5	$2\cdot83$	347	2	$2\cdot173$
29	2	$2^2\cdot7$	173	2	$2^2\cdot43$	349	2	$2^2\cdot3\cdot29$
31	3	$2\cdot3\cdot5$	179	2	$2\cdot89$	353	3	$2^5\cdot11$
37	2	$2^2\cdot3^2$	181	2	$2^2\cdot3^2\cdot5$	359	7	$2\cdot179$
41	6	$2^3\cdot5$	191	19	$2\cdot5\cdot19$	367	6	$2\cdot3\cdot61$
43	3	$2\cdot3\cdot7$	193	5	$2^6\cdot3$	373	2	$2^2\cdot3\cdot31$
47	5	$2\cdot23$	197	2	$2^2\cdot7^2$	379	2	$2\cdot3^3\cdot7$
53	2	$2^2\cdot13$	199	3	$2\cdot3^2\cdot11$	383	5	$2\cdot191$
59	2	$2\cdot29$	211	2	$2\cdot3\cdot5\cdot7$	389	2	$2^2\cdot97$
61	2	$2^2\cdot3\cdot5$	223	3	$2\cdot3\cdot37$	397	5	$2^2\cdot3^2\cdot11$
67	2	$2\cdot3\cdot11$	227	2	$2\cdot113$	401	3	$2^4\cdot5^2$
71	7	$2\cdot5\cdot7$	229	6	$2^2\cdot3\cdot19$	409	21	$2^3\cdot3\cdot17$
73	5	$2^3\cdot3^2$	233	3	$2^3\cdot29$	419	2	$2\cdot11\cdot19$
79	3	$2\cdot3\cdot13$	239	7	$2\cdot7\cdot17$	421	2	$2^2\cdot3\cdot5\cdot7$
83	2	$2\cdot41$	241	7	$2^4\cdot3\cdot5$	431	7	$2\cdot5\cdot43$
89	3	$2^3\cdot11$	251	6	$2\cdot5^3$	433	5	$2^4\cdot3^3$
97	5	$2^5\cdot3$	257	3	2^8	439	15	$2\cdot3\cdot73$
101	2	$2^2\cdot5^2$	263	5	$2\cdot131$	443	2	$2\cdot13\cdot17$
103	5	$2\cdot3\cdot17$	269	2	$2^2\cdot67$	449	3	$2^6\cdot7$
107	2	$2\cdot53$	271	6	$2\cdot3^3\cdot5$	457	13	$2^3\cdot3\cdot19$
109	6	$2^2\cdot3^3$	277	5	$2^2\cdot3\cdot23$	461	2	$2^2\cdot5\cdot23$
113	3	$2^4\cdot7$	281	3	$2^3\cdot5\cdot7$	463	3	$2\cdot3\cdot7\cdot11$

p	g	$p-1$	p	g	$p-1$	p	g	$p-1$
467	2	$2\cdot233$	661	2	$2^2\cdot3\cdot5\cdot11$	877	2	$2^2\cdot3\cdot73$
479	13	$2\cdot239$	673	5	$2^5\cdot3\cdot7$	881	3	$2^4\cdot5\cdot11$
487	3	$2\cdot3^5$	677	2	$2^2\cdot13^2$	883	2	$2\cdot3^2\cdot7^2$
491	2	$2\cdot5\cdot7^2$	683	5	$2\cdot11\cdot31$	887	5	$2\cdot443$
499	7	$2\cdot3\cdot83$	691	3	$2\cdot3\cdot5\cdot23$	907	2	$2\cdot3\cdot151$
503	5	$2\cdot251$	701	2	$2^2\cdot5^2\cdot7$	911	17	$2\cdot5\cdot7\cdot13$
509	2	$2^2\cdot127$	709	2	$2^2\cdot3\cdot59$	919	7	$2\cdot3^3\cdot17$
521	3	$2^3\cdot5\cdot13$	719	11	$2\cdot359$	929	3	$2^5\cdot29$
523	2	$2\cdot3^2\cdot29$	727	5	$2\cdot3\cdot11^2$	937	5	$2^3\cdot3^2\cdot13$
541	2	$2^2\cdot3^3\cdot5$	733	6	$2^2\cdot3\cdot61$	941	2	$2^2\cdot5\cdot47$
547	2	$2\cdot3\cdot7\cdot13$	739	3	$2\cdot3^2\cdot41$	947	2	$2\cdot11\cdot43$
557	2	$2^2\cdot139$	743	5	$2\cdot7\cdot53$	953	3	$2^3\cdot7\cdot17$
563	2	$2\cdot281$	751	3	$2\cdot3\cdot5^3$	967	5	$2\cdot3\cdot7\cdot23$
569	3	$2^3\cdot71$	757	2	$2^2\cdot3^3\cdot7$	971	6	$2\cdot5\cdot97$
571	3	$2\cdot3\cdot5\cdot19$	761	6	$2^3\cdot5\cdot19$	977	3	$2^4\cdot61$
577	5	$2^6\cdot3^2$	769	11	$2^8\cdot3$	983	5	$2\cdot491$
587	2	$2\cdot293$	773	2	$2^2\cdot193$	991	6	$2\cdot3^2\cdot5\cdot11$
593	3	$2^4\cdot37$	787	2	$2\cdot3\cdot131$	997	7	$2^2\cdot3\cdot83$
599	7	$2\cdot13\cdot23$	797	2	$2^2\cdot199$			
601	7	$2^3\cdot3\cdot5^2$	809	3	$2^3\cdot101$			
607	3	$2\cdot3\cdot101$	811	3	$2\cdot3^4\cdot5$			
613	2	$2^2\cdot3^2\cdot17$	821	2	$2^2\cdot5\cdot41$			
617	3	$2^3\cdot7\cdot11$	823	3	$2\cdot3\cdot137$			
619	2	$2\cdot3\cdot103$	827	2	$2\cdot7\cdot59$			
631	3	$2\cdot3^2\cdot5\cdot7$	829	2	$2^2\cdot3^2\cdot23$			
641	3	$2^7\cdot5$	839	11	$2\cdot419$			
643	11	$2\cdot3\cdot107$	853	2	$2^2\cdot3\cdot71$			
647	5	$2\cdot17\cdot19$	857	3	$2^3\cdot107$			
653	2	$2^2\cdot163$	859	2	$2\cdot3\cdot11\cdot13$			
659	2	$2\cdot7\cdot47$	863	5	$2\cdot431$			

第六章

二次剩余

§6.1

总论

在 §5.4 中，我们给出了同余方程

$$x^n \equiv a \pmod{m}$$

有解的充要条件，并在有解时给出了解数的公式，但在实际应用中对于较大的模去获得原根、指标或指标组的信息是很困难的，因此去检验这些充要条件也很困难。本章的目的是去讨论二次同余方程，并对模为素数的情形给出其是否有解的一个简单判定方法。

一般的二次同余方程即 $ax^2+bx+c\equiv 0 \pmod{m}$。当 $(2a,m)=1$ 时，利用配方法可将该同余方程化为

$$a(x+\overline{2a}b)^2+c-\overline{4a}b^2\equiv 0 \pmod{m},$$

其中 $\overline{t}$ 表示 t 在模 m 下的逆。若令 $x+\overline{2a}b=y$，$\overline{a}(\overline{4a}b^2-c)=k$，则上式可化为形如 $y^2\equiv k \pmod{m}$ 的方程，因此在本章中我们主要讨论后者。按照第五章定义 4.1，当 $(k,m)=1$ 且 $y^2\equiv k \pmod{m}$ 有解时我们称 k 为模 m 的二次剩余 (quadratic residue)。我们先利用 §5.4 中的结果来讨论该同余方程在有解时的解数。

【命题 1.1】 设 a 是模 m 的二次剩余，并记 $\omega(m)=\sum\limits_{p\mid m}1$，则同余方程

$$x^2\equiv a \pmod{m} \tag{6.1}$$

的解数为

$$N=\begin{cases}2^{\omega(m)+1}, & \text{若 } m\equiv 0 \pmod{8},\\ 2^{\omega(m)-1}, & \text{若 } m\equiv 2 \pmod{4},\\ 2^{\omega(m)}, & \text{其它情形}.\end{cases}$$

证明 因为 a 是模 m 的二次剩余，故存在 u 使得 $u^2 \equiv a \pmod{m}$。作变量替换 $x = yu$ 知 (6.1) 等价于 $y^2 \equiv 1 \pmod{m}$。现记 $f(y) = y^2 - 1$ 以及 $m = p_1^{\alpha_1} \cdots p_r^{\alpha_r}$，则

$$N = \rho(f, p_1^{\alpha_1}) \cdots \rho(f, p_r^{\alpha_r}).$$

因此我们仅需计算 $\rho(f, p^\alpha)$。若 $p > 2$，则由第五章命题 4.2 知 $\rho(f, p^\alpha) = 2$，相应的两个解也即 $\pm 1 \pmod{p^\alpha}$。若 $p = 2$，则有以下三种情况:

(1) 若 $\alpha = 1$，则 $\rho(f, p^\alpha) = \rho(f, 2) = 1$;

(2) 若 $\alpha = 2$，则 $\rho(f, p^\alpha) = \rho(f, 4) = 2$;

(3) 若 $\alpha \geqslant 3$，则由第五章命题 4.3 知 $\rho(f, p^\alpha) = 4$，这四个解也即 $\pm 1, 2^{\alpha-1} \pm 1 \pmod{2^\alpha}$。

综上，命题得证。 □

【命题 1.2】 设 $m > 2$ 且 g 是模 m 的原根，则模 m 的二次剩余共有 $\frac{1}{2}\varphi(m)$ 个，它们分别同余于 g^{2j} $\left(1 \leqslant j \leqslant \frac{1}{2}\varphi(m)\right)$。

证明 一方面，显然 g^{2j} $(1 \leqslant j \leqslant \frac{1}{2}\varphi(m))$ 均是模 m 的二次剩余。另一方面，若 a 是模 m 的二次剩余，则存在 $(u, m) = 1$ 使得 $a \equiv u^2 \pmod{m}$，由于必存在 $j \in [1, \varphi(m)]$ 使得 $u \equiv g^j \pmod{m}$，故 a 必同余于某个 g^{2j}，如果 $j \leqslant \frac{1}{2}\varphi(m)$，则命题已然获证；若 $\frac{1}{2}\varphi(m) < j \leqslant \varphi(m)$，则由 $\varphi(m)$ 是偶数（参见第三章推论 3.3）知

$$a \equiv g^{2j} \equiv g^{2(j - \frac{1}{2}\varphi(m))} \pmod{m},$$

并且 $1 \leqslant j - \frac{1}{2}\varphi(m) \leqslant \frac{1}{2}\varphi(m)$。 □

【注 1.3】 由上述命题知，当 $m > 2$ 且模 m 有原根时，在模 m 的一个简化剩余系中二次剩余和二次非剩余各占一半。

§6.2 Legendre 符号

假设 m 有标准分解式 $m = p_1^{\alpha_1} \cdots p_r^{\alpha_r}$ 且 $(a, m) = 1$，由第四章命题 1.6 知 (6.1) 有解当且仅当同余方程组

$$\begin{cases} x^2 \equiv a \pmod{p_1^{\alpha_1}}, \\ \quad\vdots \\ x^2 \equiv a \pmod{p_r^{\alpha_r}}. \end{cases}$$

有解，因此我们只需讨论形如 $x^2 \equiv a \pmod{p^\alpha}$ 的同余方程是否有解即可。当 $p=2$ 时我们可以利用第五章命题 4.3 彻底解决该同余方程是否有解的问题（参见 §5.4 习题 2），因此下面只需讨论 p 是奇素数的情况。此时由第四章推论 3.9 知当 $(a,p)=1$ 时 $x^2 \equiv a \pmod{p^\alpha}$ 有解当且仅当 $x^2 \equiv a \pmod{p}$ 有解，故而只需对 m 是奇素数的情形讨论同余方程 (6.1)。

首先给出 A. M. Legendre 于 1789 年引入的著名符号。

【定义 2.1】 对于奇素数 p，Legendre 符号 (Legendre symbol) $\left(\dfrac{\cdot}{p}\right)$ 是按下述方式定义的:

$$\left(\frac{a}{p}\right)=\begin{cases}0, & 若\ p \mid a,\\ 1, & 若\ a\ 是模\ p\ 的二次剩余,\\ -1, & 若\ a\ 是模\ p\ 的二次非剩余.\end{cases}$$

【注 2.2】 容易看出，同余方程 $x^2 \equiv a \pmod{p}$ 的解数为 $1+\left(\dfrac{a}{p}\right)$。

通过定义 2.1，我们可将以素数为模的同余方程 (6.1) 的可解性问题转化为对 Legendre 符号的计算。本节后面的部分就是要给出一些具体算法，使得 Legendre 符号能通过这些算法较为简便地计算出来。

【引理 2.3】 设 p 是奇素数，g 是模 p 的一个原根，则对任意的 $j \geqslant 0$ 有

$$\left(\frac{g^j}{p}\right)=(-1)^j.$$

证明 $\left(\dfrac{g^j}{p}\right)$ 与 $(-1)^j$ 均只能取 ± 1，并且由 $2 \mid \varphi(p)$ 及命题 1.2 知 $\left(\dfrac{g^j}{p}\right)=1$ 当且仅当 $2 \mid j$，明所欲证。 □

下面列举出 Legendre 符号的一些基本性质。

【命题 2.4】 设 p 是奇素数，则

(1) $\left(\dfrac{a}{p}\right)$ 是以 p 为周期的周期函数；

(2) 若 $(a,p)=1$，则 $\left(\dfrac{a^2}{p}\right)=1$；

(3) 对任意整数 a,b 均有 $\left(\dfrac{ab}{p}\right)=\left(\dfrac{a}{p}\right)\left(\dfrac{b}{p}\right)$。

证明 (1) 与 (2) 是显然的，下面证明 (3)。不妨设 $(ab,p)=1$，于是对于模 p 的原根 g，存在 j, k 使得 $a \equiv g^j \pmod{p}$ 且 $b \equiv g^k \pmod{p}$，从而由引理 2.3 知

$$\left(\frac{ab}{p}\right)=\left(\frac{g^{j+k}}{p}\right)=(-1)^{j+k}=(-1)^j(-1)^k=\left(\frac{a}{p}\right)\left(\frac{b}{p}\right).$$

□

由命题 2.4 (3) 及算术基本定理知，为了计算 Legendre 符号，只需知道

$$\left(\frac{-1}{p}\right),\quad \left(\frac{2}{p}\right),\quad \left(\frac{q}{p}\right)\qquad（其中\ p，q\ 均为奇素数）$$

的值便可。下面我们来依次确定它们的值。

【定理 2.5】(Euler) 设 p 是奇素数，则对任意的整数 a 均有

$$\left(\frac{a}{p}\right) \equiv a^{\frac{p-1}{2}} \pmod p. \tag{6.2}$$

证明 当 $p \mid a$ 时 (6.2) 显然成立，故不妨设 $(a,p)=1$，于是对于模 p 的原根 g，存在 j 使得 $a \equiv g^j \pmod p$。现记 $h = g^{\frac{p-1}{2}}$，则 $h^2 \equiv 1 \pmod p$，从而 $h \equiv \pm 1 \pmod p$，但注意到 g 是原根，故而必有 $h \equiv -1 \pmod p$。于是由引理 2.3 可得

$$\left(\frac{a}{p}\right) = \left(\frac{g^j}{p}\right) = (-1)^j \equiv h^j \equiv (g^{\frac{p-1}{2}})^j \equiv a^{\frac{p-1}{2}} \pmod p.$$

□

在上面定理中取 $a=-1$ 便可再次得到第四章命题 3.4 的结论。

【命题 2.6】 设 p 是奇素数，则 $\left(\frac{-1}{p}\right) = (-1)^{\frac{p-1}{2}}$。因此，$-1$ 是模 p 的二次剩余当且仅当 $p \equiv 1 \pmod 4$。

【定理 2.7】(Gauss) 设 p 是奇素数且 $(a,p)=1$。若 $a, 2a, \cdots, \frac{p-1}{2}a$ 诸数除以 p 的最小非负余数中大于 $\frac{p}{2}$ 的共有 μ 个，则

$$\left(\frac{a}{p}\right) = (-1)^{\mu}.$$

证明 对诸 $ak \left(1 \leqslant k \leqslant \frac{p-1}{2}\right)$ 除以 p 的最小非负余数进行分类，记这些余数中小于 $\frac{p}{2}$ 者为 $a_1, \cdots, a_\nu$，大于 $\frac{p}{2}$ 者为 $b_1, \cdots, b_\mu$，那么

$$a^{\frac{p-1}{2}}\left(\frac{p-1}{2}\right)! = \prod_{k \leqslant (p-1)/2} ak \equiv \prod_{i=1}^{\nu} a_i \prod_{j=1}^{\mu} b_j \pmod p. \tag{6.3}$$

由 $(a,p)=1$ 知对任意的 $x, y \in \left[1, \frac{p-1}{2}\right]$，若 $x \neq y$，则 $ax \not\equiv \pm ay \pmod p$。因此

$$\{a_1, \cdots, a_\nu, p-b_1, \cdots, p-b_\mu\} = \left\{1, \cdots, \frac{p-1}{2}\right\},$$

于是有

$$\prod_{i=1}^{\nu} a_i \prod_{j=1}^{\mu} b_j \equiv (-1)^{\mu} \prod_{i=1}^{\nu} a_i \prod_{j=1}^{\mu}(p-b_j) \equiv (-1)^{\mu}\left(\frac{p-1}{2}\right)! \pmod{p}.$$

结合 (6.3) 式，并应用定理 2.5 便得

$$\left(\frac{a}{p}\right) \equiv a^{\frac{p-1}{2}} \equiv (-1)^{\mu} \pmod{p}.$$

从而定理得证。 □

【命题 2.8】 设 p 是奇素数，则 $\left(\frac{2}{p}\right) = (-1)^{\frac{p^2-1}{8}}$。因此，2 是模 p 的二次剩余当且仅当 $p \equiv \pm 1 \pmod{8}$。

证明 我们在定理 2.7 中取 $a=2$ 且沿用该定理的记号，并分两种情况讨论:

(1) 若 $p \equiv 1 \pmod{4}$，则

$$\left\{2k : 1 \leqslant k \leqslant \frac{p-1}{2}\right\} = \left\{2, \cdots, \frac{p-1}{2}, \frac{p+3}{2}, \cdots, p-1\right\}$$

此时 $\mu = \dfrac{p-1}{4}$，从而

$$\left(\frac{2}{p}\right) = (-1)^{\frac{p-1}{4}} = \left((-1)^{\frac{p-1}{4}}\right)^{\frac{p+1}{2}} = (-1)^{\frac{p^2-1}{8}}.$$

(2) 若 $p \equiv 3 \pmod{4}$，则

$$\left\{2k : 1 \leqslant k \leqslant \frac{p-1}{2}\right\} = \left\{2, \cdots, \frac{p-3}{2}, \frac{p+1}{2}, \cdots, p-1\right\}$$

此时 $\mu = \dfrac{p+1}{4}$，从而

$$\left(\frac{2}{p}\right) = (-1)^{\frac{p+1}{4}} = \left((-1)^{\frac{p+1}{4}}\right)^{\frac{p-1}{2}} = (-1)^{\frac{p^2-1}{8}}.$$

□

最后，我们来讨论 $\left(\frac{q}{p}\right)$ 的计算，其中 p 和 q 都是奇素数。这里的关键步骤是下面的<u>二次互反律 (quadratic reciprocity law)</u>，它使得在 $p>q$ 时可以通过计算 $\left(\frac{p}{q}\right)$ 去代替对 $\left(\frac{q}{p}\right)$ 的计算，这意味着我们只需对更小的模去计算 Legendre 符号，结合周期性并反复应用二次互反律就可以不断地降低模，从而达到计算目的。

二次互反律是由 Legendre 于 1785 年提出的，但他的证明依赖于一个当时尚未被证明的命题，即首项与公差互素的等差数列中有无穷多个素数①。第一个严格的证明是由 Gauss 于 1801 年给出的，此后他又给出了其它的七个证明。据统计，到目前为止二次互反律已有约 200 个不同的证明，它无疑是数学中被证明次数最多的定理。

【定理 2.9】（二次互反律） 设 p 与 q 是两个不同的奇素数，则

$$\left(\frac{q}{p}\right)\left(\frac{p}{q}\right)=(-1)^{\frac{(p-1)(q-1)}{4}}. \tag{6.4}$$

证明 我们在定理 2.7 中取 $a=q$，并沿用该定理及其证明中的记号。对于 $1\leqslant k\leqslant\dfrac{p-1}{2}$，因为

$$qk=p\left[\frac{qk}{p}\right]+p\left\{\frac{qk}{p}\right\}\qquad 且\qquad 0\leqslant p\left\{\frac{qk}{p}\right\}<p,$$

所以 $p\left\{\dfrac{qk}{p}\right\}$ 也即是 qk 除以 p 的最小非负余数。对上式的 k 求和可得

$$\begin{aligned}q\sum_{k=1}^{\frac{p-1}{2}}k&=p\sum_{k=1}^{\frac{p-1}{2}}\left[\frac{qk}{p}\right]+\sum_{i=1}^{\nu}a_i+\sum_{j=1}^{\mu}b_j\\&=p\sum_{k=1}^{\frac{p-1}{2}}\left[\frac{qk}{p}\right]+\sum_{i=1}^{\nu}a_i+\sum_{j=1}^{\mu}(p-b_j)+2\sum_{j=1}^{\mu}b_j-\mu p\\&=p\sum_{k=1}^{\frac{p-1}{2}}\left[\frac{qk}{p}\right]+\sum_{k=1}^{\frac{p-1}{2}}k+2\sum_{j=1}^{\mu}b_j-\mu p.\end{aligned}$$

由于 q,p 均是奇素数，故有

$$\mu\equiv\mu p=p\sum_{k=1}^{\frac{p-1}{2}}\left[\frac{qk}{p}\right]-(q-1)\sum_{k=1}^{\frac{p-1}{2}}k+2\sum_{j=1}^{\mu}b_j\equiv\sum_{k=1}^{\frac{p-1}{2}}\left[\frac{qk}{p}\right]\pmod 2.$$

从而由定理 2.7 知

$$\left(\frac{q}{p}\right)=(-1)^{\mu}=(-1)^{\sum_{k=1}^{\frac{p-1}{2}}\left[\frac{qk}{p}\right]}.$$

同理可得

$$\left(\frac{p}{q}\right)=(-1)^{\sum_{\ell=1}^{\frac{q-1}{2}}\left[\frac{p\ell}{q}\right]}.$$

---

①这一结论直到 1837 年才被 P. G. L. Dirichlet 证明，参见 §9.5。

因此为了证明定理，只需证明

$$\sum_{k=1}^{\frac{p-1}{2}}\left[\frac{qk}{p}\right]+\sum_{\ell=1}^{\frac{q-1}{2}}\left[\frac{p\ell}{q}\right]=\frac{(p-1)(q-1)}{4}. \tag{6.5}$$

事实上，我们有

$$\begin{aligned}\sum_{k=1}^{\frac{p-1}{2}}\left[\frac{qk}{p}\right]+\sum_{\ell=1}^{\frac{q-1}{2}}\left[\frac{p\ell}{q}\right]&=\sum_{k=1}^{\frac{p-1}{2}}\sum_{\ell\leqslant qk/p}1+\sum_{\ell=1}^{\frac{q-1}{2}}\sum_{k\leqslant p\ell/q}1\\&=\sum_{k<p/2}\sum_{\ell\leqslant qk/p}1+\sum_{k<p/2}\sum_{qk/p\leqslant\ell<q/2}1.\end{aligned}$$

注意到 k 与 ℓ 的求和范围导致 $\ell=\dfrac{qk}{p}$ 不可能成立（否则由 $(p,q)=1$ 知 $p\mid k$ 且 $q\mid\ell$），所以

$$\begin{aligned}\sum_{k=1}^{\frac{p-1}{2}}\left[\frac{qk}{p}\right]+\sum_{\ell=1}^{\frac{q-1}{2}}\left[\frac{p\ell}{q}\right]&=\sum_{k<p/2}\left(\sum_{\ell\leqslant qk/p}1+\sum_{qk/p\leqslant\ell<q/2}1\right)=\sum_{k<p/2}\sum_{\ell<q/2}1\\&=\frac{p-1}{2}\cdot\frac{q-1}{2}=\frac{(p-1)(q-1)}{4},\end{aligned}$$

这就证明了 (6.5)。至此定理得证。 □

当 p, q 均是奇素数时，由二次互反律知

$$\left(\frac{q}{p}\right)=\begin{cases}-\left(\dfrac{p}{q}\right), & 若\ p\equiv q\equiv 3\ (\mathrm{mod}\ 4),\\ \left(\dfrac{p}{q}\right), & 其他情形.\end{cases}$$

【例 2.10】 判断同余方程 $x^2\equiv 286\ (\mathrm{mod}\ 563)$ 是否有解。

解 563 为素数，且

$$\left(\frac{286}{563}\right)=\left(\frac{2}{563}\right)\left(\frac{11}{563}\right)\left(\frac{13}{563}\right)=-\left(\frac{11}{563}\right)\left(\frac{13}{563}\right),$$

其中

$$\left(\frac{11}{563}\right)=-\left(\frac{563}{11}\right)=-\left(\frac{2}{11}\right)=1,\qquad\left(\frac{13}{563}\right)=\left(\frac{563}{13}\right)=\left(\frac{4}{13}\right)=1,$$

因此 $\left(\dfrac{286}{563}\right)=-1$，从而原同余方程无解。 □

【例 2.11】 对哪些素数 $p>3$ 而言，3 是其二次剩余？

解 我们的目的是去寻找素数 $p>3$ 使得 $\left(\frac{3}{p}\right)=1$。分两种情况讨论：

(1) 若 $p\equiv 1 \pmod 4$，则 $1=\left(\frac{3}{p}\right)=\left(\frac{p}{3}\right)$，从而 $p\equiv 1 \pmod 3$，由此得到 $p\equiv 1 \pmod{12}$。

(2) 若 $p\equiv -1 \pmod 4$，则 $1=\left(\frac{3}{p}\right)=-\left(\frac{p}{3}\right)$，从而 $p\equiv -1 \pmod 3$，由此得到 $p\equiv -1 \pmod{12}$。

综上，素数 p 满足条件当且仅当 $p\equiv \pm 1 \pmod{12}$。 □

习 题 6.2

1. 已知下列同余方程的模均是素数，判断它们是否有解：

   (1) $x^2\equiv 6 \pmod{113}$； (2) $x^2\equiv 136 \pmod{383}$；

   (3) $x^2\equiv 260 \pmod{601}$； (4) $x^2\equiv 855 \pmod{1049}$。

2. 设 $p>3$ 是一个素数，证明

$$\sum_{\substack{k=1 \\ \left(\frac{k}{p}\right)=1}}^{p} k\equiv 0 \pmod p.$$

3. 对哪些素数 $p>3$ 而言，3 是其非负的最小二次非剩余？

4. 设 p 是奇素数，$(a,p)=1$，计算 $\sum\limits_{n\leqslant p}\left(\frac{an+b}{p}\right)$。

5. 设 p 为奇素数，$\left(\frac{a}{p}\right)=1$。证明：

   (1) 若 $p\equiv 3 \pmod 4$，则 $a^{\frac{p+1}{4}}$ 是同余方程 $x^2\equiv a \pmod p$ 的一个解。

   (2) 若 $p\equiv 5 \pmod 8$，则 $a^{\frac{p+3}{8}}$ 或 $a^{\frac{p+3}{8}}\left(\frac{p-1}{2}\right)!$ 是同余方程 $x^2\equiv a \pmod p$ 的一个解。

6. 设 p 是形如 $4n+1$ 的素数，a 是满足 $a^2\equiv -1 \pmod p$ 的整数，证明 $2a$ 是模 p 的二次剩余。

7. 证明不定方程 $x^3-y^2=5$ 无解。

8. (1) 设 $p>3$ 是奇素数，证明 $\left(\frac{-3}{p}\right)=1$ 当且仅当 $p\equiv 1 \pmod 6$。

   (2) 证明存在无穷多个形如 $6n+1$ 的素数。

9. 设 p 和 $2p+1$ 都是奇素数，证明 $2(-1)^{\frac{p-1}{2}}$ 是模 $2p+1$ 的一个原根。

10. 设 p 是形如 2^n+1 $(n\geqslant 2)$ 的素数，证明 3 是模 p 的原根。

11. 设 $n\geqslant 2$，且 p 是 Fermat 数 $F_n=2^{2^n}+1$ 的素因子，证明 $p\equiv 1 \pmod{2^{n+2}}$。

12. 设 p 是一个奇素数，且 $n\mid 2^p-1$，证明 $n\equiv \pm 1 \pmod 8$。

13. 设 $p>3$ 是一个素数，$(m,n)=1$ 且 $p\mid m^2-mn+n^2$，证明 $p\equiv 1 \pmod 3$。

14. 设 p 是奇素数，证明方程 $x^2+2y^2=p$ 有解当且仅当 $p\equiv 1, 3 \pmod 8$。

15. 对奇素数 p 定义 Gauss 和 (Gauss sum)

$$G(p)=\sum_{j=1}^{p}\Big(\frac{j}{p}\Big)e\Big(\frac{j}{p}\Big),$$

证明:

(1) $G(p)=\sum\limits_{j\leqslant p}e\left(\dfrac{j^2}{p}\right)$。

(2) $G(p)^2=(-1)^{\frac{p-1}{2}}p$。

16. 设 p 是奇素数。

(1) 试求集合 $\{1, 2, \cdots, p-2\}$ 中使得 n 与 $n+1$ 均是模 p 的二次剩余的元素 n 的个数。

(2) 证明：当 $p\geqslant 7$ 时必有两个相邻的整数皆为模 p 的二次剩余。

17. 设 p 是奇素数，$(a,p)=1$，并记 $\varDelta=b^2-4ac$。证明

$$\sum_{n\leqslant p}\left(\frac{an^2+bn+c}{p}\right)=\begin{cases}-\Big(\dfrac{a}{p}\Big), & 若\ p\nmid\varDelta,\\[2mm] (p-1)\Big(\dfrac{a}{p}\Big), & 若\ p\mid\varDelta.\end{cases}$$

第 18 ~ 21 题是一组题，对满足 $p\equiv 1 \pmod 4$ 的素数 p 具体给出了 $x^2+y^2=p$ 的一组解，这一结果属于 Д. С. Горшков。

18. 设素数 $p\equiv 1 \pmod 4$，$(m,p)=1$，并记 $S(m)=\sum\limits_{j\leqslant p}\left(\dfrac{j(j^2+m)}{p}\right)$。证明:

(1) $2\mid S(m)$。

(2) 对任意的 $a\in\mathbb{Z}$ 有 $S(ma^2)=\Big(\dfrac{a}{p}\Big)S(m)$。

19. 设素数 $p\equiv 1 \pmod 4$，k 和 ℓ 满足 $\Big(\dfrac{k}{p}\Big)=1$，$\Big(\dfrac{\ell}{p}\Big)=-1$，证明

$$\left\{kj^2: 1\leqslant j\leqslant \frac{p-1}{2}\right\}\cup\left\{\ell j^2: 1\leqslant j\leqslant \frac{p-1}{2}\right\}$$

是模 p 的一个简化剩余系。

20. 在上题条件下证明

$$\frac{p-1}{2}\Big(S(k)^2+S(\ell)^2\Big)=\sum_{a=1}^{p-1}\sum_{b=1}^{p-1}\left(\frac{ab}{p}\right)\sum_{n=1}^{p-1}\left(\frac{(n+a^2)(n+b^2)}{p}\right).$$

21. 设 p, k, ℓ 满足习题 19 中的条件，试利用习题 17 中的结果计算上式右边的内层和，进而证明

$$p=\left(\frac{S(k)}{2}\right)^2+\left(\frac{S(\ell)}{2}\right)^2.$$

由习题 18 (1) 知上式将 p 写成了两个整数的平方和。

§6.3 Jacobi 符号

当我们对 Legendre 符号 $\left(\frac{q}{p}\right)$ 应用二次互反律时，必须要求 q 也是奇素数，考虑到对较大的数进行素因子分解不是件容易的事，故而 §6.2 中的算法在实际应用中颇有不便。为了解决这一问题，我们引入 Jacobi 符号。

【定义 3.1】 设 $P>1$ 是一个奇数，且 $P=p_1\cdots p_r$，其中 $p_1,\cdots,p_r$ 均为素数（不必两两不同）。对整数 a，我们定义 Jacobi 符号 (Jacobi symbol) $\left(\frac{a}{P}\right)$ 为

$$\left(\frac{a}{P}\right)=\left(\frac{a}{p_1}\right)\cdots\left(\frac{a}{p_r}\right),$$

其中 $\left(\frac{a}{p_j}\right)$ $(1\leqslant j\leqslant r)$ 是 Legendre 符号。

【注 3.2】 (1) Jacobi 符号 $\left(\frac{\cdot}{P}\right)$ 取值于集合 $\{0,\pm1\}$，且 $\left(\frac{a}{P}\right)=0$ 当且仅当 $(a,P)>1$。

(2) 我们不能从 $\left(\frac{a}{P}\right)=1$ 推出同余方程 $x^2\equiv a \pmod P$ 有解。例如，$x^2\equiv 2 \pmod 9$ 无解，但 $\left(\frac{2}{9}\right)=\left(\frac{2}{3}\right)^2=1$。

(3) 若 $\left(\frac{a}{P}\right)=-1$，则同余方程 $x^2\equiv a \pmod P$ 无解。这是因为若记 $P=p_1\cdots p_r$，其中 $p_1,\cdots,p_r$ 均为素数，那么由

$$\left(\frac{a}{p_1}\right)\cdots\left(\frac{a}{p_r}\right)=\left(\frac{a}{P}\right)=-1$$

知存在 j 使得 $\left(\frac{a}{p_j}\right)=-1$，于是方程 $x^2\equiv a \pmod{p_j}$ 无解，进而知同余方程 $x^2\equiv a \pmod P$ 也无解。

Jacobi 符号具有如下和 Legendre 符号相似的一些性质。

【命题 3.3】 设 P, Q 均是大于 1 的奇数。

(1) $\left(\dfrac{ab}{P}\right)=\left(\dfrac{a}{P}\right)\left(\dfrac{b}{P}\right)$ $(\forall\ a,b\in\mathbb{Z})$;

(2) $\left(\dfrac{\cdot}{P}\right)$ 是以 $P'=\prod\limits_{p|P}p$ 为周期的周期函数，通常把 P' 称为 P 的无平方因子核 (squarefree kernel);

(3) $\left(\dfrac{-1}{P}\right)=(-1)^{\frac{P-1}{2}}$;

(4) $\left(\dfrac{2}{P}\right)=(-1)^{\frac{P^2-1}{8}}$;

(5) 若 $(P,Q)=1$，则 $\left(\dfrac{Q}{P}\right)\left(\dfrac{P}{Q}\right)=(-1)^{\frac{(P-1)(Q-1)}{4}}$。

证明 (1)，(2) 可直接从 Jacobi 符号的定义得出。下面来证明 (3)。设 $P=p_1\cdots p_r$ 为 P 的素因子分解（诸 p_j 不必两两不同），则

$$
\begin{aligned}
\frac{P-1}{2}&=\frac{p_1\cdots p_r-1}{2}\\
&=\frac{\left(1+2\,\dfrac{p_1-1}{2}\right)\cdots\left(1+2\,\dfrac{p_r-1}{2}\right)-1}{2}\equiv\sum_{j=1}^{r}\frac{p_j-1}{2}\ (\mathrm{mod}\ 2),
\end{aligned}
\tag{6.6}
$$

因此

$$
\left(\frac{-1}{P}\right)=\left(\frac{-1}{p_1}\right)\cdots\left(\frac{-1}{p_r}\right)=(-1)^{\sum\limits_{j=1}^{r}\frac{p_j-1}{2}}=(-1)^{\frac{P-1}{2}}.
$$

类似地，由

$$
\begin{aligned}
\frac{P^2-1}{8}&=\frac{p_1^2\cdots p_r^2-1}{8}\\
&=\frac{\left(1+8\,\dfrac{p_1^2-1}{8}\right)\cdots\left(1+8\,\dfrac{p_r^2-1}{8}\right)-1}{8}\equiv\sum_{j=1}^{r}\frac{p_j^2-1}{8}\ (\mathrm{mod}\ 2)
\end{aligned}
$$

可推出 (4)。最后来证明 (5)。设 $Q=q_1\cdots q_s$ 为 Q 的素因子分解（诸 q_j 不必两两不同），于是由二次互反律及 (6.6) 知

$$
\left(\frac{Q}{P}\right)\left(\frac{P}{Q}\right)=\prod_{i=1}^{r}\prod_{j=1}^{s}\left(\frac{q_j}{p_i}\right)\left(\frac{p_i}{q_j}\right)=(-1)^{\sum\limits_{i=1}^{r}\sum\limits_{j=1}^{s}\frac{p_i-1}{2}\cdot\frac{q_j-1}{2}}=(-1)^{\frac{P-1}{2}\cdot\frac{Q-1}{2}}.
$$

□

把命题 3.3 与命题 2.4、2.6、2.8 及 2.9 比较可以看出，Legendre 符号和 Jacobi 符号的运算法则是相同的。因此，若 p 是一个奇素数，$(a,p)=1$，那么对于 $\left(\dfrac{a}{p}\right)$ 而言，无论是将它当作 Legendre 符号还是 Jacobi 符号来进行计算，所得的值相同。故而可以把 $\left(\dfrac{a}{p}\right)$ 当作 Jacobi 符号来进行计算，并根据所得的值是否等于 1 来判定同余方程 $x^2 \equiv a \pmod p$ 是否有解。

【例 3.4】 已知 Fermat 数 $F_4 = 2^{2^4}+1 = 65537$ 是素数，判断同余方程

$$x^2 \equiv 24883 \pmod{65537}$$

是否有解。

解 要通过手算把 24883 分解是较为困难的[②]，因此通过 Legendre 符号的计算方法来判定原方程的解颇为困难[③]，但若把 $\left(\dfrac{24883}{65537}\right)$ 当作 Jacobi 符号来计算，则有

$$\begin{aligned}\left(\frac{24883}{65537}\right) &= \left(\frac{65537}{24883}\right) = \left(\frac{15771}{24883}\right) = -\left(\frac{24883}{15771}\right) = -\left(\frac{9112}{15771}\right)\\ &= -\left(\frac{2^3}{15771}\right)\left(\frac{1139}{15771}\right) = -\left(\frac{15771}{1139}\right) = -\left(\frac{-175}{1139}\right) = \left(\frac{175}{1139}\right)\\ &= -\left(\frac{1139}{175}\right) = -\left(\frac{-86}{175}\right) = -\left(\frac{-1}{175}\right)\left(\frac{2}{175}\right)\left(\frac{43}{175}\right)\\ &= -\left(\frac{175}{43}\right) = -\left(\frac{3}{43}\right) = \left(\frac{43}{3}\right) = \left(\frac{1}{3}\right) = 1,\end{aligned}$$

故原同余方程有解。□

最后，作为 Jacobi 符号的一个应用，我们来说明定理 2.5 事实上可以作为判定一个奇数是否是素数的准则。

【命题 3.5】 设 $n > 1$ 是奇数，则 n 是素数的充要条件是：对任意的满足 $1 \leqslant a < n$ 以及 $(a,n)=1$ 的整数 a 均有

$$\left(\frac{a}{n}\right) \equiv a^{\frac{n-1}{2}} \pmod n.$$

证明 必要性也即定理 2.5，下证充分性。反设 n 是合数，分下面两种情况讨论：

(1) 若存在素数 p 使得 $p^2 \mid n$，则取 $a = 1 + \dfrac{n}{p}$ 就有 $a \equiv 1 \pmod p$ 以及 $a \equiv 1 \pmod{n/p}$，从而

$$\left(\frac{a}{n}\right) = \left(\frac{a}{p}\right)\left(\frac{a}{n/p}\right) = 1.$$

---

② 事实上，24883 是两个素数 149 和167 之积。

③ 哪怕使用一次周期性得到 $\left(\frac{24883}{65537}\right) = \left(\frac{-40654}{65537}\right) = \left(\frac{-2\cdot 20327}{65537}\right)$，也要去考虑 20327 的素因子分解。事实上 20327 是素数，要用手算去判定它是素数也很不容易。

但是由二项式定理知

$$a^{\frac{n-1}{2}} = \left(1+\frac{n}{p}\right)^{\frac{n-1}{2}} = 1+\frac{n-1}{2}\cdot\frac{n}{p}+\binom{\frac{n-1}{2}}{2}\cdot\frac{n^2}{p^2}+\cdots$$

$$\equiv 1+\frac{n-1}{2}\cdot\frac{n}{p}\not\equiv 1\,(\mathrm{mod}\ n),$$

从而矛盾。

(2) 若 n 是无平方因子数，我们取素数 $p\mid n$，则 $\left(p,\dfrac{n}{p}\right)=1$。再选取模 p 的一个二次非剩余 b。于是由中国剩余定理知存在与 n 互素且满足 $1\leqslant a<n$ 的 a 使得

$$\begin{cases} a\equiv b\,(\mathrm{mod}\ p), \\ a\equiv 1\,(\mathrm{mod}\ n/p), \end{cases}$$

这样的 a 满足

$$\left(\frac{a}{n}\right)=\left(\frac{a}{p}\right)\left(\frac{a}{n/p}\right)=\left(\frac{b}{p}\right)\left(\frac{1}{n/p}\right)=-1,$$

进而由假设知

$$-1=\left(\frac{a}{n}\right)\equiv a^{\frac{n-1}{2}}\equiv 1\,(\mathrm{mod}\ n/p),$$

但这与 n 是奇合数矛盾。 □

习 题 6.3

1. 计算下列 Jacobi 符号的值:

(1) $\left(\dfrac{24}{133}\right)$;　　(2) $\left(\dfrac{189}{325}\right)$;

(3) $\left(\dfrac{286}{465}\right)$;　　(4) $\left(\dfrac{754}{1067}\right)$。

2. 设 $X=\{m\in\mathbb{Z}: m>1,\ 2\nmid m\}$。对任意的 $m\in X$，定义 Gauss 和

$$G(m)=\sum_{j=1}^{m}\left(\frac{j}{m}\right)e\left(\frac{j}{m}\right),$$

证明：对任意的 $m,\,n\in X$，若 $(m,n)=1$，则有

$$G(mn)=\left(\frac{n}{m}\right)\left(\frac{m}{n}\right)G(m)G(n).$$

3. （Heath-Brown[14]）设 $\mathscr{P}$ 是由 N 个奇素数所组成的集合，$\{a_n\}$ 是一个非负实数列，且当 $n > \mathrm{e}^N$ 时有 $a_n = 0$。试通过计算

$$\sum_{n=1}^{\infty} a_n \left(\sum_{p \in \mathscr{P}} \left(\frac{n}{p} \right) \right)^2$$

并提前使用第七章定理 3.4 (1) 来证明

$$\sum_{\substack{n=1 \\ n\text{ 是完全平方数}}}^{\infty} a_n \ll \frac{1}{N} \sum_{n=1}^{\infty} a_n + \frac{1}{N^2} \sum_{\substack{p \in \mathscr{P}}} \sum_{\substack{q \in \mathscr{P} \\ p \neq q}} \left| \sum_{n=1}^{\infty} a_n \left(\frac{n}{pq} \right) \right|. \text{④}$$

④因为左侧求和仅对完全平方数的 n 来进行，所以这一结论被称作平方筛法 (square sieve)。

第七章

数论函数

§7.1

定义与例子

【定义 1.1】 假设 $S \subseteq \mathbb{Z}$，我们称定义在 S 上并在复数集中取值的函数

$$f: S \longrightarrow \mathbb{C}$$

为数论函数或算术函数 (arithmetic function)。

【例 1.2】 在这个例子中，我们给出一些定义在正整数集上的重要数论函数。

(1) 除数函数 (divisor function) $\tau(n)$：$\tau(n)$ 表示 n 的正因数的个数，即

$$\tau(n) = \sum_{d|n} 1 = \sum_{dk=n} 1.$$

更一般地，对正整数 k 记

$$\tau_k(n) = \sum_{d_1 \cdots d_k = n} 1,$$

因此 $\tau_2(n) = \tau(n)$。

(2) 作为除数函数的推广，我们可对一般的复数 ν 定义函数

$$\sigma_\nu(n) = \sum_{d|n} d^\nu.$$

特别地，将 $\sigma_1(n)$ 简记作 $\sigma(n)$，并称之为除数和函数 (sum-of-divisor function)。

(3) Euler 函数 $\varphi(n)$：$\varphi(n)$ 表示 n 的既约剩余类的个数。在第三章命题 2.14 中我们证明了

$$\varphi(n) = n \prod_{p|n} \Big(1 - \frac{1}{p}\Big).$$

(4) Möbius 函数 $\mu(n)$:

$$\mu(n)=\begin{cases}1, & 若\ n=1,\\ (-1)^r, & 若\ n\ 为\ r\ 个互不相同的素数之积,\\ 0, & 其它情形.\end{cases}$$

(5) von Mangoldt 函数 $\Lambda(n)$:

$$\Lambda(n)=\begin{cases}\log p, & 若\ n=p^k,\ 其中\ p\ 为素数,\ k\geq 1,\\ 0, & 其它情形.\end{cases}$$

(6) $\omega(n)$ 和 $\Omega(n)$: $\omega(n)$ 表示 n 的不同素因子的个数，$\Omega(n)$ 表示 n 的全部素因子的个数（按重数计算），即

$$\omega(n)=\sum_{p|n}1,\qquad \Omega(n)=\sum_{p^\alpha\|n}\alpha.$$

(7) Liouville 函数 $\lambda(n)$:

$$\lambda(n)=(-1)^{\Omega(n)}.$$

【定义 1.3】 设 S 是 $\mathbb{Z}$ 的一个乘法封闭子集[①]，且 $1\in S$。又设 f 是定义在 S 上的不恒等于 0 的数论函数。若对 S 中任意两个互素的整数 m,n 均有

$$f(mn)=f(m)f(n), \tag{7.1}$$

则称 f 是可乘的 (multiplicative)。如果 (7.1) 对 S 中任意两个整数 m,n 均成立，则称 f 是完全可乘的 (completely multiplicative)。

【例 1.4】 由第三章推论 2.13 知 $\varphi(n)$ 是 $\mathbb{Z}_{>0}$ 上的可乘函数。此外，容易验证 $\mu(n)$ 是 $\mathbb{Z}_{>0}$ 上的可乘函数，但它不是完全可乘的；$\lambda(n)$ 是 $\mathbb{Z}_{>0}$ 上的完全可乘函数；$\Lambda(n)$ 不是可乘函数。

【例 1.5】 设 d 是一个给定的非零整数，则 $f(n)=(n,d)$ 是 $\mathbb{Z}$ 上的可乘函数。

证明 当 $(m,n)=1$ 时，由第一章命题 2.13 知

$$\begin{aligned}f(m)f(n)&=(m,d)(n,d)=(m(n,d),d(n,d))=(mn,md,nd,d^2)\\ &=(mn,d(m,n),d^2)=(mn,d,d^2)=(mn,d)=f(mn),\end{aligned}$$

[①] 我们称 S 是 $\mathbb{Z}$ 的乘法封闭子集，是指对任意的 $a,\ b\in S$ 均有 $ab\in S$。

所以 f 是 $\mathbb{Z}$ 上的可乘函数。 □

在一般情况下，我们所研究的都是定义在 $\mathbb{Z}_{>0}$ 或 $\mathbb{Z}$ 上的数论函数，因此为了方便起见，在后面的讨论中均将定义域略去不提。

【命题 1.6】 设 f 是一个可乘函数，那么 $f(1)=1$。此外，如果 f 在 -1 处有定义，那么 $f(-1)$ 等于 1 或 -1。

证明 因为 f 不恒等于 0，所以存在 a 使得 $f(a)\neq 0$，于是由 $f(a)=f(a)f(1)$ 知 $f(1)=1$。再由 $f(-1)^2=f(1)=1$ 知 $f(-1)$ 的值只能是 1 或 -1。 □

设 n 具有标准分解式 $n=\pm p_1^{\alpha_1}\cdots p_r^{\alpha_r}$，那么当 f 可乘时

$$f(n)=f(\pm 1)f(p_1^{\alpha_1})\cdots f(p_r^{\alpha_r}),$$

当 f 完全可乘时

$$f(n)=f(\pm 1)f(p_1)^{\alpha_1}\cdots f(p_r)^{\alpha_r}.$$

因此，可乘函数由它在 -1 及素数幂处的取值决定，而完全可乘函数由它在 -1 及素数处的取值决定。此外，利用上述表达式我们还可将关于 $f(n)$ 的求和与乘积联系起来。此即著名的 Euler 恒等式。

【定理 1.7】（Euler 恒等式） 设 f 是数论函数且级数 $\sum\limits_{n=1}^{\infty} f(n)$ 绝对收敛，

(1) 若 f 是可乘函数，则

$$\sum_{n=1}^{\infty} f(n)=\prod_{p}\left(\sum_{j=1}^{\infty} f(p^j)\right);$$

(2) 若 f 是完全可乘函数，则

$$\sum_{n=1}^{\infty} f(n)=\prod_{p}\left(1-f(p)\right)^{-1},$$

以上两式中 $\prod\limits_{p}$ 均表示乘积通过所有素数。

证明 (1) 对正整数 N 令

$$P_N=\prod_{p\leqslant N}\left(\sum_{j=1}^{\infty} f(p^j)\right).$$

因为 $\sum\limits_{n=1}^{\infty} f(n)$ 绝对收敛，所以由级数乘法的柯西（Cauchy）定理（参见 [5] 第四章定理 5.5）及算术基本定理知

$$\sum_{n\leqslant N} f(n)\leqslant P_N\leqslant \sum_{n=1}^{\infty} f(n),$$

令 $N \to \infty$ 即得结论。

(2) 由条件知对任意的素数 p 而言 $\sum\limits_{j=1}^{\infty} f(p^j)$ 均绝对收敛，注意到 f 是完全可乘的，所以 $\sum\limits_{j=1}^{\infty} f(p)^j$ 绝对收敛，这意味着必有 $|f(p)| < 1$，从而

$$\sum_{j=1}^{\infty} f(p^j) = \sum_{j=1}^{\infty} f(p)^j = \frac{1}{1-f(p)},$$

再结合 (1) 便知结论成立。 □

在历史上是 L. Euler 首先对 $f(n) = \dfrac{1}{n^s}$ 应用上述等式并得到了

$$\sum_{n=1}^{\infty} \frac{1}{n^s} = \prod_{p} \left(1 - \frac{1}{p^s}\right)^{-1}, \qquad \forall\, s > 1,$$

进而证明了素数集的无限性（参见 §1.4 习题 17），这也是数学史上第一次使用分析方法去处理算术问题。

习 题 7.1

1. 验证例 1.4。
2. 设 f 与 g 均是可乘函数，证明：
   (1) fg 是可乘函数。
   (2) 若 f 是完全可乘的，则 $f \circ g$ 是可乘函数。
3. 证明 $\varphi(m)\varphi(n) \leqslant \varphi(mn)$ $(\forall\, m, n \geqslant 1)$，并给出等号成立的充要条件。
4. 设 f 是 $\mathbb{Z}_{>0}$ 上的一个可乘函数。证明：对任意的正整数 m, n 有
$$f(m)f(n) = f\big([m,n]\big)f\big((m,n)\big).$$
5. 对 $s > 1$ 记 $\zeta(s) = \sum\limits_{n=1}^{\infty} \dfrac{1}{n^s}$，证明：当 $s > 1$ 时有 $\zeta(s)^{-1} = \sum\limits_{n=1}^{\infty} \dfrac{\mu(n)}{n^s}$。

§7.2 Möbius 反转公式

如非特别说明，本节中所涉及的数论函数均是定义在 $\mathbb{Z}_{>0}$ 上的函数。

【定义 2.1】设 f 和 g 均为数论函数，如果对任意的 n 均有

$$f(n)=\sum_{d|n}g(d),$$

我们就称 f 是 g 的 Möbius 变换 (Möbius transform)，称 g 是 f 的 Möbius 逆变换 (inverse Möbius transform)。

【例 2.2】设 k 是一个给定的正整数，证明：对任意的正整数 n 有

$$\tau_{k+1}(n)=\sum_{d|n}\tau_k(d).$$

简而言之，τ_{k+1} 是 τ_k 的 Möbius 变换。

证明 我们有

$$\sum_{d|n}\tau_k(d)=\sum_{d\ell=n}\tau_k(d)=\sum_{d\ell=n}\ \sum_{d_1\cdots d_k=d}1=\sum_{d_1\cdots d_k\ell=n}1=\tau_{k+1}(n).$$

□

【例 2.3】设 $n\geqslant 1$，证明：$\sum\limits_{d|n}\Lambda(d)=\log n$。

证明 当 $n=1$ 时命题显然成立。现假设 $n>1$ 且 $n=p_1^{\alpha_1}\cdots p_r^{\alpha_r}$ 是 n 的标准分解式，则由第一章命题 4.8 及 von Mangoldt 函数的定义知

$$\begin{aligned}\sum_{d|n}\Lambda(d)&=\sum_{e_1=0}^{\alpha_1}\cdots\sum_{e_r=0}^{\alpha_r}\Lambda(p_1^{e_1}\cdots p_r^{e_r})\\&=\sum_{e_1=1}^{\alpha_1}\Lambda(p_1^{e_1})+\cdots+\sum_{e_r=1}^{\alpha_r}\Lambda(p_r^{e_r})\\&=\alpha_1\log p_1+\cdots+\alpha_r\log p_r=\log n.\end{aligned}$$

□

接下来我们把研究重点放在可乘函数上面。

【命题 2.4】设 g 是可乘函数且 f 是 g 的 Möbius 变换，则 f 也可乘。

证明 设 $(m,n)=1$。对任意的 $d\mid mn$，记 $k=(d,m)$，$\ell=(d,n)$，则有 $k\mid m$，$\ell\mid n$，$(k,\ell)=1$，并且由例 1.5 知 $k\ell=(d,mn)=d$。因此

$$\begin{aligned}f(mn)&=\sum_{d|mn}g(d)=\sum_{k|m}\sum_{\ell|n}g(k\ell)=\sum_{k|m}\sum_{\ell|n}g(k)g(\ell)\\&=\sum_{k|m}g(k)\sum_{\ell|n}g(\ell)=f(m)f(n).\end{aligned}$$

□

【推论 2.5】 τ_k $(k \in \mathbb{Z}_{\geqslant 2})$ 与 σ_λ 都是可乘函数。

证明 因为 τ 是恒等于 1 的函数的 Möbius 变换，所以 τ 可乘。而由例 2.2 知 τ_k 是 τ_{k-1} 的 Möbius 变换，所以利用数学归纳法容易证明所有 τ_k 均是可乘函数。

此外，由于 σ_λ 是可乘函数 n^λ 的 Möbius 变换，所以 σ_λ 也是可乘函数。 □

值得一提的是，在命题 2.4 的条件下，哪怕 g 是完全可乘函数，也不能推出 f 是完全可乘的。例如恒等于 1 的函数是完全可乘的，但是它的 Möbius 变换为除数函数，却不是完全可乘的。

【命题 2.6】 设 f 是可乘函数，且 n 的标准分解式为 $n = p_1^{\alpha_1} \cdots p_r^{\alpha_r}$，则

$$\sum_{d|n} f(d) = \prod_{j=1}^{r} \Big(1 + f(p_j) + f(p_j^2) + \cdots + f(p_j^{\alpha_j})\Big). \tag{7.2}$$

证明 由命题 2.4 知上式左边是可乘函数，于是

$$\sum_{d|n} f(d) = \prod_{p^\alpha \| n} \Big(\sum_{d|p^\alpha} f(d)\Big),$$

其中

$$\sum_{d|p^\alpha} f(d) = f(1) + f(p) + f(p^2) + \cdots + f(p^\alpha),$$

再由 $f(1) = 1$ 便得结论。 □

【推论 2.7】 若 n 的标准分解式为 $n = p_1^{\alpha_1} \cdots p_r^{\alpha_r}$，则

$$\tau(n) = \prod_{j=1}^{r} (\alpha_j + 1), \qquad \sigma(n) = \prod_{j=1}^{r} \frac{p_j^{\alpha_j+1} - 1}{p_j - 1}. \tag{7.3}$$

【命题 2.8】 若 f 是可乘函数，则

$$\sum_{d|n} \mu(d) f(d) = \prod_{p|n} (1 - f(p)).$$

证明 将命题 2.6 中的 $f(n)$ 换成 $\mu(n)f(n)$ 即得结论。 □

【例 2.9】 在上述命题中取 $f(d) = \dfrac{1}{d}$ 即有

$$\sum_{d|n} \frac{\mu(d)}{d} = \prod_{p|n} \Big(1 - \frac{1}{p}\Big) = \frac{\varphi(n)}{n},$$

因此

$$\varphi(n) = \sum_{d|n} \frac{n}{d} \mu(d) = \sum_{dk=n} k\mu(d).$$

在命题 2.8 中取 $f(n)=1$ 可得如下 Möbius 函数的重要性质。它给出了利用 Möbius 函数来检测一个正整数是否等于 1 的方法。

【定理 2.10】 设 n 是正整数，则

$$\sum_{d|n}\mu(d)=\begin{cases}1, & 若\ n=1,\\ 0, & 若\ n>1.\end{cases}$$

定理 2.10 的一个重要应用是去转化某些求和中的互素条件，例如当 N 是一个给定的正整数时，我们有

$$\sum_{\substack{n\leqslant x\\(n,N)=1}} f(n)=\sum_{n\leqslant x}f(n)\sum_{d|(n,N)}\mu(d)=\sum_{n\leqslant x}f(n)\sum_{d|n,\,d|N}\mu(d)=\sum_{d|N}\mu(d)\sum_{\substack{n\leqslant x\\d|n}}f(n).$$

如果 f 的分布较为规律，也即是说存在正实数 X 使得对任意的 $d\mid N$ 有

$$\sum_{\substack{n\leqslant x\\d|n}}f(n)=g(d)X+r_d,$$

其中 $g(d):\mathbb{Z}_{>0}\longrightarrow[0,1]$ 是可乘函数，r_d 是“余项”，那么

$$\begin{aligned}\sum_{\substack{n\leqslant x\\(n,N)=1}} f(n)&=X\sum_{d|N}\mu(d)g(d)+\sum_{d|N}\mu(d)r_d\\&=X\prod_{p|N}(1-g(p))+O\Big(\sum_{d|N}|r_d|\Big).\end{aligned}\tag{7.4}$$

上面最后一步用到了命题 2.8。所以如果能给出 $\sum\limits_{d|N}|r_d|$ 的一个令人满意的估计，则可得到 $\sum\limits_{\substack{n\leqslant x\\(n,N)=1}} f(n)$ 的渐近公式。特别地，当 N 是全体不超过 z 的素数的乘积时，求和变量 n 通过不超过 x 且素因子均大于 z 的全部整数，这与 §1.4 中所提到的 Eratosthenes 筛法极为相似，鉴于 A. M. Legendre 在其 1808 年的著作《数论 (Théorie des Nombres (2éd.))》中首次使用该方法去研究不超过给定值的素数个数（参见 §1.5 习题 15），所以人们把 (7.4) 称为 Eratosthenes–Legendre 公式。

最后我们来讨论如何将 f 的 Möbius 逆变换用 f 表示出来，这被称为 Möbius 反转公式 (Möbius inversion formula)，它是由戴德金（R. Dedekind）于 1857 年给出的，而 Möbius 最初给出的形式是习题 12 对应于 $Q(n)=1$ $(\forall\ n)$ 的情形。

【定理 2.11】（**Möbius 反转公式**） 设 f 和 g 均是定义在正整数集上的数论函数，则 f 是 g 的 Möbius 变换的充要条件是：对任意的 n 均有

$$g(n)=\sum_{d\mid n}\mu(d)f\left(\frac{n}{d}\right). \tag{7.5}$$

证明 必要性：若 f 是 g 的 Möbius 变换，则

$$\sum_{d\mid n}\mu(d)f\left(\frac{n}{d}\right)=\sum_{dk=n}\mu(d)f(k)=\sum_{dk=n}\mu(d)\sum_{st=k}g(s)=\sum_{dst=n}\mu(d)g(s)$$
$$=\sum_{s\mid n}g(s)\sum_{d\mid \frac{n}{s}}\mu(d)=g(n),$$

上面最后一步用到了定理 2.10。

充分性：若 (7.5) 成立，则

$$\sum_{d\mid n}g(d)=\sum_{d\mid n}\sum_{st=d}\mu(s)f(t)=\sum_{t\mid n}f(t)\sum_{s\mid \frac{n}{t}}\mu(s)=f(n),$$

上面最后一步也用到了定理 2.10。 □

【例 2.12】 由例 2.3 及 Möbius 反转公式可得

$$\Lambda(n)=\sum_{d\mid n}\mu(d)\log\frac{n}{d}=(\log n)\sum_{d\mid n}\mu(d)-\sum_{d\mid n}\mu(d)\log d,$$

由定理 2.10 知对任意的正整数 n 均有 $(\log n)\sum\limits_{d\mid n}\mu(d)=0$，故而

$$\Lambda(n)=-\sum_{d\mid n}\mu(d)\log d.$$

习题 7.2

1. 证明 $\tau(mn)\leqslant\tau(m)\tau(n)$ $(\forall\ m,n\geqslant 1)$，并给出等号成立的充要条件。
2. 求 Liouville 函数的 Möbius 变换。
3. 若正整数 n 满足 $\sigma(n)=2n$，则称之为完全数 (perfect number)。证明

   (1) 偶数 n 是完全数的充要条件是 $n=2^{m-1}(2^m-1)$ 且 2^m-1 为素数②。

---

②本题的充分性部分出自于 Euclid《几何原本》第九章命题 36，必要性部分是由 Euler 证明的。

(2) （Euler）若 n 是奇完全数，则 n 可以写成 $n=p^{\alpha}k^2$ 的形式，其中 p 是奇素数，$p\nmid k$ 且 $p\equiv\alpha\equiv 1 \pmod 4$[③]。

4. 试求所有满足 $\varphi(n)=\tau(n)$ 的正整数 n。

5. 设 n 为正整数。证明：

(1) $\displaystyle\sum_{d|n}\tau(d)^3=\tau_3(n)^2$。

(2) $\displaystyle\sum_{d|n}\tau(d^2)=\tau(n)^2$。

(3) $\displaystyle\sum_{d|n}\mu(d)\tau\Big(\frac{n^2}{d^2}\Big)=2^{\omega(n)}$。

6. 对正整数 n 定义

$$f(n)=\sum_{d|n}\Big(d,\frac{n}{d}\Big),$$

证明 f 是 $\mathbb{Z}_{>0}$ 上的可乘函数。

7. (1) 设 $S\subseteq\mathbb{Z}_{>0}$，并且 $d\in S$ 当且仅当 d 的每个素因子均属于 S。证明：

$$\sum_{\substack{d\in S\\ d|n}}\mu(d)=\begin{cases}1, & \text{若 } n \text{ 的任一素因子均不属于 } S,\\ 0, & \text{若 } n \text{ 的素因子中至少有一个属于 } S.\end{cases}$$

(2) 设 q 是一个给定的正整数，证明

$$\sum_{\substack{d|n\\ (d,q)=1}}\mu(d)=\begin{cases}1, & \text{若 } n \text{ 的任一素因子均整除 } q,\\ 0, & \text{若存在 } n \text{ 的素因子 } p \text{ 使得 } p\nmid q.\end{cases}$$

8. 设 q 是一个无平方因子数，且 $q\mid n$，证明：

$$\sum_{\substack{d|n\\ q|d}}\mu(d)=\begin{cases}\mu(q), & \text{若 } q=\prod\limits_{p|n}p,\\ 0, & \text{其它情况.}\end{cases}$$

9. 设 f 是定义在正整数集上的可乘函数，证明：对任意的正整数 m,n 有

$$\sum_{d|m}\sum_{\substack{k|n\\ (d,k)=1}}\mu(dk)f(dk)=\prod_{\substack{p|mn\\ p\nmid(m,n)}}(1-f(p))\prod_{p|(m,n)}(1-2f(p)).$$

---

③目前尚不知是否存在奇完全数。

10. （n 元的 Möbius 反转公式）设 f 和 g 均是定义在 $\mathbb{Z}_{>0}^k$ 上的复值函数，证明 $f(n_1, \cdots, n_k) = \sum\limits_{d_1|n_1} \cdots \sum\limits_{d_k|n_k} g(d_1, \cdots, d_k)$ 对任意的 $n_1, \cdots, n_k$ 均成立的充要条件是

$$g(n_1, \cdots, n_k) = \sum_{d_1|n_1} \cdots \sum_{d_k|n_k} \mu(d_1) \cdots \mu(d_k) f\Big(\frac{n_1}{d_1}, \cdots, \frac{n_k}{d_k}\Big)$$

对任意的 $n_1, \cdots, n_k$ 均成立。

11. （除数封闭集上的 Möbius 反转公式）设正整数集的有限子集 S 是一个<u>除数封闭集 (divisor-closed set)</u>，即若 $m \in S$，则 m 的任意正因子也属于 S。又设 f 与 g 是定义在 S 上的数论函数。证明：若对任意的 $n \in S$ 有

$$f(n) = \sum_{\substack{d \in S \\ n|d}} g(d),$$

则有

$$g(n) = \sum_{\substack{d \in S \\ n|d}} \mu\Big(\frac{d}{n}\Big) f(d), \qquad \forall\, n \in S.$$

反之亦然。

12. 设 f 和 g 是定义在正实数集上的函数，Q 是完全可乘函数。证明：若对任意的 $x \geqslant 1$ 均有

$$f(x) = \sum_{n \leqslant x} Q(n) g\Big(\frac{x}{n}\Big),$$

则对任意的 $x \geqslant 1$ 有

$$g(x) = \sum_{n \leqslant x} \mu(n) Q(n) f\Big(\frac{x}{n}\Big).$$

反之亦然。

13. 设 $x \geqslant 1$，证明：

(1) $\sum\limits_{n \leqslant x} \mu(n) \Big[\dfrac{x}{n}\Big] = 1$。

(2) $\Big|\sum\limits_{n \leqslant x} \dfrac{\mu(n)}{n}\Big| \leqslant 1$。

14. 设 n 与 k 均是正整数，证明：

$$\sum_{d^k|n} \mu(d) = \begin{cases} 0, & \text{若存在 } m > 1 \text{ 使得 } m^k \mid n, \\ 1, & \text{其它情况}. \end{cases}$$

特别地，$|\mu(n)| = \sum\limits_{d^2|n} \mu(d)$。

15. 设 n, r 是正整数，$r \leqslant \omega(n)$。证明：

$$\sum_{\substack{d \mid n \\ \omega(d)<r}} \mu(d)=(-1)^{r-1}\binom{\omega(n)-1}{r-1}.$$

16. 证明：对任意的 $x \in(-1,1)$ 有

$$\sum_{n=1}^{\infty} \mu(n) \frac{x^n}{1-x^n}=x.$$

17. 设 f 与 g 均为定义在正整数集上的数论函数，定义 f 与 g 的 Dirichlet 卷积 (Dirichlet convolution1) $f * g$ 为

$$(f * g)(n)=\sum_{d \mid n} f(d) g\Big(\frac{n}{d}\Big), \qquad \forall\, n \in \mathbb{Z}_{\geqslant 0}.$$

证明：

(1) Dirichlet 卷积满足交换律、结合律，并对通常的加法有分配律。

(2) 若 f 与 g 均为可乘函数，则 $f * g$ 也是可乘函数。

(3) 设 F 是 f 的 Möbius 变换，且 F 是可乘函数，证明 f 也是可乘函数。

18. 把定义在 $\mathbb{Z}_{>0}$ 上的全体数论函数所成之集记作 $\mathscr{D}$，又记

$$u(n)=\begin{cases}1, & \text{若 } n=1, \\ 0, & \text{若 } n \neq 1.\end{cases}$$

证明：

(1) 对任意的 $f \in \mathscr{D}$ 有 $f * u=f$，其中 $*$ 是上题中定义的 Dirichlet 卷积。

(2) 设 $f \in \mathscr{D}$，那么存在 $g \in \mathscr{D}$ 使得 $f * g=u$ 成立的充要条件是 $f(1) \neq 0$。并且当 $f(1) \neq 0$ 时这样的 g 是唯一的，它可由下述方式递归得到：

$$g(n)=\begin{cases}\dfrac{1}{f(1)}, & \text{若 } n=1, \\ -\dfrac{1}{f(1)} \displaystyle\sum_{d \mid n,\ d<n} f\Big(\frac{n}{d}\Big) g(d), & \text{若 } n \geqslant 2.\end{cases}$$

19. 设 $\mathscr{D}$ 与 u 如上题所定义，证明：对于任意的可乘函数 $f \in \mathscr{D}$，使得 $f * g=u$ 成立的 $g \in \mathscr{D}$ 也是可乘函数。

20. 对任意的正整数 n 及 k，定义

$$\Lambda_k(n)=\sum_{d|n}\mu(d)\Big(\log\frac{n}{d}\Big)^k,$$

我们称之为广义 von Mangoldt 函数。证明:

(1) $\sum\limits_{d|n}\Lambda_k(n)=(\log n)^k$。

(2) $\Lambda_{k+1}(n)=\Lambda_k(n)\log n+(\Lambda_k*\Lambda)(n)$，其中 $*$ 是习题 17 中定义的 Dirichlet 卷积。

(3) 若 $\omega(n)>k$，则 $\Lambda_k(n)=0$。

(4) 对任意的正整数 k,ℓ 及 n 有 $\Lambda_{k+\ell}(n)\geqslant(\Lambda_k*\Lambda_\ell)(n)$。

21. 设 Λ_k $(k\in\mathbb{Z}_{>0})$ 如上题所定义，又将习题 18 中所定义的函数 u 记作 Λ_0。证明: 对任意的两个互素的正整数 m,n 均有

$$\Lambda_k(mn)\leqslant\sum_{j=0}^{k}\binom{k}{j}\Lambda_j(m)\Lambda_{k-j}(n).$$

22. 设 f 与 g 是两个定义在正整数集上的数论函数，且实数 s 使得 $\sum\limits_{n=1}^{\infty}\dfrac{f(n)}{n^s}$ 与 $\sum\limits_{n=1}^{\infty}\dfrac{g(n)}{n^s}$ 均绝对收敛，证明

$$\sum_{n=1}^{\infty}\frac{(f*g)(n)}{n^s}=\Big(\sum_{n=1}^{\infty}\frac{f(n)}{n^s}\Big)\Big(\sum_{n=1}^{\infty}\frac{g(n)}{n^s}\Big),$$

其中 $*$ 是习题 17 中定义的 Dirichlet 卷积。

23. 对 $s>1$ 记 $\zeta(s)=\sum\limits_{n=1}^{\infty}\dfrac{1}{n^s}$，证明:

(1) 当 $s>1$ 时有 $\zeta(s)^k=\sum\limits_{n=1}^{\infty}\dfrac{\tau_k(n)}{n^s}$，其中 k 是某个给定的正整数。

(2) 当 $s>1$ 时有 $-\zeta'(s)\zeta(s)^{-1}=\sum\limits_{n=1}^{\infty}\dfrac{\Lambda(n)}{n^s}$。

(3) 当 $s>2$ 时有 $\zeta(s-1)\zeta(s)^{-1}=\sum\limits_{n=1}^{\infty}\dfrac{\varphi(n)}{n^s}$。

24. 设 $x\geqslant1$，m 是一个给定的正整数，证明 $[1,x]$ 中与 m 互素的整数的个数为

$$\frac{\varphi(m)}{m}x+O(\tau(m)).$$

25. 利用 Eratosthenes—Legendre 公式，并提前使用第九章定理 2.6 去证明

$$\pi(x) \ll \frac{x}{\log\log x}, \qquad \forall\ x \geqslant 3.$$

26. （Gauss[4]）设 p 是一个素数，证明

$$\sum_{g \bmod p} g \equiv \mu(p-1)\,(\bmod\ p),$$

其中 $\sum\limits_{g \bmod p}$ 表示对模 p 的所有两两不同余的原根 g 进行求和。

27. （沃恩（Vaughan）恒等式[15]）设 $U, V \geqslant 1$，证明：对任意的整数 $n > U$ 有

$$\Lambda(n) = \sum_{\substack{dk=n \\ d\leqslant V}} \mu(d)\log k - \sum_{\substack{d\ell \mid n \\ \ell\leqslant U,\, d\leqslant V}} \mu(d)\Lambda(\ell) + \sum_{\substack{d\ell \mid n \\ \ell>U,\, d>V}} \mu(d)\Lambda(\ell).$$

28. 设 f 是定义在正整数集上的可乘函数，矩阵 $\boldsymbol{A} = (a_{ij})_{n\times n}$ 由 $a_{ij} = f\big((i,j)\big)$ 所定义，证明：$\boldsymbol{A}$ 的行列式

$$\det \boldsymbol{A} = \prod_{k=1}^{n} g(k),$$

其中 g 是 f 的 Möbius 逆变换。特别地，

$$\det\big((i,j)\big)_{n\times n} = \prod_{k=1}^{n} \varphi(k), \qquad \det\big(\tau(i,j)\big)_{n\times n} = 1.$$

29. 设 f 是定义在正整数集上的可乘函数，矩阵 $\boldsymbol{B} = (b_{ij})_{n\times n}$ 由 $b_{ij} = [i,j]$ 所定义，证明：$\boldsymbol{B}$ 的行列式

$$\det \boldsymbol{B} = \prod_{k=1}^{n} \big((-1)^{\omega(k)}\varphi(k)\alpha(k)\big),$$

其中 $\alpha(k) = \prod\limits_{p\mid k} p$ 是 k 的无平方因子核。

30. 设 $f(x)$ 是一个整系数多项式，m 是一个正整数。证明：对于与 m 互素的任意整数 a 均有

$$\left| \sum_{\substack{n=1 \\ (f(n),m)=1}}^{m} e\Big(\frac{an}{m}\Big) \right| \leqslant \rho(f,m),$$

其中 $\rho(f,m)$ 表示同余方程 $f(x) \equiv 0\ (\bmod\ m)$ 的解数。

31. 设 f 是 g 的 Möbius 变换，d 是一个给定的正整数，$x \geqslant 1$。证明

$$\sum_{\substack{n \\ [d,n]\leqslant x}} g(n) = \sum_{\substack{q\leqslant x \\ d\mid q}} \sum_{\substack{d\mid k \\ k\mid q}} \mu\Big(\frac{q}{k}\Big) f(k).$$

32. 设 $f(m,n)$ 是定义在 $\mathbb{Z}_{>0}^2$ 上的函数，并且仅在 $\mathbb{Z}_{>0}^2$ 的一个有限子集上取值非零，又设 d 是一个无平方因子数，证明

$$\sum_{\substack{m\geqslant 1\\ d|mn}}\sum_{n\geqslant 1} f(m,n)=\sum_{uvw=d}\mu(w)\sum_{m\geqslant 1}\sum_{n\geqslant 1} f(uwm,vwn).$$

（提示：使用 §1.4 习题 25）。

§7.3 极阶

在数论中我们通常会遇到各种各样的上、下界估计，这些估计通常与数论函数相关，这就迫使我们去对某些数论函数给出尽可能好的上界和下界。首先注意到对任意的 $n\in\mathbb{Z}_{\geqslant 2}$ 有

$$\tau(n)\geqslant 2,\qquad \varphi(n)\leqslant n-1,\qquad \sigma(n)\geqslant n+1,\qquad \Omega(n)\geqslant\omega(n)\geqslant 1,$$

并且在 n 为素数时皆有等式成立，这意味着在一般情况下以上不等式均无法被改进。

在本节中我们将会给出函数 $\tau(n)$，$\omega(n)$ 和 $\Omega(n)$ 的上界，而在 §9.3 中我们还会去讨论 $\varphi(n)$ 的下界和 $\sigma(n)$ 的上界。

【定理 3.1】 对任意的 $\varepsilon>0$，均存在 $N_\varepsilon\in\mathbb{Z}_{\geqslant 0}$，使得当 $n>N_\varepsilon$ 时均有

$$\tau(n)<n^{(\log 2+\varepsilon)/\log\log n}.$$

证明 不妨设 $n\geqslant 100$。对任意的 $t\in[2,n]$ 有

$$\begin{aligned}\tau(n)&=\prod_{p^\alpha\|n}(\alpha+1)\leqslant\prod_{p^\alpha\|n,\ p\leqslant t}(\alpha+1)\cdot\prod_{p^\alpha\|n,\ p>t}2^\alpha\\&\leqslant\Big(1+\frac{\log n}{\log 2}\Big)^t\cdot\prod_{p^\alpha\|n}(2^\alpha)^{\frac{\log p}{\log t}}=\Big(1+\frac{\log n}{\log 2}\Big)^t\cdot\prod_{p^\alpha\|n}(p^\alpha)^{\frac{\log 2}{\log t}}\\&\leqslant\exp\Big(t(2+\log\log n)+\frac{\log 2}{\log t}\log n\Big).\end{aligned}$$

现取 $t=\dfrac{\log n}{(\log\log n)^3}$，则有

$$\tau(n)\leqslant\exp\bigg(\frac{(\log 2)\log n}{\log\log n}\Big(1+O\Big(\frac{\log\log\log n}{\log\log n}\Big)\Big)\bigg),$$

从而定理得证。 □

定理 3.1 中的上界估计对于一般的 n 而言是最优的，参见 §9.2 习题 5。

【推论 3.2】 对任意的 $\varepsilon>0$ 有 $\tau(n)\ll_\varepsilon n^\varepsilon$。

【命题 3.3】 对任意的 $\alpha>0$ 有 $\overline{\lim\limits_{n\to\infty}}\dfrac{\tau(n)}{\log^\alpha n}=+\infty$。这说明上一个推论中的上界 n^ε 不能用 $\log n$ 的任意正次幂来代替。

证明 取正整数 ℓ 满足 $\ell-1\leqslant\alpha<\ell$。令 p_k 表示从小到大排列的第 k 个素数，并记 $n_m=(p_1\cdots p_\ell)^m$ $(m=1,2,\cdots)$，于是

$$\tau(n_m)=(m+1)^\ell\geqslant\left(\frac{\log n_m}{\log(p_1\cdots p_\ell)}\right)^\ell=\left(\frac{1}{\log(p_1\cdots p_\ell)}\right)^\ell\log^\ell n_m.$$

注意到 $\left(\dfrac{1}{\log(p_1\cdots p_\ell)}\right)^\ell$ 仅与 α 有关，而与 m 无关，故而命题得证。 □

接下来讨论 $\omega(n)$ 和 $\Omega(n)$。

【定理 3.4】 我们有

(1) 当 $n\to\infty$ 时 $\omega(n)\leqslant\big(1+o(1)\big)\dfrac{\log n}{\log\log n}$；

(2) $\Omega(n)\leqslant\dfrac{\log n}{\log 2}$ $(\forall\, n\geqslant 1)$。

证明 这可分别由 $2^{\omega(n)}\leqslant\tau(n)$ 及 $2^{\Omega(n)}\leqslant n$ 推出。 □

习 题 7.3

1. 证明：对任意的 $\varepsilon>0$ 及正整数 k 有 $\tau_k(n)\ll_{k,\varepsilon}n^\varepsilon$。
2. 证明：对任意的 $\varepsilon>0$ 均有 $\varphi(n)\gg_\varepsilon n^{1-\varepsilon}$。
3. 证明当 $n\geqslant 2$ 时 $\varphi(n)\leqslant n\Big(1-\dfrac{1}{n^{1/\Omega(n)}}\Big)$，其中等号成立当且仅当 n 是素数。
4. 证明：对任意的正整数 n 有 $\sigma(n)\geqslant\tau(n)\sqrt{n}$。
5. 设 $\lambda>1$，证明对任意的正整数 n 有 $\sigma_\lambda(n)\leqslant\zeta(\lambda)n^\lambda$，其中 $\zeta(\lambda)=\sum\limits_{n=1}^{\infty}\dfrac{1}{n^\lambda}$。
6. 证明

$$\lim_{n\to\infty}\prod_{\substack{p\mid n\\ p>\log n}}\Big(1-\frac{1}{p}\Big)=1.$$

§7.4 均值

对数论研究所考虑的函数而言，其中一部分的取值是极不规则的。例如，对于除数函数而言，一方面我们知道它在素数处的取值均为 2；另一方面，上节命题 3.3 告诉我们它也可取到任意大的值。这种不规则性给研究带来了一定的困难。然而，通过对函数均值

$$\sum_{n\leqslant x} f(n)$$

的讨论我们可以定性地了解函数 f 自身的性质，从而给许多问题的解决提供思路，因此数论函数的均值在数论研究中显得极其重要。

作为计算函数均值的重要工具，我们先介绍阿贝尔（Abel）求和公式与 Euler 求和公式。

【定理 4.1】（Abel 求和公式） 设 $(a_n)_{n\in\mathbb{Z}}$ 和 $(b_n)_{n\in\mathbb{Z}}$ 是复数集 $\mathbb{C}$ 的两个元素族，则对任意的 $M\in\mathbb{Z}$ 以及 $N\in\mathbb{Z}_{>0}$ 有

$$\sum_{M<n\leqslant M+N} a_nb_n = a_{M+N}B_{M+N} + \sum_{M<n\leqslant M+N-1}(a_n-a_{n+1})B_n, \tag{7.6}$$

其中 $B_n=\sum\limits_{M<k\leqslant n} b_k$。特别地，若 $(a_n)_{n\in\mathbb{Z}}$ 是 $\mathbb{R}$ 的一个单调的元素族且

$$\sup_{M<n\leqslant M+N}|B_n|\leqslant\rho,$$

则

$$\left|\sum_{M<n\leqslant M+N} a_nb_n\right| \leqslant \rho\big(|a_{M+1}|+2|a_{M+N}|\big). \tag{7.7}$$

(7.6) 和 (7.7) 也通常被称作分部求和 (summation by parts)。

证明 因为当 $n\in(M,M+N]$ 时有 $b_n=B_n-B_{n-1}$，所以

$$\begin{aligned}\sum_{M<n\leqslant M+N} a_nb_n &= \sum_{M<n\leqslant M+N} a_n(B_n-B_{n-1})\\ &= \sum_{M<n\leqslant M+N} a_nB_n - \sum_{M<n\leqslant M+N} a_nB_{n-1}\\ &= \sum_{M<n\leqslant M+N} a_nB_n - \sum_{M-1<n\leqslant M+N-1} a_{n+1}B_n\\ &= a_{M+N}B_{M+N} + \sum_{M<n\leqslant M+N-1}(a_n-a_{n+1})B_n,\end{aligned}$$

此即 (7.6)。若 $(a_n)_{n\in\mathbb{Z}}$ 单调且 $\sup\limits_{M<n\leqslant M+N}|B_n|\leqslant\rho$，则有

$$
\begin{aligned}
\Big|\sum_{M<n\leqslant M+N}a_nb_n\Big| &\leqslant |a_{M+N}B_{M+N}|+\sum_{M<n\leqslant M+N-1}\big|(a_n-a_{n+1})B_n\big| \\
&\leqslant \rho\Big(|a_{M+N}|+\sum_{M<n\leqslant M+N-1}\big|(a_n-a_{n+1})\big|\Big) \\
&= \rho\Big(|a_{M+N}|+\Big|\sum_{M<n\leqslant M+N-1}(a_n-a_{n+1})\Big|\Big) \\
&= \rho\big(|a_{M+N}|+|a_{M+1}-a_{M+N}|\big) \\
&\leqslant \rho\big(|a_{M+1}|+2|a_{M+N}|\big).
\end{aligned}
$$

□

【例 4.2】 在上述定理中取 $a_n=\log n$，$b_n=(-1)^n$ 便可对任意的 $x\geqslant 2$ 得到

$$
\Big|\sum_{n\leqslant x}(-1)^n\log n\Big|\leqslant 2\log x.
$$

【定理 4.3】 设 $(a_n)_{n\in\mathbb{Z}}$ 是 $\mathbb{R}$ 的一个元素族。又设 $a<b$，并对任意的 $t\in[a,b]$ 记 $S(t)=\sum\limits_{a<n\leqslant t}a_n$。则对任意的 $f\in C^1([a,b])$ 有

$$
\sum_{a<n\leqslant b}a_nf(n)=S(b)f(b)-\int_a^b S(t)f'(t)\,\mathrm{d}t.
$$

证明 记 $[a]=M$，$[b]=N$，则由 Abel 求和公式知

$$
\begin{aligned}
\sum_{a<n\leqslant b}a_nf(n)=\sum_{M<n\leqslant N}a_nf(n) &= S(N)f(N)+\sum_{M<n\leqslant N-1}S(n)(f(n)-f(n+1)) \\
&= S(N)f(N)-\sum_{M\leqslant n\leqslant N-1}S(n)\int_n^{n+1}f'(t)\,\mathrm{d}t \\
&= S(N)f(N)-\sum_{M\leqslant n\leqslant N-1}\int_n^{n+1}S(t)f'(t)\,\mathrm{d}t \\
&= S(N)f(N)-\int_M^N S(t)f'(t)\,\mathrm{d}t.
\end{aligned}
$$

由 $S(t)$ 的定义知，当 $t\in[M,a]$ 时 $S(t)=0$，故

$$
\int_M^a S(t)f'(t)\,\mathrm{d}t=0.
$$

另一方面，

$$\int_N^b S(t)f'(t)\,\mathrm{d}t = S(b)\int_N^b f'(t)\,\mathrm{d}t = S(b)(f(b)-f(N)) = S(b)f(b)-S(N)f(N).$$

综上便得定理。 □

【推论 4.4】 设 $\{a_n\}$ 是一个数列，并记 $S(t)=\sum\limits_{n\leqslant t} a_n$。又设 $x\geqslant 1$。则对任意的 $f\in C^1((0,x])$ 有

$$\sum_{n\leqslant x} a_n f(n) = S(x)f(x) - \int_1^x S(t)f'(t)\,\mathrm{d}t.$$

证明 在定理 4.3 中取 $a=\frac{1}{2}$，$b=x$ 即得

$$\sum_{n\leqslant x} a_n f(n) = \sum_{\frac{1}{2}<n\leqslant x} a_n f(n) = S(x)f(x) - \int_{\frac{1}{2}}^x S(t)f'(t)\,\mathrm{d}t$$

$$= S(x)f(x) - \int_1^x S(t)f'(t)\,\mathrm{d}t.$$

□

定理 4.3 实质上已经建立了求和与积分之间的联系。但我们可以通过选取特殊的 a_n 将结果写得更加明确一些。

【定理 4.5】（Euler 求和公式） 设 $a<b$，则对任意的 $f\in C^1([a,b])$ 有

$$\sum_{a<n\leqslant b} f(n) = \int_a^b f(t)\,\mathrm{d}t + \int_a^b f'(t)\psi(t)\,\mathrm{d}t + f(a)\psi(a) - f(b)\psi(b),$$

其中 $\psi(x)=x-[x]-\frac{1}{2}$，且 $[x]$ 表示不超过 x 的最大整数。

证明 在定理 4.3 中取 $a_n=1\ (\forall\ n>a)$，则 $S(t)=[t]-[a]$，于是

$$\sum_{a<n\leqslant b} f(n) = ([b]-[a])f(b) - \int_a^b([t]-[a])f'(t)\,\mathrm{d}t$$

$$= [b]f(b)-[a]f(a) - \int_a^b [t]f'(t)\,\mathrm{d}t$$

$$= f(a)\psi(a) - f(b)\psi(b) + \int_a^b f'(t)\psi(t)\,\mathrm{d}t$$

$$-\left(a-\frac{1}{2}\right)f(a) + \left(b-\frac{1}{2}\right)f(b) - \int_a^b\left(t-\frac{1}{2}\right)f'(t)\,\mathrm{d}t.$$

由分部积分知

$$-\int_a^b\left(t-\frac{1}{2}\right)f'(t)\,\mathrm{d}t = \left(a-\frac{1}{2}\right)f(a) - \left(b-\frac{1}{2}\right)f(b) + \int_a^b f(t)\,\mathrm{d}t,$$

从而定理得证。 □

【例 4.6】对任意的 $x>1$ 有

$$\sum_{n\leqslant x}\log n=\int_1^x\log t\,\mathrm{d}t+\int_1^x\frac{\psi(t)}{t}\,\mathrm{d}t-\psi(x)\log x$$
$$=x\log x-x+O(\log x).$$ ④

【例 4.7】对任意的 $x>1$，由 Euler 求和公式知

$$\begin{aligned}\sum_{n\leqslant x}\frac{1}{n}&=1+\sum_{1<n\leqslant x}\frac{1}{n}\\&=1+\int_1^x\frac{\mathrm{d}t}{t}-\int_1^x\frac{\psi(t)}{t^2}\,\mathrm{d}t-\frac{\psi(x)}{x}-\frac{1}{2}\\&=\log x+\frac{1}{2}-\int_1^x\frac{\psi(t)}{t^2}\,\mathrm{d}t-\frac{\psi(x)}{x}\\&=\log x+\frac{1}{2}-\int_1^{+\infty}\frac{\psi(t)}{t^2}\,\mathrm{d}t+\int_x^{+\infty}\frac{\psi(t)}{t^2}\,\mathrm{d}t-\frac{\psi(x)}{x}\\&=\log x+\frac{1}{2}-\int_1^{+\infty}\frac{\psi(t)}{t^2}\,\mathrm{d}t+O\Big(\frac{1}{x}\Big)=\log x+\gamma+O\Big(\frac{1}{x}\Big),\end{aligned}$$

其中

$$\gamma=\frac{1}{2}-\int_1^{+\infty}\frac{\psi(t)}{t^2}\,\mathrm{d}t$$

是一个常数，我们称之为 Euler 常数。

【例 4.8】 对 $s>1$ 记

$$\zeta(s)=\sum_{n=1}^{\infty}\frac{1}{n^s}.$$

我们称之为 Riemann ζ 函数。那么当 $s\to1^+$ 时有

$$\log\zeta(s)=-\log(s-1)+O(s-1).$$

证明 由 Euler 求和公式知，对任意的正整数 N 有

$$\sum_{n=1}^{N}\frac{1}{n^s}=1+\sum_{1<n\leqslant N}\frac{1}{n^s}=1+\int_1^N\frac{\mathrm{d}x}{x^s}-s\int_1^N\frac{\psi(x)}{x^{s+1}}\,\mathrm{d}x-\frac{1}{2}\Big(1-\frac{1}{N^s}\Big)$$

---

④事实上可以证明

$$\sum_{n\leqslant x}\log n=x\log x-x-\psi(x)\log x+\frac{1}{2}\log 2\pi+O\Big(\frac{1}{x}\Big),$$

这被称为斯特林（Stirling）公式（参见 [5] 第十一章例 4.5）。

$$= \frac{1 - N^{1-s}}{s-1} - s\int_1^N \frac{\psi(x)}{x^{s+1}}\,\mathrm{d}x + \frac{1}{2}\Big(1 + \frac{1}{N^s}\Big).$$

令 $N \to \infty$ 可得

$$\zeta(s) = \frac{1}{s-1} - s\int_1^{+\infty} \frac{\psi(x)}{x^{s+1}}\,\mathrm{d}x + \frac{1}{2} = \frac{1}{s-1} + O(1).$$ [⑤]

于是当 $s \to 1^+$ 时

$$\log\zeta(s) = \log\Big(\frac{1}{s-1} + O(1)\Big) = -\log(s-1) + O(s-1).$$

□

下面我们来讨论除数函数的均值。由例 4.7 知，对任意的 $x > 1$ 有

$$\sum_{n\leqslant x}\tau(n) = \sum_{d\ell\leqslant x} 1 = \sum_{d\leqslant x}\Big[\frac{x}{d}\Big] = \sum_{d\leqslant x}\Big(\frac{x}{d} - \Big\{\frac{x}{d}\Big\}\Big) = \sum_{d\leqslant x}\Big(\frac{x}{d} + O(1)\Big)$$
$$= x\sum_{d\leqslant x}\frac{1}{d} + O(x) = x\log x + O(x). \tag{7.8}$$

上面结果中的余项是比较糟糕的，这是因为对于求和区间 $[1, x]$ 中的每一个 d 我们都用 $O(1)$ 来对 $\Big\{\dfrac{x}{d}\Big\}$ 进行估计。因此为了获得更好的余项估计，通常有两种途径：一是对关于 $\Big\{\dfrac{x}{d}\Big\}$ 的求和作更精细的计算，二是通过恒等变形把求和区间变短。前者需要用到傅里叶（Fourier）分析的工具，这超出了本书讨论的范围，因此我们只讨论后者。

由于

$$\sum_{n\leqslant x}\tau(n) = \sum_{d\ell\leqslant x} 1, \tag{7.9}$$

所以从几何上来看，计算除数函数的均值就是在计算双曲线 $uv = x$ $(u > 0,\ v > 0)$ 下方横、纵坐标均为正整数的点的个数。通过对第一象限内双曲线 $uv = x$ $(u > 0,\ v > 0)$ 下方区域进行划分就可以进一步限制 (7.9) 中的求和变量 d 和 ℓ 的范围，从而达到缩短求和区间的目的，这一方法被称为双曲求和法 (hyperbola method)，它是由 Dirichlet 于 1849 年提出的，Dirichlet 利用该方法证明了下面定理 4.10 中的结论。

---

⑤事实上，由此及例 4.7 中所给出的 γ 的表达式可进一步得到

$$\zeta(s) = \frac{1}{s-1} + \gamma + O(s-1), \qquad 当\ s \to 1^+\ 时.$$

【定理 4.9】(双曲求和法) 设 f, g 是数论函数，记

$$F(x)=\sum_{n\leqslant x}f(n),\qquad G(x)=\sum_{n\leqslant x}g(n),$$

则对满足 $uv=x$ 的任意正实数 u, v 均有

$$\sum_{mn\leqslant x}f(m)g(n)=\sum_{n\leqslant u}f(n)G\Big(\frac{x}{n}\Big)+\sum_{n\leqslant v}g(n)F\Big(\frac{x}{n}\Big)-F(u)G(v).$$

证明 我们有

$$\begin{aligned}\sum_{mn\leqslant x}f(m)g(n)&=\sum_{\substack{mn\leqslant x\\ m\leqslant u}}f(m)g(n)+\sum_{\substack{mn\leqslant x\\ m>u}}f(m)g(n)\\&=\sum_{\substack{mn\leqslant x\\ m\leqslant u}}f(m)g(n)+\sum_{\substack{mn\leqslant x\\ m>u,\ n\leqslant v}}f(m)g(n),\end{aligned}$$

上面最后一步用到了 $uv=x$。因此

$$\begin{aligned}\sum_{mn\leqslant x}f(m)g(n)&=\sum_{\substack{mn\leqslant x\\ m\leqslant u}}f(m)g(n)+\sum_{\substack{mn\leqslant x\\ n\leqslant v}}f(m)g(n)-\sum_{m\leqslant u}\sum_{n\leqslant v}f(m)g(n)\\&=\sum_{m\leqslant u}f(m)\sum_{n\leqslant x/m}g(n)+\sum_{n\leqslant v}g(n)\sum_{m\leqslant x/n}f(m)-\sum_{m\leqslant u}f(m)\sum_{n\leqslant v}g(n)\\&=\sum_{m\leqslant u}f(m)G\Big(\frac{x}{m}\Big)+\sum_{n\leqslant v}g(n)F\Big(\frac{x}{n}\Big)-F(u)G(v).\end{aligned}$$

□

利用定理 4.9 我们可以对 (7.8) 做出改进，从而得到更好的渐近公式。

【定理 4.10】(Dirichlet) 对任意的 $x>1$ 有

$$\sum_{n\leqslant x}\tau(n)=x\log x+(2\gamma-1)x+O(\sqrt{x}\,),$$

其中 γ 是 Euler 常数。

证明 在定理 4.9 中取 $u=v=\sqrt{x}$ [6]，便有

$$\sum_{n\leqslant x}\tau(n)=\sum_{d\ell\leqslant x}1=2\sum_{d\leqslant\sqrt{x}}\Big[\frac{x}{d}\Big]-[\sqrt{x}\,]^2$$

---

[6] 这其实是最优的选择，读者可自行验证。

$$= 2\sum_{d\leqslant\sqrt{x}}\Big(\frac{x}{d}+O(1)\Big)-\big(\sqrt{x}+O(1)\big)^2$$

$$= 2x\sum_{d\leqslant\sqrt{x}}\frac{1}{d}-x+O(\sqrt{x}\,).$$

于是利用例 4.7 可得

$$\sum_{n\leqslant x}\tau(n) = 2x\bigg(\log\sqrt{x}+\gamma+O\Big(\frac{1}{\sqrt{x}}\Big)\bigg)-x+O(\sqrt{x}\,)$$

$$= x\log x+(2\gamma-1)x+O(\sqrt{x}\,).$$

□

通常记

$$\varDelta(x)=\sum_{n\leqslant x}\tau(n)-\big(x\log x+(2\gamma-1)x\big),$$

那么 Dirichlet 也即是对 $\delta=\dfrac{1}{2}$ 证明了 $\varDelta(x)=O(x^{\delta})$，进一步把 δ 改进至最佳被称为除数问题 (divisor problem)。1916 年，哈代（G. H. Hardy）[16] 证明了

$$\varlimsup_{x\to+\infty}\frac{\varDelta(x)}{x^{\frac{1}{4}}}>0 \qquad 以及 \qquad \varliminf_{x\to+\infty}\frac{\varDelta(x)}{x^{\frac{1}{4}}}<0,$$

从而立即推出 δ 不能小于 $\dfrac{1}{4}$。此外，董光昌[17]于 1956 研究了 $\varDelta(x)$ 的积分均值并证明了

$$\int_0^x \varDelta(y)^2\,\mathrm{d}y=\frac{\zeta(\frac{3}{2})^4}{6\pi^2\zeta(3)}x^{\frac{3}{2}}+O(x\log^5 x),$$

这意味着 $\varDelta(x)$ 在平均意义下等于 $x^{\frac{1}{4}}$ 乘以某个常数，因此人们猜测 $\delta=\dfrac{1}{4}+\varepsilon$ 对任意的 $\varepsilon>0$ 均成立（其中 O 常数与 ε 有关）。对 Dirichlet 结果的第一个改进是由沃罗诺伊（Г. Вороной）于 1903 年给出的，他证明了 $\varDelta(x)=O\big(x^{\frac{1}{3}}\log x\big)$，目前最好的结果 $\delta=\dfrac{517}{1648}+\varepsilon$ 是由布尔甘（J. Bourgain）和瓦特（N. Watt）[18] 于 2017 年获得的。

下面我们来计算除数和函数 $\sigma(n)$ 及 Euler 函数 $\varphi(n)$ 的均值。

【命题 4.11】 对任意的 $x\geqslant 2$ 有

$$\sum_{n\leqslant x}\sigma(n)=\frac{\pi^2}{12}x^2+O(x\log x).$$

证明 我们有

$$\sum_{n\leqslant x}\sigma(n)=\sum_{n\leqslant x}\sum_{d\ell=n}\ell=\sum_{d\leqslant x}\sum_{\ell\leqslant x/d}\ell=\sum_{d\leqslant x}\frac{1}{2}\Big[\frac{x}{d}\Big]\bigg(\Big[\frac{x}{d}\Big]+1\bigg)$$

$$= \frac{1}{2}\sum_{d\leqslant x}\left(\frac{x^2}{d^2}+O\Big(\frac{x}{d}\Big)\right) = \frac{x^2}{2}\sum_{d\leqslant x}\frac{1}{d^2}+O(x\log x).$$

其中

$$\sum_{d\leqslant x}\frac{1}{d^2} = \sum_{n=1}^{\infty}\frac{1}{d^2} - \sum_{d>x}\frac{1}{d^2}$$
$$= \zeta(2)+O\left(\sum_{d>x}\left(\frac{1}{d-1}-\frac{1}{d}\right)\right) = \zeta(2)+O\Big(\frac{1}{x}\Big),$$

再利用 $\zeta(2)=\dfrac{\pi^2}{6}$（参见 [5] 第十八章例 3.9）即得

$$\sum_{n\leqslant x}\sigma(n) = \frac{\pi^2}{12}x^2+O(x\log x).$$

□

【命题 4.12】 对任意的 $x\geqslant 2$ 有

$$\sum_{n\leqslant x}\varphi(n) = \frac{3}{\pi^2}x^2+O(x\log x).$$

证明 由 $\varphi(n)=\sum\limits_{d\ell=n}\mu(d)\ell$（参见例 2.9）知

$$\sum_{n\leqslant x}\varphi(n) = \sum_{d\ell\leqslant x}\mu(d)\ell = \sum_{d\leqslant x}\mu(d)\sum_{\ell\leqslant\frac{x}{d}}\ell = \sum_{d\leqslant x}\mu(d)\left(\frac{x^2}{2d^2}+O\Big(\frac{x}{d}\Big)\right)$$
$$= \frac{x^2}{2}\sum_{d\leqslant x}\frac{\mu(d)}{d^2}+O(x\log x).$$

注意到由 §7.1 习题 5 知

$$\sum_{d=1}^{\infty}\frac{\mu(d)}{d^2} = \zeta(2)^{-1} = \frac{6}{\pi^2}, \tag{7.10}$$

所以与上例类似可得

$$\sum_{d\leqslant x}\frac{\mu(d)}{d^2} = \sum_{d=1}^{\infty}\frac{\mu(d)}{d^2} - \sum_{d>x}\frac{\mu(d)}{d^2} = \frac{6}{\pi^2}+O\Big(\frac{1}{x}\Big).$$

进而有

$$\sum_{n\leqslant x}\varphi(n) = \frac{3}{\pi^2}x^2+O(x\log x).$$

□

最后我们再给出一个二元函数均值的例子作为本节的结束。

【例 4.13】证明：对任意的 $x \geqslant 2$ 有

$$\sum_{m\leqslant x}\sum_{n\leqslant x}(m,n)=\frac{6}{\pi^2}x^2\log x+O(x^2).$$

证明 由第三章定理 2.7 可得

$$\begin{aligned}\sum_{m\leqslant x}\sum_{n\leqslant x}(m,n)&=\sum_{m\leqslant x}\sum_{n\leqslant x}\sum_{d\mid(m,n)}\varphi(d)=\sum_{d\leqslant x}\varphi(d)\Big(\sum_{\substack{m\leqslant x\\ d\mid m}}1\Big)^2\\&=\sum_{d\leqslant x}\varphi(d)\Big[\frac{x}{d}\Big]^2=\sum_{d\leqslant x}\varphi(d)\Big(\frac{x}{d}+O(1)\Big)^2\\&=\sum_{d\leqslant x}\varphi(d)\Big(\frac{x^2}{d^2}+O\Big(\frac{x}{d}\Big)\Big)=x^2\sum_{d\leqslant x}\frac{\varphi(d)}{d^2}+O(x^2),\end{aligned}$$

其中

$$\begin{aligned}\sum_{d\leqslant x}\frac{\varphi(d)}{d^2}&=\sum_{d\leqslant x}\frac{1}{d^2}\sum_{k\ell=d}\mu(k)\ell=\sum_{k\ell\leqslant x}\frac{\mu(k)}{k^2\ell}=\sum_{k\leqslant x}\frac{\mu(k)}{k^2}\sum_{\ell\leqslant\frac{x}{k}}\frac{1}{\ell}\\&=\sum_{k\leqslant x}\frac{\mu(k)}{k^2}\Big(\log\frac{x}{k}+\gamma+O\Big(\frac{k}{x}\Big)\Big)\\&=\frac{1}{\zeta(2)}\log x+O(1)=\frac{6}{\pi^2}\log x+O(1),\end{aligned}$$

上面最后一步用到了 (7.10)。因此，

$$\sum_{m\leqslant x}\sum_{n\leqslant x}(m,n)=\frac{6}{\pi^2}x^2\log x+O(x^2).$$

□

习 题 7.4

1. 在定理 4.3 的条件下，记 $A(t)=\sum_{t<n\leqslant b}a_n$，证明

$$\sum_{a<n\leqslant b}a_nf(n)=A(a)f(a)+\int_a^b A(t)f'(t)\,\mathrm{d}t.$$

2. 设 $x\in(0,\pi]$，$N\geqslant 2$ 是一个整数，证明

$$\sum_{n=1}^{N}(\log n)\sin nx\ll(\log N)\cdot\min\Big(N^2x,\frac{1}{x}\Big).$$

3. 设 $b-a\geqslant 1$，函数 $f(x)$ 在区间 $[a,b]$ 上非负单调且连续，证明

$$\sum_{a<n\leqslant b} f(n)=\int_a^b f(t)\,\mathrm{d}t+O\big(f(a)+f(b)\big).$$

4. 设 $x\geqslant 2$，证明

$$\sum_{2\leqslant n\leqslant x}\log\log n=x\log\log x+O\Big(\frac{x}{\log x}\Big).$$

5. 设 $x\geqslant 2$，证明：对任意的 $\alpha>0$ 均有

$$\sum_{n\leqslant x}\Big(\log\frac{x}{n}\Big)^{\alpha}\ll x.$$

6. 设 $x\geqslant 2$，$0<\alpha<1$，证明：

$$\sum_{n\leqslant x}\frac{1}{n^{\alpha}}=\frac{1}{1-\alpha}x^{1-\alpha}+C+O\Big(\frac{1}{x^{\alpha}}\Big),$$

其中 C 是一个与 α 相关的常数。

7. 设 $x\geqslant 2$，证明：

$$\sum_{n\leqslant x}\frac{\log n}{n}=\frac{1}{2}\log^2 x+A+O\Big(\frac{\log x}{x}\Big),$$

其中 A 是一个常数。

8. 证明

$$\sum_{n=1}^{\infty}(-1)^n\frac{\log n}{n}=\gamma\log 2-\frac{\log^2 2}{2},$$

其中 γ 是 Euler 常数。

9. 证明当 $x\to+\infty$ 时有

$$\sum_{n=1}^{\infty}\frac{x}{n^2+x^2}=\frac{\pi}{2}+O\Big(\frac{1}{x}\Big).$$

10. 设 f 是定义在正整数集上的非负可乘函数，且当 $\mu(n)=0$ 时均有 $f(n)=0$。又设 $x\geqslant 2$。

(1) 证明

$$\sum_{n\leqslant x}f(n)\leqslant x\prod_{p\leqslant x}\Big(1+\frac{f(p)}{p}\Big).$$

(2) 若对任意的素数 p 均有 $f(p)\geqslant 1$，试通过考虑 f 的 Möbius 逆变换来证明

$$\sum_{n\leqslant x}f(n)\leqslant x\prod_{p\leqslant x}\left(1+\frac{f(p)-1}{p}\right).$$

(3) 证明

$$\sum_{n\leqslant x}f(n)\leqslant x\prod_{\substack{p\leqslant x\\ f(p)<1}}\left(1+\frac{f(p)}{p}\right)\prod_{\substack{p\leqslant x\\ f(p)\geqslant 1}}\left(1+\frac{f(p)-1}{p}\right).$$

11. 设 $x\geqslant 2$，证明：满足条件 $1\leqslant m,\ n\leqslant x$ 以及 $(m,n)=1$ 的有序对 (m,n) 的个数为

$$\frac{6}{\pi^2}x^2+O(x\log x).$$ ⑦

12. 设 $x\geqslant 2$，以 $Q(x)$ 表示不超过 x 的无平方因子数的个数。证明：

$$Q(x)=\frac{6}{\pi^2}x+O(\sqrt{x}).$$

13. 对正整数 n 证明

$$2^{\omega(n)}=\sum_{d^2|n}\mu(d)\tau\left(\frac{n}{d^2}\right),$$

并利用这一关系式证明

$$\sum_{n\leqslant x}2^{\omega(n)}=\frac{6}{\pi^2}x\log x+cx+O(\sqrt{x}\log x),$$

其中 c 是一个常数。

14. 设 k 是非负整数，$x\geqslant 2$。证明：

(1) $\displaystyle\sum_{n\leqslant x}\frac{\tau(n)^k}{n}\ll(\log x)^{2^k}$；

(2) $\displaystyle\sum_{n\leqslant x}\tau(n)^k\ll x(\log x)^{2^k-1}$。

其中 $\ll$ 常数均仅与 k 有关。

15. 设 $x\geqslant 2$，证明

$$\sum_{n\leqslant x}\tau(n)\tau(n+1)\ll x\log^2 x.$$

---

⑦这意味着随机选取的两个正整数互素的概率是 $\frac{6}{\pi^2}$，查特斯（R. Chartres）曾于 1904 年利用该方法计算过 π 的近似值。

16. 设 $x \geqslant 2$，证明

$$\sum_{n \leqslant x} \frac{\tau(n)}{n} = \frac{1}{2}\log^2 x + 2\gamma \log x + \gamma^2 - 2A + O\Big(\frac{\log x}{\sqrt{x}}\Big),$$

其中 A 是习题 7 中的常数。

17. 设 $a_1, \cdots, a_n$ 是 n 个正整数，满足 $(a_1, \cdots, a_n) = 1$。又设 N 是一个充分大的正整数。证明：不定方程 $a_1x_1 + \cdots + a_nx_n = N$ 的正整数解的个数为

$$\frac{N^{n-1}}{a_1 \cdots a_n (n-1)!} + O(N^{n-2}),$$

其中 O 常数仅与 $a_1, \cdots, a_n$ 及 n 相关。

从第 18 题到第 24 题是一组题，介绍伯努利（Bernoulli）数与 Euler–Maclaurin 求和公式，以及一些应用。

18. 设 B_n 由下式所定义：

$$\frac{x}{\mathrm{e}^x - 1} = \sum_{n=0}^{\infty} \frac{B_n}{n!} x^n, \qquad x \in (-\delta, 0) \cup (0, \delta),$$

其中 δ 是某个充分小的正数。我们称 B_n 为 Bernoulli 数 (Bernoulli number)。

(1) 证明：当 $n \geqslant 2$ 时有 $B_n = \sum_{j=0}^{n} \binom{n}{j} B_j$；

(2) 计算 B_n $(0 \leqslant n \leqslant 10)$ 的值；

(3) 证明：对任意的正整数 n 有 $B_{2n+1} = 0$。

19. 设 $B_n(x)$ 是以 1 为周期的函数，且满足

$$\begin{aligned}
&B_0(x) = 1, \quad \forall\, x \in [0, 1),\\
&B'_{n+1}(x) = (n+1)B_n(x), \quad \forall\, x \in [0, 1), n \geqslant 0,\\
&\int_0^1 B_n(x)\,\mathrm{d}x = 0, \quad \forall\, n \geqslant 1.
\end{aligned}$$

证明 $B_n(x)$ 都是关于 $\{x\}$ 的多项式且

$$\begin{aligned}
B_1(x) &= \{x\} - \frac{1}{2},\\
B_2(x) &= \{x\}^2 - \{x\} + \frac{1}{6},\\
B_3(x) &= \{x\}^3 - \frac{3}{2}\{x\}^2 + \frac{1}{2}\{x\},\\
B_4(x) &= \{x\}^4 - 2\{x\}^3 + \{x\}^2 - \frac{1}{30}.
\end{aligned}$$

其中 $\{x\}$ 表示 x 的小数部分。我们称 $B_n(x)$ 为 Bernoulli 多项式。

20. 设 $x \in [0,1)$。证明在 $t=0$ 的某去心邻域内

$$\sum_{n=0}^{\infty} \frac{B_n(x)}{n!} t^n$$

收敛于 $\dfrac{t\mathrm{e}^{tx}}{\mathrm{e}^t - 1}$，并由此推出 $B_n(0)$ 也即是习题 18 中所定义的 Bernoulli 数 B_n。

21. （Euler-Maclaurin 求和公式）若 $f \in C^{k+1}([a,b])$ $(k \geqslant 0)$，则有

$$\sum_{a<n\leqslant b} f(n) = \int_a^b f(x)\,\mathrm{d}x + \sum_{j=1}^{k+1} (-1)^j \frac{B_j}{j!} \left(f^{(j-1)}(b) - f^{(j-1)}(a)\right) + \frac{(-1)^k}{(k+1)!} \int_a^b B_{k+1}(x) f^{(k+1)}(x)\,\mathrm{d}x.$$

22. （Jacob Bernoulli）设 p 和 n 是两个正整数，证明

$$\sum_{k=1}^{n} k^p = \frac{n^{p+1}}{p+1} + \frac{n^p}{2} + \sum_{j=2}^{p} (-1)^j \binom{p+1}{j} \frac{B_j}{p+1} n^{p+1-j}. ⑧$$

23. 设 k 是一个正整数，证明：对任意的 $s>1$ 有

$$\zeta(s) = \frac{1}{s-1} + \frac{1}{2} + \sum_{j=2}^{k+1} \frac{s(s+1)\cdots(s+j-2)}{j!} B_j(0) - \frac{s(s+1)\cdots(s+k)}{(k+1)!} \int_1^{+\infty} \frac{B_{k+1}(x)}{x^{s+k+1}}\,\mathrm{d}x.$$

并说明由此可将 Riemann ζ 函数延拓为 $\mathbb{R} \setminus \{1\}$ 上的函数，我们把延拓后的函数仍记作 $\zeta(s)$。

24. 设 $\zeta(s)$ 是如上题延拓后的函数，利用习题 18 的结论证明 $\zeta(0) = -\dfrac{1}{2}$ 以及

$$\zeta(-2n) = 0, \qquad \forall\, n \in \mathbb{Z}_{\geqslant 1}.$$

全体负偶数被称为 ζ 函数的显然零点 (trivial zero)⑨。

---

⑧这一结论也是 B_n 被命名为 Bernoulli 数的缘由。

⑨事实上，B. Riemann[19] 将 ζ 函数延拓为整个复平面上的亚纯函数，仅在 $s=1$ 处有一个极点，并且证明其除了显然零点以外的其余零点的实部都位于区间 $[0,1]$ 中，Riemann 甚至猜测这些零点的实部都等于 $\dfrac{1}{2}$，这就是著名的 Riemann 猜想 (Riemann Hypothesis)。

第八章

Dirichlet 特征

设 a, q 是两个整数，$q \neq 0$，我们称集合

$$\{a+qn : n \in \mathbb{Z}\}$$

为算术级数 (arithmetic progression)。作为第一章定理 4.3 的一个自然推广，人们希望去了解当 $(a, q)=1$ 时上述算术级数中是否也都包含无穷多个素数[1]。Euler 首先证明了在 $a=1$ 时上述算术级数中有无穷多个素数，而一般情形是由 Dirichlet 于 1837 年证明的。为此，Dirichlet 引入了一类非常重要的数论函数，后人称之为 Dirichlet 特征，这类函数的正交性（参见定理 1.6）使得我们可以从整数集中把属于该算术级数的元素抽取出来。

在本章中我们将介绍 Dirichlet 特征的一些简单性质，有了这些预备工作，我们会在 §9.5 对于 $(a, q)=1$ 的情形证明算术级数中有无穷多个素数。

§8.1 定义及基本性质

【定义 1.1】设 q 是一个给定的正整数，如果不恒等于 0 的映射 $\chi : \mathbb{Z} \longrightarrow \mathbb{C}$ 满足

(1) 当 $(n, q)>1$ 时有 $\chi(n)=0$;

(2) χ 以 q 为周期;

(3) 对任意的 $m, n \in \mathbb{Z}$ 有 $\chi(mn)=\chi(m)\chi(n)$,

则称 χ 是模 q 的 Dirichlet 特征 (Dirichlet character)，简称特征 (character)。有时为了从记号上明确 χ 是模 q 的特征，也将其记作 χ_q 或 $\chi \bmod q$。

若 χ 的取值均为实数，则称其为实特征 (real character)。

---

[1] 由于算术级数中每一项均是 (a, q) 的倍数，所以当 $(a, q)>1$ 时算术级数中至多有一个素数。

【例 1.2】设 q 是一个给定的正整数。

(1) 若 χ 满足

$$\chi(n)=\begin{cases}1, & 若\ (n,q)=1,\\ 0, & 若\ (n,q)>1,\end{cases}$$

则 χ 是模 q 的特征，我们将 χ 称作模 q 的主特征 (principal character)，为明确起见通常将其记作 χ_0。

(2) 设 χ 是模 q 的特征，则由

$$n\longmapsto\overline{\chi(n)}$$

所定义的函数是模 q 的特征，我们称之为 χ 的共轭特征 (conjugate character)，记作 $\overline{\chi}$。

(3) 设 χ_1 和 χ_2 均是模 q 的特征，则由

$$n\longmapsto\chi_1(n)\chi_2(n)$$

所定义的的函数也是模 q 的特征，我们称之为 χ_1 与 χ_2 的乘积，记作 $\chi_1\chi_2$。

【例 1.3】(1) 当 $q=1$ 或 2 时模 q 的特征只有主特征。

(2) 模 4 的特征有两个，其中一个是主特征，另一个是

$$\chi_4(n)=\begin{cases}1, & 若\ n\equiv 1\,(\mathrm{mod}\ 4),\\ -1, & 若\ n\equiv 1\,(\mathrm{mod}\ 4),\\ 0, & 若\ 2\mid n.\end{cases}$$

(3) 设 p 是奇素数，那么模 p 的 Legendre 符号是模 p 的特征。

(4) 设 q 是大于 1 的奇数，那么模 q 的 Jacobi 符号是模 q 的特征。

设 χ 是模 q 的特征，因为 χ 是完全可乘函数，故由第七章命题 1.6 知 $\chi(1)=1$，并且 $\chi(-1)=1$ 或 -1。当 $\chi(-1)=1$ 时我们称 χ 为偶特征 (even character)，当 $\chi(-1)=-1$ 时称 χ 为奇特征 (odd character)。

当 $(n,q)=1$ 时由 Euler 定理知 $n^{\varphi(q)}\equiv 1 \pmod q$，所以

$$\chi(n)^{\varphi(q)}=\chi\big(n^{\varphi(q)}\big)=\chi(1)=1,$$

因此当 $(n,q)=1$ 时必有 $|\chi(n)|=1$，进而得知对任意的特征 χ 均有 $\chi\overline{\chi}=\chi_0$。

【命题 1.4】设 q 是一个给定的正整数。

(1) 若 χ 是模 q 的特征，$q \mid q_1$，且 q 与 q_1 有相同的素因子，那么 χ 也是模 q_1 的特征。

(2) 设 χ_1 是模 q 的某个给定的特征，则当 χ 遍历模 q 的全部特征时，$\chi_1\chi$ 也遍历模 q 的全部特征。

(3) 设 χ_{q_j} 是模 q_j 的特征（$1 \leqslant j \leqslant k$），那么由

$$\chi(n) = \chi_{q_1}(n) \cdots \chi_{q_k}(n)$$

所定义的函数 χ 是模 $[q_1, \cdots, q_k]$ 的特征。

(4) 设 χ 是模 q 的特征，$q = q_1 \cdots q_k$ 且 $q_1, \cdots, q_k$ 两两互素，则存在唯一一组特征 $\chi_{q_1}, \cdots, \chi_{q_k}$ 使得

$$\chi(n) = \chi_{q_1}(n) \cdots \chi_{q_k}(n), \qquad \forall\, n \in \mathbb{Z}. \tag{8.1}$$

并且 χ 是主特征（相应地，实特征）当且仅当每个 χ_{q_j} $(1 \leqslant j \leqslant k)$ 均是主特征（相应地，实特征）。

证明 只证 (4)，其余留作练习。

按照数学归纳法，我们只需证明 $k = 2$ 的情形即可。对任意的 $n \in \mathbb{Z}$，由中国剩余定理知存在 n_1 满足

$$\begin{cases} n_1 \equiv n \,(\mathrm{mod}\ q_1), \\ n_1 \equiv 1 \ (\mathrm{mod}\ q_2), \end{cases} \tag{8.2}$$

并且 n_1 在模 q 下是唯一的。下证由

$$\chi_{q_1}(n) = \chi(n_1)$$

所定义的 χ_{q_1} 是模 q_1 的特征。首先，当 $n = 1$ 时可取 $n_1 = 1$，于是 $\chi_{q_1}(1) = \chi(1) = 1$，这说明 χ_{q_1} 不恒等于 0；其次，当 $(n, q_1) > 1$ 时 $(n_1, q_1) > 1$，进而有 $(n_1, q) > 1$，故而此时有 $\chi_{q_1}(n) = \chi(n_1) = 0$；第三，由于 n 与 $n + q_1$ 可以对应于同一个 n_1，所以 $\chi_{q_1}(n) = \chi_{q_1}(n + q_1)$；最后，假设 m 与 m_1 满足

$$\begin{cases} m_1 \equiv m \,(\mathrm{mod}\ q_1), \\ m_1 \equiv 1 \ \ (\mathrm{mod}\ q_2), \end{cases}$$

那么

$$\chi_{q_1}(mn) = \chi(m_1 n_1) = \chi(m_1)\chi(n_1) = \chi_{q_1}(m)\chi_{q_1}(n),$$

这就证明了 χ_{q_1} 是模 q_1 的特征。

类似可通过

$$\chi_{q_2}(n)=\chi(n_2),$$

定义模 q_2 的特征 χ_{q_2}，这里 n_2 满足

$$\begin{cases} n_2 \equiv 1 \pmod{q_1}, \\ n_2 \equiv n \pmod{q_2}. \end{cases}$$

于是由 $n \equiv n_1 n_2 \pmod q$ 知

$$\chi(n)=\chi(n_1n_2)=\chi(n_1)\chi(n_2)=\chi_{q_1}(n)\chi_{q_2}(n).$$

进而得知当 χ_{q_1} 与 χ_{q_2} 均是主特征（相应地，实特征）时 χ 是主特征（相应地，实特征）。反之，由 χ_{q_1} 和 χ_{q_2} 的定义可以看出当 χ 是主特征（相应地，实特征）时 χ_{q_1} 与 χ_{q_2} 也均是主特征（相应地，实特征）。

最后来证明唯一性。假设存在模 q_1 的特征 χ'_{q_1} 和模 q_2 的特征 χ'_{q_2} 满足

$$\chi(n)=\chi'_{q_1}(n)\chi'_{q_2}(n), \qquad \forall\, n \in \mathbb{Z}.$$

那么对任意的整数 n，按照 (8.2) 选取 n_1 后就有

$$\chi_{q_1}(n)=\chi(n_1)=\chi'_{q_1}(n_1)\chi'_{q_2}(n_1)=\chi'_{q_1}(n),$$

这说明 $\chi_{q_1}=\chi'_{q_1}$。同理可证 $\chi_{q_2}=\chi'_{q_2}$。 □

【命题 1.5】 设 $q=2^{\alpha}p_1^{\alpha_1}\cdots p_r^{\alpha_r}$，其中 $\alpha \geqslant 0$，$\alpha_j \geqslant 0\ (1 \leqslant j \leqslant r)$，$p_1,\cdots,p_r$ 是两两不同的奇素数。又设 g_j 是模 $p_j^{\alpha_j}$ 的原根 $(1 \leqslant j \leqslant r)$。那么对模 q 的任一特征 χ，存在唯一的 $a_{-1}\in\{0,1\}$，$a_0\in[0,2^{\alpha-2})$ 及 $a_j\in[0,\varphi(p_j^{\alpha_j}))\ (1 \leqslant j \leqslant r)$，使得对于与 q 互素的任意的 n 均有

$$\chi(n)=e\left(\frac{a_{-1}\gamma_{-1}}{2}+\frac{a_0\gamma_0}{2^{\alpha-2}}+\sum_{j=1}^{k}\frac{a_j\gamma_j}{\varphi(p_j^{\alpha_j})}\right), \tag{8.3}$$

其中 $\gamma_{-1},\gamma_0,\cdots,\gamma_r$ 是 n 的关于模 q 的由 $-1, 5$ 及诸原根 g_j 所确定的指标组。特别地，模 q 的特征共有 $\varphi(q)$ 个。

此外，χ 是模 q 的主特征当且仅当 $a_j=0\ (-1 \leqslant j \leqslant r)$，$\chi$ 是模 q 的实特征当且仅当下面两个条件同时成立:

(1) 要么 $\alpha \leqslant 2$，要么当 $\alpha \geqslant 3$ 时 $a_0=0$ 或 $2^{\alpha-3}$;

(2) $a_j=0$ 或 $\dfrac{1}{2}\varphi(p_j^{\alpha_j})\ (1 \leqslant j \leqslant r)$。

证明 由命题 1.4 (4) 知存在模 2^α 的特征 χ' 以及模 $p_j^{\alpha_j}$ 的特征 χ_j $(1 \leqslant j \leqslant r)$ 使得

$$\chi(n) = \chi'(n)\chi_1(n)\cdots\chi_r(n), \qquad \forall\, n \in \mathbb{Z}.$$

并且 χ 是主特征（相应地，实特征）当且仅当 χ' 与 χ_j $(1 \leqslant j \leqslant r)$ 均是主特征（相应地，实特征）。

现在对如定理中所设的 n 来计算 $\chi(n)$。首先来计算 $\chi'(n)$，不妨设 $\alpha > 0$。因为 $n \equiv (-1)^{\gamma_{-1}}5^{\gamma_0} \pmod{2^\alpha}$，所以

$$\chi'(n) = \chi'\big((-1)^{\gamma_{-1}}5^{\gamma_0}\big) = \chi'(-1)^{\gamma_{-1}} \cdot \chi'(5)^{\gamma_0}. \tag{8.4}$$

一方面，由于 $\chi'(-1) = 1$ 或 -1，故存在唯一的 $a_{-1} \in \{0, 1\}$ 使得 $\chi'(n) = e\Big(\dfrac{a_{-1}}{2}\Big)$，并且当 $\alpha < 2$ 时 a_{-1} 只能取 0。另一方面，由于当 $\alpha \geqslant 3$ 时 $5^{2^{\alpha-2}} \equiv 1 \pmod{2^\alpha}$，所以

$$\chi'(5)^{2^{\alpha-2}} = \chi'\big(5^{2^{\alpha-2}}\big) = \chi'(1) = 1,$$

这意味着 $\chi'(5)$ 是 $2^{\alpha-2}$ 次单位根，从而存在唯一的 $a_0 \in \big[0, 2^{\alpha-2}\big)$ 使得

$$\chi'(5) = e\Big(\frac{a_0}{2^{\alpha-2}}\Big).$$

注意到当 $\alpha \leqslant 2$ 时 a_0 只能取 0，所以上式对 $\alpha \leqslant 2$ 也成立。结合 (8.4) 便得

$$\chi'(n) = e\Big(\frac{a_{-1}\gamma_{-1}}{2} + \frac{a_0\gamma_0}{2^{\alpha-2}}\Big).$$

并且 χ' 是主特征当且仅当 $a_{-1} = a_0 = 0$；当 $\alpha \leqslant 2$ 时 χ' 必是实特征，而当 $\alpha \geqslant 3$ 时 χ' 是实特征的充要条件是 $a_0 = 0$ 或 $2^{\alpha-3}$。

再来对给定的 j 计算 $\chi_j(n)$，不妨设 $\alpha_j > 0$。由 $n \equiv g_j^{\gamma_j} \pmod{p_j^{\alpha_j}}$ 知

$$\chi_j(n) = \chi_j\big(g_j^{\gamma_j}\big) = \chi_j(g_j)^{\gamma_j}. \tag{8.5}$$

再由 $g_j^{\varphi(p_j^{\alpha_j})} \equiv 1 \pmod{p_j^{\alpha_j}}$ 知 $\chi_j(g_j)^{\varphi(p_j^{\alpha_j})} = \chi_j(1) = 1$，因此 $\chi_j(g_j)$ 是 $\varphi(p_j^{\alpha_j})$ 次单位根，于是存在唯一的 $a_j \in \big[0, \varphi(p_j^{\alpha_j})\big)$ 使得

$$\chi_j(g_j) = e\bigg(\frac{a_j}{\varphi(p_j^{\alpha_j})}\bigg),$$

将这代入 (8.5) 即得

$$\chi_j(n) = e\bigg(\frac{a_j\gamma_j}{\varphi(p_j^{\alpha_j})}\bigg),$$

并且 χ_j 是主特征当且仅当 $a_j = 0$，χ_j 是实特征当且仅当 $a_j = 0$ 或 $\dfrac{1}{2}\varphi(p_j^{\alpha_j})$。

综上，命题得证。 □

特别地，当 p 是奇素数时，模 p 的实特征只有两个，即主特征以及模 p 的 Legendre 符号。

下面的正交性是特征的一个重要性质，它给出了探测模 q 的主特征和 $\mathbb{Z}_q$ 中的单位元的方法。

【定理 1.6】（特征的正交性） 设 q 是一个正整数，则

(1)

$$\sum_{n \,(\mathrm{mod}\ q)} \chi(n) = \begin{cases} \varphi(q), & 若\ \chi = \chi_0, \\ 0, & 若\ \chi \neq \chi_0, \end{cases}$$

其中 $\sum\limits_{n \ (\mathrm{mod}\ q)}$ 表示求和变量 n 通过模 q 的一个完全剩余系；

(2)

$$\sum_{\chi \,(\mathrm{mod}\ q)} \chi(n) = \begin{cases} \varphi(q), & 若\ n \equiv 1 \,(\mathrm{mod}\ q), \\ 0, & 若\ n \not\equiv 1 \,(\mathrm{mod}\ q), \end{cases}$$

其中 $\sum\limits_{\chi \ (\mathrm{mod}\ q)}$ 表示求和变量 χ 通过模 q 的全部特征。

证明 我们只证 (1)，并把 (2) 的证明留作练习。

若 $\chi = \chi_0$，则

$$\sum_{n \,(\mathrm{mod}\ q)} \chi(n) = \sum_{\substack{n \,(\mathrm{mod}\ q) \\ (n,q)=1}} 1 = \varphi(q).$$

若 $\chi \neq \chi_0$，则存在 a 使得 $\chi(a) \neq 1$，于是 $(a, q) = 1$，进而由第三章命题 2.8 (1) 知

$$\chi(a) \sum_{n \,(\mathrm{mod}\ q)} \chi(n) = \sum_{n \,(\mathrm{mod}\ q)} \chi(an) = \sum_{n \,(\mathrm{mod}\ q)} \chi(n),$$

所以 $\sum\limits_{n \ (\mathrm{mod}\ q)} \chi(n) = 0$。 □

正如本章开头所言，定理 1.6 (2) 使得我们可以从整数集中把属于某个算术级数的元素抽取出来。具体来说，若 $\{a_n\}$ 是一个数列，$(\ell, q) = 1$，那么由定理 1.6 (2) 知

$$\sum_{\substack{n \leqslant x \\ n \equiv \ell \,(\mathrm{mod}\ q)}} a_n = \sum_{n \leqslant x} a_n \cdot \frac{1}{\varphi(q)} \sum_{\chi \,(\mathrm{mod}\ q)} \chi(n\bar{\ell}) = \frac{1}{\varphi(q)} \sum_{\chi \,(\mathrm{mod}\ q)} \chi(\bar{\ell}) \sum_{n \leqslant x} a_n \chi(n)$$

$$= \frac{1}{\varphi(q)} \sum_{\substack{n \leqslant x \\ (n,q)=1}} a_n + \frac{1}{\varphi(q)} \sum_{\substack{\chi \,(\mathrm{mod}\ q) \\ \chi \neq \chi_0}} \chi(\bar{\ell}) \sum_{n \leqslant x} a_n \chi(n).$$

在许多情况下，上式右边第一项是主项，第二项是余项，这使得我们可以把左侧计算出来。我们会在第九章中给出一个具体的例子（参见 §9.5 命题 5.2）。

习 题 8.1

1. 证明命题 1.4 (1) $\sim$ (3)。

2. 证明定理 1.6 (2)。

3. 试写出模 8 的全部特征。

4. 设 q 是无平方因子数，χ 是模 q 的 Dirichlet 特征，证明 q 是 χ 的最小正周期。

5. 设 f 是定义在 $\mathbb{Z}$ 上的完全可乘的周期函数，证明 f 是 Dirichlet 特征。

6. 设 $q \geqslant 3$，χ 是模 q 的非主特征，s 是一个实数。证明:

   (1) 级数 $\sum\limits_{n=1}^{\infty} \dfrac{\chi(n)}{n^s}$ 收敛的充要条件是 $s > 0$;

   (2) 级数 $\sum\limits_{n=1}^{\infty} \dfrac{\chi(n)}{n^s}$ 绝对收敛的充要条件是 $s > 1$。

7. 设 $q \geqslant 3$，χ 是模 q 的非主特征，对 $s > 0$ 记 $L(s,\chi) = \sum\limits_{n=1}^{\infty} \dfrac{\chi(n)}{n^s}$，我们称之为 Dirichlet L 函数 (Dirichlet L-function)。证明:

   (1) 当 $s > 1$ 时
   $$L(s,\chi) = \prod_p \left(1 - \frac{\chi(p)}{p^s}\right)^{-1}.$$

   (2) 对任意的 $s > 0$ 及非负整数 k 有
   $$L^{(k)}(s,\chi) = \sum_{n=1}^{\infty} \frac{(-1)^k \chi(n) \log^k n}{n^s}.$$

   (3) 当 $s > 1$ 时
   $$L(s,\chi) \sum_{n=1}^{\infty} \frac{\chi(n)\mu(n)}{n^s} = 1.$$

   (4) 当 $s > 1$ 时
   $$L(s,\chi) \sum_{n=1}^{\infty} \frac{\chi(n)\Lambda(n)}{n^s} = -L'(s,\chi).$$

8. 对正整数 n 用 $\rho(n)$ 表示同余方程 $x^2+1\equiv 0 \pmod n$ 的解数，试利用第七章定理 1.7 中的 Euler 恒等式证明

$$\sum_{n=1}^{\infty}\frac{\rho(n)}{n^s}=\frac{\zeta(s)L(s,\chi_4)}{\zeta(2s)},\qquad \forall\ s>1,$$

这里 χ_4 是例 1.3 (2) 中所给出的模 4 的非主特征。

9. 设 $x\geqslant 1$，$q\in\mathbb{Z}_{>0}$，$\{a_n\}$ 是一个复数列，证明

$$\sum_{\chi \,(\mathrm{mod}\ q)}\left|\sum_{n\leqslant x}a_n\chi(n)\right|^2\leqslant\varphi(q)\Big(\frac{x}{q}+1\Big)\sum_{\substack{n\leqslant x\\(n,q)=1}}|a_n|^2.$$

10. （Siegel-Walfisz 型结果②）设 $x\geqslant 1$，$\{a_n\}$ 是一个复数列。又设存在正实数 A 使得 $q\geqslant(\log x)^{2A}$。证明：对于与 q 互素的任意整数 ℓ 有

$$\sum_{\substack{n\leqslant x\\ n\equiv\ell\,(\mathrm{mod}\ q)}}a_n=\frac{1}{\varphi(q)}\sum_{\substack{n\leqslant x\\(n,q)=1}}a_n+O\bigg(\frac{\sqrt{x}}{(\log x)^A}\Big(\sum_{n\leqslant x}|a_n|^2\Big)^{\frac12}\bigg),\tag{8.6}$$

其中 O 常数是一个绝对常数。

§8.2 原特征

【定义 2.1】设 χ 是模 q 的特征，如果 q^* 是最小的正整数使得存在 $\chi^* \bmod q^*$ 满足

$$\chi(n)=\chi^*(n),\qquad \forall\ (n,q)=1,\tag{8.7}$$

那么就称 q^* 为特征 χ 的导子 (conductor)，称 χ 由 χ^* 诱导 (χ is induced by χ^*)。若 $q^*=q$，则称 χ 为原特征 (primitive character)。

②如果对任意的 $x\geqslant 1$，$q\geqslant 1$，$A>0$ 以及与 q 互素的任意整数 ℓ 而言 (8.6) 均成立，则称 $\{a_n\}$ 满足 Siegel-Walfisz 条件 (Siegel-Walfisz condition)。由本题知，要去验证 Siegel-Walfisz 条件，只需对任意的 $A>0$ 以及 $q\leqslant(\log x)^A$ 证明 (8.6) 成立即可。这里之所以用 Siegel 和 Walfisz 来命名，是因为 A. Walfisz[20] 首先于 1936 年证明了 $a_n=\Lambda(n)$ 满足上述条件，而他的证明过程中用到了 C. L. Siegel[21] 关于 Dirichlet L 函数的一个结果。

【注 2.2】(1) (8.7) 式也即 $\chi=\chi^*\chi_0$，其中 χ_0 是模 q 的主特征。

(2) 定义 2.1 中的 q^* 是 χ 在集合 $\{n\in\mathbb{Z}:(n,q)=1\}$ 上取值时的最小正周期，因此由带余数除法知 $q^*\mid q$，同时还可推出 q^* 与 χ^* 是存在且唯一的。此外，χ 是原特征当且仅当 χ 在 $\{n\in\mathbb{Z}:(n,q)=1\}$ 上取值时的最小正周期为 q。

(3) 若 p 是一个素数，那么由 (2) 知模 p 的非主特征均是原特征。

【命题 2.3】若以 $\varphi^*(q)$ 表示模 q 的原特征的个数，则

$$\varphi^*(q)=q\prod_{p\|q}\Big(1-\frac{2}{p}\Big)\prod_{p^2|q}\Big(1-\frac{1}{p}\Big)^2.$$

因此模 q 有原特征当且仅当 $q\not\equiv 2\pmod 4$。

证明 模 q 的任一特征均可唯一地由某个模 d 的原特征诱导且 $d\mid q$，反之，当 $d\mid q$ 时每个模 d 的原特征均可唯一地诱导出模 q 的一个特征，所以

$$\varphi(q)=\sum_{d|q}\varphi^*(d).$$

于是由 Möbius 反转公式知

$$\varphi^*(q)=\sum_{d|q}\mu(d)\varphi\Big(\frac{q}{d}\Big).$$

因为上式右边是可乘函数（参见 §7.2 习题 17 (3)），所以

$$\begin{aligned}\varphi^*(q)&=\prod_{p^\alpha\|q}\Big(\sum_{d|p^\alpha}\mu(d)\varphi\Big(\frac{p^\alpha}{d}\Big)\Big)=\prod_{p^\alpha\|q}\big(\varphi(p^\alpha)-\varphi(p^{\alpha-1})\big)\\&=\prod_{p\|q}(p-2)\prod_{\substack{p^\alpha\|q\\ \alpha\geqslant 2}}(p^\alpha-2p^{\alpha-1}+p^{\alpha-2})=q\prod_{p\|q}\Big(1-\frac{2}{p}\Big)\prod_{p^2|q}\Big(1-\frac{1}{p}\Big)^2.\end{aligned}$$

□

【命题 2.4】由 (8.1) 所给出的模 q 的特征是原特征当且仅当 χ_{q_j} $(1\leqslant j\leqslant k)$ 均是原特征。

证明 只需证明：若 $q=q_1q_2$，$(q_1,q_2)=1$，χ，χ_1 和 χ_2 分别是模 q，q_2 和 q_2 的特征且

$$\chi(n)=\chi_1(n)\chi_2(n),\qquad\forall\, n\in\mathbb{Z},$$

那么 χ 是原特征当且仅当 χ_1 和 χ_2 均是原特征。

一方面，如果 χ_1 与 χ_2 中至少有一个不是原特征，例如 χ_1 不是原特征，那么 χ_1 可由某个特征 $\chi_1^* \bmod q_1^*$ 诱导，其中 $q_1^* \mid q_1$ 且 $q_1^* < q_1$。于是

$$\chi(n) = \chi_1^*(n)\chi_2(n), \qquad \forall\ (n,q) = 1.$$

然而 $\chi_1^*\chi_2$ 是模 $q_1^*q_2$ 的特征且 $q_1^*q_2 < q_1q_2 = q$，这说明 χ 不是原特征。

另一方面，若 χ 不是原特征，设它由特征 $\chi^* \bmod q^*$ 诱导，其中 $q^* \mid q$ 且 $q^* < q$。记 $q_1^* = (q^*, q_1)$，$q_2^* = (q^*, q_2)$，那么 $q_1^* < q_1$ 与 $q_2^* < q_2$ 中至少有一个成立，不妨设 $q_1^* < q_1$。按照中国剩余定理，模 q 的简化剩余系可由 $q_2\overline{q_2}n_1 + q_1\overline{q_1}n_2$ 给出，其中 $\overline{q_1}$ 与 $\overline{q_2}$ 分别满足

$$q_1\overline{q_1} \equiv 1 \pmod{q_2} \qquad 及 \qquad q_2\overline{q_2} \equiv 1 \pmod{q_1},$$

且 n_1 与 n_2 分别通过模 q_1 和 q_2 的简化剩余系（参见 §4.2 习题 2）。现取定 $n_2 = 1$，那么当 n_1 通过模 q_1 的简化剩余系时有

$$\begin{aligned}\chi_1(n_1 + q_1^*) &= \chi((n_1 + q_1^*)q_2\overline{q_2} + q_1\overline{q_1}) = \chi(n_1q_2\overline{q_2} + q_1\overline{q_1}) \\ &= \chi_1(n_1),\end{aligned}$$

这说明当 χ_1 在与 q_1 互素的整数处取值时以 q_1^* 为周期，从而 χ_1 不是模 q_1 的原特征。□

当 χ 由 (8.3) 式表出时，我们可以给出 χ 是原特征的充要条件。事实上，按照命题 2.4，我们只需对模为素数幂的情况进行讨论即可。

【命题 2.5】 设 p 是素数，$\alpha \in \mathbb{Z}_{\geqslant 1}$。

(1) 若 $p = 2$，那么模 2 没有原特征，模 4 的非主特征是原特征，当 $\alpha \geqslant 3$ 时，对奇数 n 而言，由如下类似于 (8.3) 的表达式

$$\chi(n) = e\left(\frac{a_{-1}\gamma_{-1}}{2} + \frac{a_0\gamma_0}{2^{\alpha-2}}\right)$$

所定义的模 2^α 的特征 χ 是原特征的充要条件是 $2 \nmid a_0$；

(2) 若 p 是奇素数，那么对与 p 互素的 n 而言，由如下类似于 (8.3) 的表达式

$$\chi(n) = e\left(\frac{a\gamma}{\varphi(p^\alpha)}\right)$$

所定义的模 p^α 的特征 χ 是原特征的充要条件是 $p \nmid a$。

证明　我们只证明 (1)，并把 (2) 的证明留给读者来完成。模 2 和模 4 的情形可以直接验证，因此下面我们只讨论模 2^α $(\alpha \geqslant 3)$ 的情况。

必要性：反设 $2 \mid a_0$。如果 $a_0 = 0$，那么 χ 就是模 4 的特征，这当然不是模 2^α 的原特征。若 $1 \leqslant a_0 < 2^{\alpha-2}$，则 $a_0 = 2^k \ell$，其中 $1 \leqslant k < \alpha - 2$ 且 $2 \nmid \ell$，于是当 n 为奇数时

$$\chi(n) = e\left(\frac{a_{-1}\gamma_{-1}}{2} + \frac{\ell\gamma_0}{2^{\alpha-k-2}}\right),$$

其中 γ_{-1} 和 γ_0 是 n 对于模 2^α 的指标组。现考虑满足 $n' \equiv n \pmod{2^{\alpha-k}}$ 的任意的整数 n'，若用 γ'_{-1} 和 γ'_0 分别表示 n' 对于模 $2^{\alpha-k}$ 的指标组，那么

$$(-1)^{\gamma_{-1}} 5^{\gamma_0} \equiv n \equiv n' \equiv (-1)^{\gamma'_{-1}} 5^{\gamma'_0} \pmod{2^{\alpha-k}},$$

进而由指标组的性质（第五章推论 3.3）知

$$\gamma_{-1} \equiv \gamma'_{-1} \pmod 2, \qquad \gamma_0 \equiv \gamma'_0 \pmod{2^{\alpha-k-2}}.$$

于是有

$$\chi(n) = e\left(\frac{a_{-1}\gamma_{-1}}{2} + \frac{\ell\gamma_0}{2^{\alpha-k-2}}\right) = e\left(\frac{a_{-1}\gamma'_{-1}}{2} + \frac{\ell\gamma'_0}{2^{\alpha-k-2}}\right) = \chi(n'),$$

所以 $2^{\alpha-k}$ 是 χ 在奇数集上的周期，这与 χ 是原特征矛盾。

充分性：反设 χ 不是原特征，并设它在集合 $\{n \in \mathbb{Z} : (n, 2) = 1\}$ 上取值时的最小正周期为 $q^* = 2^\beta$，那么由 χ 不是主特征（因为 $2 \nmid a_0$）知 $2 \leqslant \beta < \alpha$。现取 $n = q^* + 1$，并设它对于模 2^α 的指标组为 γ_{-1} 和 γ_0，则由 $n \equiv 1 \pmod 4$ 以及 $n \not\equiv 1 \pmod{2^\alpha}$ 知

$$\gamma_{-1} = 0, \qquad \gamma_0 \neq 0.$$

于是 $\chi(n) = e\left(\dfrac{a_0\gamma_0}{2^{\alpha-2}}\right) \neq 1$，这与 q^* 是 χ 的周期矛盾。 □

由命题 1.4 (4)、命题 1.5、命题 2.4 及命题 2.5 可立即得到如下关于实原特征的结果。

【命题 2.6】 模 q 有实原特征的充要条件是 q 为 $2^\alpha k$ 的形式，其中 $\alpha \in \{0, 2, 3\}$，k 为无平方因子的奇数。

设 p 是奇素数，由命题 1.5 和命题 2.5 知模 p 只有一个实原特征，该实原特征也即是模 p 的 Legendre 符号。再由命题 2.4 知当 q 是大于 1 的无平方因子的奇数时，它唯一的实原特征是模 q 的 Jacobi 符号。

习 题 8.2

1. 写出模 8 的全部原特征。

2. 设 χ 是模 q 的特征。证明 χ 不是原特征的充要条件是：存在正整数 $q^* < q$，$q^* \mid q$，使得对于满足 $(n, q) = 1$ 以及 $n \equiv 1 \pmod{q^*}$ 的任一整数 n 均有 $\chi(n) = 1$。

3. 证明命题 2.5 (2)。

4. 设 $q \geqslant 1$，$(n, q) = 1$。证明

$$\sum_{\chi \,(\bmod\, q)}{}^{*} \chi(n) = \sum_{d \mid (n-1, q)} \mu\Big(\frac{q}{d}\Big)\varphi(d),$$

其中 $\sum\limits_{\chi \,(\bmod\, q)}{}^{*}$ 表示求和变量 χ 通过模 q 的全部原特征[3]。

5. 设 $q \geqslant 1$，$(n, q) = 1$。证明

$$\sum_{\substack{\chi \,(\bmod\, q) \\ \chi(-1) = -1}}{}^{*} \chi(n) = \frac{1}{2}\sum_{d \mid (n-1, q)} \mu\Big(\frac{q}{d}\Big)\varphi(d) - \frac{1}{2}\sum_{d \mid (n+1, q)} \mu\Big(\frac{q}{d}\Big)\varphi(d),$$

其中 $\sum\limits_{\substack{\chi \,(\bmod\, q) \\ \chi(-1) = -1}}{}^{*}$ 表示求和变量 χ 通过模 q 的全部奇原特征。

6. 设 χ 是模 q 的特征，它由模 q^* 的原特征 χ^* 诱导，又设 $(a, q^*) = 1$，证明

$$\sum_{\substack{n=1 \\ n \equiv a \,(\bmod\, q^*)}}^{q} \chi(n) = \chi^*(a)\,\frac{\varphi(q)}{\varphi(q^*)}.$$

§8.3 Gauss 和

设 χ 是模 q 的特征，我们称由

$$G(n, \chi) = \sum_{m \,(\bmod\, q)} \chi(m) e\Big(\frac{mn}{q}\Big), \qquad \forall\, n \in \mathbb{Z} \tag{8.8}$$

所定义的数论函数 $G(n, \chi)$ 为 Gauss 和 (Gauss sum)，其中 $\sum\limits_{m \,(\bmod\, q)}$ 表示求和变量 m 通过模 q 的一个完全剩余系。特别地，记 $\tau(\chi) = G(1, \chi)$。

Gauss 和有如下的“可乘性”。

---

[3] 特别地，取 $n = 1$ 即得命题 2.3。

【**命题 3.1**】设 $(q_1,q_2)=1$，χ_1 是模 q_1 的特征，χ_2 是模 q_2 的特征，则对于模 q_1q_2 的特征 $\chi_1\chi_2$ 有

$$G(n,\chi_1\chi_2)=\chi_1(q_2)\chi_2(q_1)G(n,\chi_1)G(n,\chi_2),\qquad \forall\ n\in\mathbb{Z}.$$

证明 由第三章命题 2.12 知

$$\begin{aligned}G(n,\chi_1\chi_2)&=\sum_{m\,(\mathrm{mod}\ q_1q_2)}\chi_1(m)\chi_2(m)e\Big(\frac{mn}{q_1q_2}\Big)\\&=\sum_{a\,(\mathrm{mod}\ q_1)}\ \sum_{b\,(\mathrm{mod}\ q_2)}\chi_1(aq_2+bq_1)\chi_2(aq_2+bq_1)e\Big(\frac{(aq_2+bq_1)n}{q_1q_2}\Big)\\&=\sum_{a\,(\mathrm{mod}\ q_1)}\ \sum_{b\,(\mathrm{mod}\ q_2)}\chi_1(aq_2)\chi_2(bq_1)e\Big(\frac{an}{q_1}+\frac{bn}{q_2}\Big)\\&=\chi_1(q_2)\chi_2(q_1)\sum_{a\,(\mathrm{mod}\ q_1)}\chi_1(a)e\Big(\frac{an}{q_1}\Big)\sum_{b\,(\mathrm{mod}\ q_2)}\chi_2(b)e\Big(\frac{bn}{q_2}\Big)\\&=\chi_1(q_2)\chi_2(q_1)G(n,\chi_1)G(n,\chi_2).\end{aligned}$$

□

下面来讨论一些特殊特征所对应的 Gauss 和，首先考虑主特征所对应的 Gauss 和，也即

$$G(n,\chi_0)=\sum_{m\,(\mathrm{mod}\ q)}^{*}e\Big(\frac{mn}{q}\Big),$$

这里 $\sum^*$ 表示求和变量 m 通过模 q 的一个简化剩余系。上述和式通常被称为 Ramanujan 和，并被记作 $c_q(n)$。由第七章定理 2.10 知

$$\begin{aligned}c_q(n)&=\sum_{m\,(\mathrm{mod}\ q)}e\Big(\frac{mn}{q}\Big)\sum_{d|(m,q)}\mu(d)=\sum_{d|q}\mu(d)\sum_{\substack{m\,(\mathrm{mod}\ q)\\ d|m}}e\Big(\frac{mn}{q}\Big)\\&=\sum_{d|q}\mu(d)\sum_{m\,(\mathrm{mod}\ q/d)}e\Big(\frac{mn}{q/d}\Big)=\sum_{d|q,\ \frac{q}{d}|n}\mu(d)\cdot\frac{q}{d}\\&=\sum_{d|(q,n)}d\mu\Big(\frac{q}{d}\Big),\end{aligned}$$

上面倒数第二步和最后一步分别用到了第一章例 1.4 和第一章命题 1.5。进而可得

$$c_q(n)=\sum_{d|(q,n)}\frac{(q,n)}{d}\mu\Big(\frac{q}{(q,n)}d\Big)=\mu\Big(\frac{q}{(q,n)}\Big)(q,n)\sum_{\substack{d|(q,n)\\ (d,\frac{q}{(q,n)})=1}}\frac{\mu(d)}{d}$$

$$= \mu\Big(\frac{q}{(q,n)}\Big)(q,n) \sum_{\substack{d|q \\ (d,\frac{q}{(q,n)})=1}} \frac{\mu(d)}{d} = \mu\Big(\frac{q}{(q,n)}\Big)\frac{\varphi(q)}{\varphi(q/(q,n))}.$$

特别地，若 $(q,n)=1$，则有 $c_q(n)=\mu(q)$，此即第三章例 2.15。

接下来讨论原特征所对应的 Gauss 和。

【命题 3.2】 设 χ 是模 q 的原特征，那么对任意的 $n \in \mathbb{Z}$ 均有

$$G(n,\chi) = \overline{\chi}(n)\tau(\chi). \tag{8.9}$$

证明 若 $(n,q)=1$，那么

$$G(n,\chi) = \sum_{m \,(\mathrm{mod}\ q)} \chi(m)e\Big(\frac{mn}{q}\Big) = \overline{\chi}(n)\sum_{m \,(\mathrm{mod}\ q)} \chi(mn)e\Big(\frac{mn}{q}\Big)$$
$$= \overline{\chi}(n)\sum_{m \,(\mathrm{mod}\ q)} \chi(m)e\Big(\frac{m}{q}\Big) = \overline{\chi}(n)\tau(\chi).^{④}$$

若 $(n,q)\neq 1$，则 (8.9) 右边为 0，下证此时该式左边也等于 0。记 $d=(n,q)$，$n=dn_1$，$q=dq_1$，那么

$$G(n,\chi) = \sum_{m \,(\mathrm{mod}\ q)} \chi(m)e\Big(\frac{mn_1}{q_1}\Big) = \sum_{a \,(\mathrm{mod}\ d)}\ \sum_{b \,(\mathrm{mod}\ q_1)} \chi(aq_1+b)e\Big(\frac{(aq_1+b)n_1}{q_1}\Big)$$
$$= \sum_{b \,(\mathrm{mod}\ q_1)} e\Big(\frac{bn_1}{q_1}\Big)\sum_{a \,(\mathrm{mod}\ d)} \chi(aq_1+b).$$

现将上式右边的内层和记作 S，我们来证明它恒等于 0，这样就能推出 $G(n,\chi)=0$ 了。

由于 χ 是原特征且 $q_1<q$，故存在 c_1, c_2 满足 $(c_1c_2,q)=1$，$c_1\equiv c_2 \pmod{q_1}$ 且 $\chi(c_1)\neq\chi(c_2)$。若记 $c=c_1\overline{c_2}$（这里 $\overline{c_2}$ 是满足 $c_2\overline{c_2}\equiv 1 \pmod q$ 的某个整数），那么 $(c,q)=1$，$c\equiv 1 \pmod{q_1}$ 且 $\chi(c)\neq 1$。我们将关系式 $c\equiv 1 \pmod{q_1}$ 写成 $c=1+q_1\ell$ 的形式，于是由第三章命题 2.8 (1) 知

$$\chi(c)S = \sum_{a \,(\mathrm{mod}\ d)} \chi(acq_1+bc) = \sum_{a \,(\mathrm{mod}\ d)} \chi\big((ac+b\ell)q_1+b\big)$$
$$= \sum_{a \,(\mathrm{mod}\ d)} \chi(aq_1+b) = S.$$

④这意味着当 $(n,q)=1$ 时，(8.9) 对任意的特征均成立。

从而 $S=0$。 □

当 χ 是原特征时，上述命题把 Gauss 和的计算简化为对 $\tau(\chi)$ 的计算。

【命题 3.3】 设 χ 是模 q 的原特征，那么 $|\tau(\chi)|=\sqrt{q}$。

证明 这可通过用两种方法计算 $\sum\limits_{n \pmod q}|G(n,\chi)|^2$ 得到。一方面，由命题 3.2 知

$$\sum_{n \,(\mathrm{mod}\, q)}|G(n,\chi)|^2=|\tau(\chi)|^2\sum_{n \,(\mathrm{mod}\, q)}|\chi(n)|^2=|\tau(\chi)|^2\varphi(q).$$

另一方面，由 Gauss 和的定义可得

$$\begin{aligned}\sum_{n \,(\mathrm{mod}\, q)}|G(n,\chi)|^2&=\sum_{n \,(\mathrm{mod}\, q)}\left|\sum_{m \,(\mathrm{mod}\, q)}\chi(m)e\Big(\frac{mn}{q}\Big)\right|^2\\&=\sum_{m_1 \,(\mathrm{mod}\, q)}\sum_{m_2 \,(\mathrm{mod}\, q)}\chi(m_1)\overline{\chi}(m_2)\sum_{n \,(\mathrm{mod}\, q)}e\Big(\frac{m_1-m_2}{q}n\Big)\end{aligned}$$

由第一章例 1.4 知上式右边内层和仅当 $m_1\equiv m_2 \pmod q$ 时不为 0，故

$$\sum_{n \,(\mathrm{mod}\, q)}|G(n,\chi)|^2=q\sum_{m \,(\mathrm{mod}\, q)}|\chi(m)|^2=q\varphi(q).$$

综合两方面即可得出结论。 □

值得一提的是，虽然由命题 3.3 知对于模 q 的原特征而言 $\tau(\chi)$ 的模均为 $\sqrt{q}$，但要具体计算出 $\tau(\chi)$ 的值是很困难的。然而，如果只针对实原特征，那么 Gauss 有如下结论。结合命题 2.6，命题 3.1 以及习题 1，这便对实原特征彻底解决了 Gauss 和的计算问题。

【定理 3.4】（Gauss） 设 q 是无平方因子的奇数，χ 是模 q 的实原特征，则

$$\tau(\chi)=\begin{cases}\sqrt{q}, & 若\ q\equiv 1 \,(\mathrm{mod}\ 4),\\ \sqrt{q}\,\mathrm{i}, & 若\ q\equiv 3 \,(\mathrm{mod}\ 4).\end{cases}$$

习题 8.3

1. 计算模 4 和模 8 的原特征所对应的 Gauss 和 $\tau(\chi)$。
2. 设 χ 是模 q 的特征，证明 $\tau(\overline{\chi})=\chi(-1)\overline{\tau(\chi)}$。

3. 设模 q 的特征 χ 由模 q^* 的原特征 χ^* 诱导，证明

$$\tau(\chi) = \chi^*\Big(\frac{q}{q^*}\Big)\mu\Big(\frac{q}{q^*}\Big)\tau(\chi^*),$$

进而得出 $|\tau(\chi)| \leqslant \sqrt{q}$。

4. 设 χ_1 和 χ_2 均是模 q 的特征，我们记

$$J(\chi_1, \chi_2) = \sum_{a \,(\mathrm{mod}\ q)} \chi_1(a)\chi_2(1-a),$$

并称之为 Jacobi 和 (Jacobi sum)。证明：

(1) $J(\chi_1, \chi_2) = J(\chi_2, \chi_1)$；

(2) 若 $\chi_1\chi_2$ 是原特征，则 $J(\chi_1, \chi_2) = \dfrac{\tau(\chi_1)\tau(\chi_2)}{\tau(\chi_1\chi_2)}$；

(3) 若 χ 是模 q 的原特征，则 $J(\chi, \overline{\chi}) = \chi(-1)\mu(q)$。

5. 设 $q > 1$ 且 χ 是模 q 的原特征，并沿用 §8.1 习题 7 中的记号，证明：

(1) $L(1, \chi) = \dfrac{1}{\tau(\overline{\chi})} \displaystyle\sum_{a=1}^{q-1} \overline{\chi}(a) \sum_{n=1}^{\infty} \frac{e(an/q)}{n}$；

(2) 若 χ 是奇原特征，则

$$L(1, \chi) = \frac{\mathrm{i}\pi\tau(\chi)}{q^2} \sum_{a=1}^{q-1} a\overline{\chi}(a).$$

§8.4 特征和

所谓特征和就是与特征相关的求和，一个最简单的形式是

$$\sum_{n \in I} \chi(n), \tag{8.10}$$

其中 χ 是某个给定的模 q 的非主特征，I 是一个区间。如果 I 中整数恰好构成模 q 的一个完全剩余系，那么由正交性（定理 1.6）知上式等于 0，再注意到特征具有周期性，所以我们不妨设 $I = [M+1, M+N]$，其中 M 和 N 都是整数且 $1 \leqslant N < q$，我们希望能得到上式的一个非平凡的上界估计。

在这里我们事实上可以去讨论一个更一般的问题。设 f 是定义在 $\mathbb{Z}$ 上以正整数 q 为周期的函数，我们来估计

$$\sum_{M<n\leqslant M+N} f(n)$$

的上界。当 $N=q$ 时求和区间为模 q 的一个完全剩余系，此时我们把求和区间称为完整区间，此时对上述求和的计算相对而言较为容易。更复杂的情况是 $1\leqslant N<q$，此时我们把求和区间称为不完整区间，在这种情况下一个通常的做法是把求和区间转化为完整区间，这被称为完整化方法 (completing method)。

【命题 4.1】（完整化方法） 设 f 是定义在 $\mathbb{Z}$ 上以正整数 q 为周期的函数，M 和 N 都是整数且 $1\leqslant N<q$。若记

$$S=\sum_{M<n\leqslant M+N} f(n),\qquad S(n,f)=\sum_{a \,(\mathrm{mod}\ q)} f(a)e\Big(\frac{an}{q}\Big), \tag{8.11}$$

那么

$$\Big|S-\frac{N}{q}S(0,f)\Big|\leqslant \sum_{1\leqslant \ell\leqslant \frac{q-1}{2}} \frac{1}{2\ell}\Big(|S(\ell,f)|+|S(-\ell,f)|\Big).$$

这里我们把对不完整区间求和 S 的计算转化为对完整区间求和 $S(n,f)$ 的上界估计。

证明　由第一章例 1.4 知

$$\begin{aligned}
S&=\sum_{M<n\leqslant M+N} f(n)=\sum_{M<n\leqslant M+N}\frac{1}{q}\sum_{a\,(\mathrm{mod}\ q)} f(a)\sum_{\ell\,(\mathrm{mod}\ q)} e\Big(\frac{(a-n)\ell}{q}\Big)\\
&=\frac{1}{q}\sum_{\ell\,(\mathrm{mod}\ q)}\sum_{M<n\leqslant M+N} e\Big(-\frac{n\ell}{q}\Big)\sum_{a\,(\mathrm{mod}\ q)} f(a)e\Big(\frac{a\ell}{q}\Big)\\
&=\frac{1}{q}\sum_{\ell\,(\mathrm{mod}\ q)}\sum_{M<n\leqslant M+N} e\Big(-\frac{n\ell}{q}\Big)S(\ell,f).
\end{aligned}$$

我们把上式右边 $\ell=0$ 的项单独提出便得

$$\begin{aligned}
\Big|S-\frac{N}{q}S(0,f)\Big|&\leqslant \frac{1}{q}\sum_{\ell=1}^{q-1}|S(\ell,f)|\cdot\Big|\sum_{M<n\leqslant M+N} e\Big(\frac{n\ell}{q}\Big)\Big|\\
&\leqslant \frac{1}{q}\sum_{1\leqslant \ell\leqslant \frac{q-1}{2}}\Big(|S(\ell,f)|+|S(-\ell,f)|\Big)\cdot\Big|\sum_{M<n\leqslant M+N} e\Big(\frac{n\ell}{q}\Big)\Big|.
\end{aligned}$$

注意到当 $1\leqslant \ell\leqslant \dfrac{q-1}{2}$ 时

$$\Big|\sum_{M<n\leqslant M+N} e\Big(\frac{n\ell}{q}\Big)\Big|=\left|\frac{e\Big(\frac{(M+1)\ell}{q}\Big)-e\Big(\frac{(M+N+1)\ell}{q}\Big)}{1-e\Big(\frac{\ell}{q}\Big)}\right|\leqslant \frac{2}{\Big|1-e\Big(\frac{\ell}{q}\Big)\Big|}$$

$$= \left(\sin\frac{\ell}{q}\pi\right)^{-1} \leqslant \frac{q}{2\ell},\text{⑤}$$

故而命题得证。 □

现在我们回到特征和 (8.10)，利用命题 4.1 可以得到如下结果。

【定理 4.2】(**波利亚**（**Pólya**），**Виноградов**) 设 χ 是模 q 的非主特征，M 和 N 是两个整数，$N \geqslant 1$，则

$$\left|\sum_{M<n\leqslant M+N} \chi(n)\right| \leqslant 2\sqrt{q}\log q.$$

证明 先讨论 χ 是原特征的情形。在 (8.11) 中取 $f = \chi$ 知 $S(n,f)$ 也即是 Gauss 和 $G(n,\chi)$，因此 $S(0,f)=0$，并且由命题 3.2 和命题 3.3 可得 $|S(n,f)| = |G(n,\chi)| \leqslant \sqrt{q}$，所以由命题 4.1 知

$$\left|\sum_{M<n\leqslant M+N} \chi(n)\right| \leqslant \sqrt{q}\sum_{\ell\leqslant\frac{q-1}{2}}\frac{1}{\ell}.$$

注意到对任意的 $x \geqslant 1$ 有

$$\sum_{m\leqslant x}\frac{1}{m} \leqslant \sum_{m\leqslant x}\log\frac{2m+1}{2m-1} \leqslant \log(2x+1),$$

这样我们就对原特征 χ 得到了

$$\left|\sum_{M<n\leqslant M+N} \chi(n)\right| \leqslant \sqrt{q}\log q.$$

当 χ 不是原特征时它可由某个原特征 $\chi^* \bmod q^*$ 诱导，其中 $q^* \mid q$。因为 χ 不是主特征，所以 $q^* > 1$。若记 $q_1 = \prod\limits_{p|q/q^*} p$，那么

$$\begin{aligned}
\left|\sum_{M<n\leqslant M+N} \chi(n)\right| &= \left|\sum_{\substack{M<n\leqslant M+N\\(n,q_1)=1}} \chi^*(n)\right| = \left|\sum_{M<n\leqslant M+N} \chi^*(n)\sum_{d|(n,q_1)}\mu(d)\right| \\
&\leqslant \sum_{d|q_1}|\mu(d)\chi^*(d)|\cdot\left|\sum_{M/d<n\leqslant(M+N)/d}\chi^*(n)\right| \\
&\leqslant 2^{\omega(q_1)}\cdot\sqrt{q^*}\log q^*.
\end{aligned} \tag{8.12}$$

⑤这是因为当 $0<x\leqslant\frac{\pi}{2}$ 时有 $\frac{x}{\sin x}\leqslant\frac{\pi}{2}$，参见 [5] 第七章例 3.5。

容易看出

$$\frac{q}{q^*} \geqslant q_1 \geqslant 2 \cdot 3 \cdot 5^{\omega(q_1)-2} \geqslant 6 \cdot 2^{2\omega(q_1)-4},$$

因此 $2^{\omega(q_1)} \leqslant \frac{4}{\sqrt{6}} \cdot \sqrt{\frac{q}{q^*}} < 2\sqrt{\frac{q}{q^*}}$，将这代入 (8.12) 便完成了证明。 □

要对上述结论做出实质性的改进是很困难的。1977 年，H. L. Montgomery 和 R. C. Vaughan[22] 在广义 Riemann 猜想⑥成立的前提下对任意的非主特征 $\chi \bmod q$ 证明了

$$\sum_{M<n\leqslant M+N} \chi(n) \ll \sqrt{q}\log\log q.$$

这一结果基本上是最优的，因为 R. E. A. C. Paley[23] 在 1932 年证明了存在无穷多个 q 使得

$$\max_{\substack{\chi \,(\mathrm{mod}\ q)\\ \chi\neq\chi_0}} \max_{1\leqslant N<q} \left|\sum_{n\leqslant N} \chi(n)\right| \gg \sqrt{q}\log\log q.$$

此外，由 $|\chi(n)| \leqslant 1$ 知当 $N \leqslant \sqrt{q}\log q$ 时定理 4.2 中的结果是平凡的，因此如何对短区间的特征和做出有效估计是很重要的，在这方面一个著名的结果是由伯吉斯（D. A. Burgess）[24, 25] 得到的，我们仅将结果写出而略去其证明。

【定理 4.3】（Burgess） 设 χ 是模 q 的原特征，r 是一个正整数。如果下面两个条件中至少有一个成立：

(1) $r = 2$ 或 3；

(2) q 无立方因子（即对任意的素数 p 有 $p^3 \nmid q$），

则对任意的 $\varepsilon > 0$ 有

$$\left|\sum_{M<n\leqslant M+N} \chi(n)\right| \ll_{r,\varepsilon} N^{1-\frac{1}{r}}\, q^{\frac{r+1}{4r^2}+\varepsilon}.$$

---

⑥广义 Riemann 猜想说的是：对于模 q 的任意特征 χ，当把由

$$L(s,\chi) = \sum_{n=1}^{\infty} \frac{\chi(n)}{n^s}, \qquad \forall\ \mathrm{Re}\, s > 1$$

所定义的关于 s 的函数 $L(s,\chi)$ 延拓为整个复平面上的函数时（至多在 χ 为主特征时有一个奇点 $s = 1$），它的实部大于 0 的零点均在直线 $\mathrm{Re}\, s = \frac{1}{2}$ 上。

第九章

素数分布

§9.1

引言

对素数的研究一直以来都是数论的一个重要研究方向。一方面，容易证明对任意的正整数 n 而言存在连续 n 个合数（参见 §1.4 习题 5）；另一方面，人们发现有许多相差为 2 的素数对的存在，例如 3 与 5，5 与 7，11 与 13 等等，这样的素数对被称作是孪生素数 (twin primes)。以上两方面的观察说明素数的分布是极不规律的。

若用 $\pi(x)$ 表示不超过 x 的素数的个数，那么研究 $\pi(x)$ 的渐近性质就成为讨论素数分布的首要问题。A. M. Legendre 和 C. F. Gauss 于 1800 年左右先后独立地猜测有下式成立：

$$\pi(x) \sim \frac{x}{\log x}, \qquad \text{当 } x \to +\infty \text{ 时},$$

这就是著名的素数定理 (prime number theorem)。事实上 Gauss 的猜测要更加精确，他认为

$$\pi(x) \sim \int_2^x \frac{\mathrm{d}t}{\log t}, \qquad \text{当 } x \to +\infty \text{ 时},$$

上式右侧通常被记作 $\operatorname{li} x$ ①，并被称为对数积分 (logarithmic integral)。

对素数定理研究的第一个重要进展是由 П. Л. Чебышев[26] 于 1850 年得到的，他引入了记号

$$\psi(x) = \sum_{n \leqslant x} \Lambda(n), \qquad \theta(x) = \sum_{p \leqslant x} \log p, \tag{9.1}$$

并且证明了

$$Ax - \frac{5}{2}\log x - 1 < \psi(x) < \frac{6}{5}Ax + \frac{5}{4\log 6}\log^2 x + \frac{5}{4}\log x + 1,$$

---

①li 读作 [lai]。

其中 $A=\log\frac{2^{\frac{1}{2}}3^{\frac{1}{3}}5^{\frac{1}{5}}}{30^{\frac{1}{30}}}=0.92129\cdots$，$\frac{6}{5}A=1.10555\cdots$。因为素数定理等价于

$$\psi(x)\sim x,\qquad \text{当 } x\to+\infty \text{ 时},$$

所以 Чебышев 的上下界估计与素数定理的预测有相同的阶。此后，人们把这种类型的上下界估计都称为 Чебышев 型估计，我们将在 §9.2 中给出这样的一个简单结果，而把 Чебышев 的原始估计放到 §9.2 习题 11 中。作为一个推论，Чебышев 还利用上述不等式证明了伯特朗（Bertrand）假设，我们会在 §9.4 对此进行讨论。

1859 年，B. Riemann[19] 建立了复变量的 ζ 函数与素数分布的关系，ζ 函数是按照

$$\zeta(s)=\sum_{n=1}^{\infty}\frac{1}{n^s},\qquad \operatorname{Re}s>1$$

来定义的，Riemann 把这个函数延拓为 $\mathbb{C}\setminus\{1\}$ 上的解析函数，研究了延拓后的函数（仍记做 $\zeta(s)$）的零点分布，并且建立了 $\pi(x)$ 与 $\zeta(s)$ 的零点之间的联系。沿着 Riemann 指明的道路，阿达马（J. Hadamard）[27] 和德·拉·瓦莱 – 布桑（de la Vallée Poussin）[28] 于 1896 年分别独立地证明了 $\zeta(s)$ 在 $\operatorname{Re}s=1$ 上没有零点，进而推出了素数定理。鉴于以上证明都用到了深刻的复分析工具，所以人们期望能用初等方法证明素数定理，而这一工作在 1949 年由塞尔伯格（A. Selberg）[29] 和爱尔迪希（P. Erdös）[30] 各自独立完成，他们的出发点都是著名的 Selberg 不等式：

$$\psi(x)\log x+\sum_{n\leqslant x}\psi\Big(\frac{x}{n}\Big)\Lambda(n)=2x\log x+O(x).$$

素数定理可按下述方式进行推广。设 $q>1$ 且 $(a,q)=1$，我们把算术级数 $\{a+qn:n\in\mathbb{Z}\}$ 中不超过 x 的素数个数记作 $\pi(x;q,a)$，那么类似于素数定理可以证明

$$\pi(x;q,a)\sim\frac{1}{\varphi(q)}\frac{x}{\log x},\qquad \text{当 } x\to+\infty \text{ 时}.$$

我们将在 §9.5 中证明一个较弱的结论。

习 题 9.1

1. 用 p_n 表示按从小到大顺序排列的第 n 个素数，在承认素数定理的条件下证明 $\lim\limits_{n\to\infty}\frac{p_n}{n\log n}=1$。
2. 设 $x\geqslant 2$，证明 $\theta(x)=\sum\limits_{n=1}^{\infty}\mu(n)\psi(x^{\frac{1}{n}})$。

3. 在承认素数定理的条件下证明：当 $x \to +\infty$ 时有

$$\sum_{p \leqslant x} \frac{\log p}{p} \sim \log x \qquad 与 \qquad \sum_{p \leqslant x} \frac{1}{p} \sim \log\log x.$$

4. 设 $0 < c < 2$，称形如 $[n^c]$（n 是正整数）的素数为皮亚捷茨基 – 夏皮洛（Piatetski–Shapiro）素数，

   (1) 证明：$[n^c]$ 是素数当且仅当存在存在素数 p 使得 $-(p+1)^{\frac{1}{c}} < -n \leqslant -p^{\frac{1}{c}}$；

   (2) 对给定的 c，用 $\pi_c(x)$ 表示不超过 x 的 Piatetski–Shapiro 素数的个数，在承认素数定理的前提下对 $c \in (0,1]$ 证明

$$\pi_c(x) \sim \frac{x^{\frac{1}{c}}}{\log x}, \qquad 当\ x \to +\infty\ 时.$$ ②

§9.2 Чебышев 定理与 Mertens 定理

我们沿用 (9.1) 中的记号。首先建立如下 Чебышев 型估计。

【定理 2.1】 对任意的 $x \geqslant 2$ 有

$$x\log 2 + O(\log x) < \psi(x) < x\log 4 + O(\log^2 x). \tag{9.2}$$

证明 在等式 $\sum\limits_{d|n} \varLambda(d) = \log n$ 两边对 $n \leqslant x$ 求和，则由第七章例 4.6 知

$$\sum_{n \leqslant x} \sum_{d|n} \varLambda(d) = x\log x - x + O(\log x). \tag{9.3}$$

因为上式左边等于

$$\sum_{n \leqslant x} \sum_{dm=n} \varLambda(d) = \sum_{dm \leqslant x} \varLambda(d) = \sum_{m \leqslant x} \psi\Big(\frac{x}{m}\Big),$$

故有

$$\sum_{m \leqslant x} \psi\Big(\frac{x}{m}\Big) = x\log x - x + O(\log x). \tag{9.4}$$

②Piatetski–Shapiro[31] 于 1953 年首先研究了这类素数的分布情况，他对 $c < \frac{12}{11} = 1.0909\cdots$ 证明了这一渐近公式成立，继续对更大范围的 c 证明该关系式是一个困难的问题，目前最好的结果是由里瓦特（J. Rivat）和萨格斯（P. Sargos）[32] 于 2001 年得到的，他们对 $c < \frac{2817}{2426} = 1.1611\cdots$ 证明了关于 $\pi_c(x)$ 的渐近公式成立。

在上式中将 x 换成 $\frac{x}{2}$ 可得

$$\sum_{m\leqslant\frac{x}{2}}\psi\Big(\frac{x}{2m}\Big)=\frac{x}{2}\log\frac{x}{2}-\frac{x}{2}+O(\log x).$$

现用 (9.4) 减去上式的两倍，便有

$$\psi(x)-\psi\Big(\frac{x}{2}\Big)+\psi\Big(\frac{x}{3}\Big)-\psi\Big(\frac{x}{4}\Big)+\cdots=x\log 2+O(\log x).$$

注意到 ψ 是递增函数，故而

$$x\log 2+O(\log x)<\psi(x)<\psi\Big(\frac{x}{2}\Big)+x\log 2+O(\log x),$$

左边不等式也即 (9.2) 中的下界。此外，由上式中右边不等式可得

$$\psi(x)=\sum_{j=0}^{[\log_2 x]}\left(\psi\Big(\frac{x}{2^j}\Big)-\psi\Big(\frac{x}{2^{j+1}}\Big)\right)<\sum_{j=0}^{[\log_2 x]}\left(\frac{x}{2^j}\log 2+O\Big(\log\frac{x}{2^j}\Big)\right)$$

$$<x(\log 2)\sum_{j=0}^{\infty}\frac{1}{2^j}+O(\log^2 x)=x\log 4+O(\log^2 x).$$

至此定理得证。 □

【**定理 2.2**】对 $x\geqslant 2$ 有

$$(\log 2)\frac{x}{\log x}\left(1+O\Big(\frac{1}{\log x}\Big)\right)<\pi(x)<(\log 4)\frac{x}{\log x}\left(1+O\Big(\frac{1}{\log x}\Big)\right).$$

证明 由 $\Lambda(n)$ 的定义知

$$\psi(x)=\sum_{p^\alpha\leqslant x}\log p=\theta(x)+\sum_{p^\alpha\leqslant x,\ \alpha\geqslant 2}\log p=\theta(x)+O\bigg(\sum_{p\leqslant\sqrt{x}}\Big[\frac{\log x}{\log p}\Big]\log p\bigg)$$

$$=\theta(x)+O(\sqrt{x}\log x).^{③}$$

于是由定理 2.1 可得

$$x\log 2+O(\sqrt{x}\log x)<\theta(x)<x\log 4+O(\sqrt{x}\log x).$$

另一方面，由第七章推论 4.4 知

$$\pi(x)=\frac{\theta(x)}{\log x}+\int_2^x\frac{\theta(t)}{t\log^2 t}\,\mathrm{d}t.$$

---

③若已知 $\pi(x)\ll\frac{x}{\log x}$，则可将该余项改进为 $O(\sqrt{x})$。

因此为了证明定理，只需证明

$$\int_2^x \frac{\mathrm{d}t}{\log^2 t} \ll \frac{x}{\log^2 x}$$

即可。对此，我们有

$$\int_2^x \frac{\mathrm{d}t}{\log^2 t} = \int_2^{\sqrt{x}} \frac{\mathrm{d}t}{\log^2 t} + \int_{\sqrt{x}}^x \frac{\mathrm{d}t}{\log^2 t} \ll \sqrt{x} + \frac{1}{(\log\sqrt{x}\,)^2}\int_{\sqrt{x}}^x \mathrm{d}t \ll \frac{x}{\log^2 x},$$

从而定理得证。 □

作为 (9.3) 式的一个副产品，我们可以得到下面的结论。

【命题 2.3】 对 $x \geqslant 2$ 有

(1) $\displaystyle\sum_{n\leqslant x} \frac{\Lambda(n)}{n} = \log x + O(1)$；

(2) $\displaystyle\sum_{p\leqslant x} \frac{\log p}{p} = \log x + O(1)$；

(3) $\displaystyle\sum_{p\leqslant x} \frac{1}{p} = \log\log x + A + O\Big(\frac{1}{\log x}\Big)$，其中 A 是一个绝对常数。

证明 交换 (9.3) 左边的求和号可得

$$\sum_{d\leqslant x} \Lambda(d)\Big[\frac{x}{d}\Big] = x\log x - x + O(\log x),$$

从而有

$$\sum_{d\leqslant x} \Lambda(d)\Big(\frac{x}{d} + O(1)\Big) = x\log x - x + O(\log x),$$

注意到由定理 2.1 知上式左边等于 $x\displaystyle\sum_{d\leqslant x}\frac{\Lambda(d)}{d} + O(x)$，故而 (1) 得证。

由 (1) 及 $\Lambda(n)$ 的定义知

$$\sum_{p\leqslant x} \frac{\log p}{p} + \sum_{p^\alpha\leqslant x,\ \alpha\geqslant 2} \frac{\log p}{p^\alpha} = \log x + O(1).$$

注意到

$$\sum_{p^\alpha\leqslant x,\ \alpha\geqslant 2} \frac{\log p}{p^\alpha} = \sum_{p\leqslant\sqrt{x}}\ \sum_{2\leqslant\alpha\leqslant(\log x)/\log p} \frac{\log p}{p^\alpha} \leqslant \sum_{p\leqslant\sqrt{x}} \frac{\log p}{p^2 - p} \ll 1,$$

其中最后一步用到了级数 $\displaystyle\sum_p \frac{\log p}{p^2 - p}$ 的收敛性，所以 (2) 得证。

最后，由 (2) 及第七章推论 4.4 知

$$\sum_{p\leqslant x}\frac{1}{p}=\frac{1}{\log x}\Big(\sum_{p\leqslant x}\frac{\log p}{p}\Big)+\int_2^x\Big(\sum_{p\leqslant t}\frac{\log p}{p}\Big)\frac{\mathrm{d}t}{t\log^2 t}$$
$$=\log\log x+1-\log\log 2+\int_2^x\Big(\sum_{p\leqslant t}\frac{\log p}{p}-\log t\Big)\frac{\mathrm{d}t}{t\log^2 t}+O\Big(\frac{1}{\log x}\Big)$$
$$=\log\log x+A+O\Big(\frac{1}{\log x}\Big),$$

其中

$$A=1-\log\log 2+\int_2^\infty\Big(\sum_{p\leqslant t}\frac{\log p}{p}-\log t\Big)\frac{\mathrm{d}t}{t\log^2 t}$$

是一个常数。这就证明了 (3)。 □

【**注 2.4**】在承认素数定理的前提下可以直接证明当 $x\to+\infty$ 时有

$$\sum_{p\leqslant x}\frac{\log p}{p}\sim\log x \qquad 与 \qquad \sum_{p\leqslant x}\frac{1}{p}\sim\log\log x$$

（参见 §9.1 习题 3），所以命题 2.3 的 (2) 和 (3) 是在未验证素数定理的前提下，在加权的意义下说明了素数定理的正确性。

命题 2.3 (3) 中的常数 A 可用另一种方式表示出来。

【**命题 2.5**】

$$A=\gamma+\sum_p\left(\log\Big(1-\frac{1}{p}\Big)+\frac{1}{p}\right),$$

其中 γ 是 Euler 常数。

证明 因为对任意的 $\delta\geqslant 0$ 有

$$\log\Big(1-\frac{1}{p^{1+\delta}}\Big)+\frac{1}{p^{1+\delta}}\ll\frac{1}{p^{2+2\delta}}\ll\frac{1}{p^2},$$

故而由魏尔斯特拉斯（Weierstrass）判别法知函数项级数

$$\sum_p\left(\log\Big(1-\frac{1}{p^{1+\delta}}\Big)+\frac{1}{p^{1+\delta}}\right)$$

在 $[0,+\infty)$ 上一致收敛。将其和函数记作 $S(\delta)$，那么 $S(\delta)$ 在 $[0,+\infty)$ 上连续[④]。

④关于函数项级数的一致收敛性以及和函数的性质可参见 [5] 的 §10.2 和 10.3。

一方面，当 $\delta\to 0^+$ 时

$$\sum_p \log\Big(1-\frac{1}{p^{1+\delta}}\Big)=\log\prod_p\Big(1-\frac{1}{p^{1+\delta}}\Big)=-\log\zeta(1+\delta)$$
$$=\log\delta+O(\delta), \tag{9.5}$$

上面最后两步分别用到了 Euler 恒等式（参见第七章定理 1.7）和第七章例 4.8。

另一方面，当 $\delta\in(0,1)$ 时，由分部求和知，对任意的 $x\geqslant 2$ 有

$$\sum_{p\leqslant x}\frac{1}{p^{1+\delta}}=\frac{1}{x^\delta}\sum_{p\leqslant x}\frac{1}{p}+\delta\int_2^x\Big(\sum_{p\leqslant t}\frac{1}{p}\Big)\frac{\mathrm{d}t}{t^{1+\delta}}.$$

将命题 2.3 (3) 代入可得

$$\begin{aligned}\sum_{p\leqslant x}\frac{1}{p^{1+\delta}}&=\frac{1}{x^\delta}\Big(\log\log x+A+O\Big(\frac{1}{\log x}\Big)\Big)\\&\quad+\delta\int_2^x\Big(\log\log t+A+O\Big(\frac{1}{\log t}\Big)\Big)\frac{\mathrm{d}t}{t^{1+\delta}}\\&=\delta\int_2^x\frac{\log\log t}{t^{1+\delta}}\mathrm{d}t+\frac{A}{2^\delta}+O\Big(\frac{\log\log x}{x^\delta}+\delta\int_2^x\frac{\mathrm{d}t}{t^{1+\delta}\log t}\Big).\end{aligned}$$

其中当 $x>\mathrm{e}^{\frac{1}{\sqrt{\delta}}}$ 时

$$\begin{aligned}\int_2^x\frac{\mathrm{d}t}{t^{1+\delta}\log t}&=\int_2^{\mathrm{e}^{\frac{1}{\sqrt{\delta}}}}\frac{\mathrm{d}t}{t^{1+\delta}\log t}+\int_{\mathrm{e}^{\frac{1}{\sqrt{\delta}}}}^x\frac{\mathrm{d}t}{t^{1+\delta}\log t}\\&\ll\int_2^{\mathrm{e}^{\frac{1}{\sqrt{\delta}}}}\frac{\mathrm{d}t}{t}+\sqrt{\delta}\int_2^{+\infty}\frac{\mathrm{d}t}{t^{1+\delta}}\ll\frac{1}{\sqrt{\delta}},\end{aligned}$$

因此当 $x>\mathrm{e}^{\frac{1}{\sqrt{\delta}}}$ 时

$$\sum_{p\leqslant x}\frac{1}{p^{1+\delta}}=\delta\int_2^x\frac{\log\log t}{t^{1+\delta}}\mathrm{d}t+\frac{A}{2^\delta}+O\Big(\frac{\log\log x}{x^\delta}+\sqrt{\delta}\Big).$$

在上式中令 $x\to+\infty$ 便可对任意的 $\delta\in(0,1)$ 得到

$$\sum_p\frac{1}{p^{1+\delta}}=\delta\int_1^{+\infty}\frac{\log\log t}{t^{1+\delta}}\mathrm{d}t+\frac{A}{2^\delta}+O(\sqrt{\delta}).$$

注意到由变量替换 $\delta\log t=u$ 可得

$$\int_1^{+\infty}\frac{\log\log t}{t^{1+\delta}}\mathrm{d}t=\frac{1}{\delta}\int_0^{+\infty}\mathrm{e}^{-u}\log\frac{u}{\delta}\mathrm{d}u$$

$$=\frac{1}{\delta}\Big(\int_0^{+\infty}\mathrm{e}^{-u}\log u\,\mathrm{d}u-(\log\delta)\int_0^{+\infty}\mathrm{e}^{-u}\,\mathrm{d}u\Big)$$

$$=-\frac{1}{\delta}(\gamma+\log\delta).\ ⑤$$

故有

$$\sum_{p\leqslant x}\frac{1}{p^{1+\delta}}=-\gamma-\log\delta+\frac{A}{2^\delta}+O(\sqrt{\delta}).\tag{9.6}$$

综合 (9.5) 与 (9.6) 知，当 $\delta\to0^+$ 时有

$$S(\delta)=\sum_p\Big(\log\Big(1-\frac{1}{p^{1+\delta}}\Big)+\frac{1}{p^{1+\delta}}\Big)=-\gamma+\frac{A}{2^\delta}+O(\sqrt{\delta}).$$

注意到由 S 的连续性知 $S(0)=\lim\limits_{\delta\to0+}S(\delta)$，从而命题得证。 □

【定理 2.6】(Mertens) 对任意的 $x\geqslant2$ 有

$$\prod_{p\leqslant x}\Big(1-\frac{1}{p}\Big)=\frac{\mathrm{e}^{-\gamma}}{\log x}\Big(1+O\Big(\frac{1}{\log x}\Big)\Big).$$

证明 注意到

$$\sum_{p>x}\Big(\log\Big(1-\frac{1}{p}\Big)+\frac{1}{p}\Big)\ll\sum_{p>x}\frac{1}{p^2}\ll\frac{1}{x},$$

故由命题 2.5 知

$$A=\gamma+\sum_{p\leqslant x}\log\Big(1-\frac{1}{p}\Big)+\sum_{p\leqslant x}\frac{1}{p}+O\Big(\frac{1}{x}\Big).$$

再将命题 2.3 (3) 代入即得

$$\sum_{p\leqslant x}\log\Big(1-\frac{1}{p}\Big)=-\gamma-\log\log x+O\Big(\frac{1}{\log x}\Big).$$

等式两边同时取指数函数便可得出定理结论。 □

习 题 9.2

1. 证明素数定理与下列命题等价:

   (1) $\psi(x)\sim x$（当 $x\to+\infty$ 时）;

   (2) $\theta(x)\sim x$（当 $x\to+\infty$ 时）。

---

⑤这里用到了 $\int_0^{+\infty}\mathrm{e}^{-u}\log u\,\mathrm{d}u=-\gamma$，参见 [5] §14.2 习题 15。

2. 证明：对任意的正整数 n 有

$$\sum_{p|n}\frac{\log p}{p}\ll\log\log(n+2).$$

3. （Чебышев）证明

$$\varliminf_{x\to+\infty}\frac{\psi(x)}{x}\leqslant 1\leqslant\varlimsup_{x\to+\infty}\frac{\psi(x)}{x}.$$

这意味着如果极限 $\lim\limits_{x\to+\infty}\dfrac{\psi(x)}{x}$ 存在，则极限值必等于 1。

4. 承认如下“带余项的”素数定理，即对任意的 $A>1$ 以及任意的 $x\geqslant 2$ 均有

$$\psi(x)=x+O\Big(\frac{x}{\log^A x}\Big).$$

证明：存在常数 C，使得对任意的 $A>1$ 以及任意的 $x\geqslant 2$ 均有

$$\sum_{n\leqslant x}\frac{\Lambda(n)}{n}=\log x+C+O\Big(\frac{1}{\log^A x}\Big).$$ ⑥

5. 在承认素数定理的条件下证明：存在由正整数组成的数列 $\{n_k\}$，使得当 $k\to\infty$ 时有

$$\tau(n_k)=n_k^{(\log 2+o(1))/\log\log n_k}.$$

这意味着第七章定理 3.1 中的上界是最优的。

6. 设 $2<z<x$，证明

$$\prod_{z<p\leqslant x}\Big(1-\frac{1}{p}\Big)\ll\frac{\log x}{\log z}.$$

7. 设 A 是一个给定的正实数，A 不是素数。证明：存在常数 $c\neq 0$，使得对任意的 $x\geqslant 2$ 有

$$\prod_{p\leqslant x}\Big(1-\frac{A}{p}\Big)=\frac{c}{(\log x)^A}\Big(1+O\Big(\frac{1}{\log x}\Big)\Big).$$

从第 8 题到第 11 题是一组题，介绍 Чебышев[26] 关于 $\psi(x)$ 的上、下界估计。

8. 记 $f(t)=[t]-\Big[\dfrac{t}{2}\Big]-\Big[\dfrac{t}{3}\Big]-\Big[\dfrac{t}{5}\Big]+\Big[\dfrac{t}{30}\Big]$，证明 f 是以 30 为周期的周期函数；

9. 设 f 如上题所设，证明 f 的值域为 $\{0,1\}$，且当 $t\in[1,6)$ 时 $f(t)=1$；

⑥事实上可以证明 $C=-\gamma$，其中 γ 是 Euler 常数。

10. 设 $x \geqslant 2$，把 (9.3) 左边记作 $S(x)$，并记

$$T(x) = S(x) - S\Big(\frac{x}{2}\Big) - S\Big(\frac{x}{3}\Big) - S\Big(\frac{x}{5}\Big) + S\Big(\frac{x}{30}\Big),$$

证明

$$\psi(x) - \psi\Big(\frac{x}{6}\Big) \leqslant T(x) \leqslant \psi(x).$$

11. 证明

$$Ax + O(\log x) \leqslant \psi(x) \leqslant \frac{6}{5}Ax + O(\log^2 x),$$

其中 $A = \log \dfrac{2^{\frac{1}{2}}3^{\frac{1}{3}}5^{\frac{1}{5}}}{30^{\frac{1}{30}}}$。

§9.3

一些推论

作为上节结论的应用，我们首先来讨论 $\varphi(n)$ 的下界。

【定理 3.1】 对任意的 $n \geqslant 2$ 有

$$\varphi(n) \geqslant \mathrm{e}^{-\gamma}\frac{n}{\log\log n}\Big(1 + O\Big(\frac{1}{\log\log n}\Big)\Big).$$

证明 显然有

$$\varphi(n) = n\prod_{p|n}\Big(1 - \frac{1}{p}\Big) \geqslant n\prod_{p\leqslant k}\Big(1 - \frac{1}{p}\Big),$$

其中 k 是满足 $\pi(k) \geqslant \omega(n)$ 的一个待定正整数。由于

$$\pi(k) \gg \frac{k}{\log k} \qquad 且 \qquad \omega(n) \ll \frac{\log n}{\log\log n},$$

故我们可以取 $k = [A\log n]$，其中 A 是一个充分大的常数。进而由 Mertens 定理知

$$\varphi(n) \geqslant n\cdot\frac{\mathrm{e}^{-\gamma}}{\log k}\Big(1 + O\Big(\frac{1}{\log k}\Big)\Big) = \mathrm{e}^{-\gamma}\frac{n}{\log\log n}\Big(1 + O\Big(\frac{1}{\log\log n}\Big)\Big).$$

□

对于除数和函数 $\sigma(n)$ 而言，因为由 (7.3) 中第二式知

$$\sigma(n) = \prod_{p^\alpha\|n}\frac{p^{\alpha+1}-1}{p-1} \leqslant \prod_{p^\alpha\|n}\frac{p^{\alpha+1}}{p-1} = n\prod_{p|n}\Big(1 - \frac{1}{p}\Big)^{-1} = \frac{n^2}{\varphi(n)},$$

所以结合定理 3.1 可立即得出 $\sigma(n)$ 的上界估计。

【定理 3.2】 对任意的 $n \geqslant 2$ 有

$$\sigma(n) \leqslant \mathrm{e}^{\gamma} n(\log\log n)\Big(1 + O\Big(\frac{1}{\log\log n}\Big)\Big).$$

接下来我们讨论 $\omega(n)$ 和 $\Omega(n)$ 的均值。

【定理 3.3】对 $x \geqslant 2$ 有

(1) $\displaystyle\sum_{n\leqslant x}\omega(n) = x\log\log x + Ax + O\Big(\frac{x}{\log x}\Big)$，这里 A 是命题 2.3 (3) 中的常数；

(2) $\displaystyle\sum_{n\leqslant x}\Omega(n) = x\log\log x + Bx + O\Big(\frac{x}{\log x}\Big)$，这里 $\displaystyle B = A + \sum_{p}\frac{1}{p(p-1)}$。

证明 因为

$$\sum_{n\leqslant x}\omega(n) = \sum_{n\leqslant x}\sum_{p|n}1 = \sum_{p\leqslant x}\Big[\frac{x}{p}\Big] = x\sum_{p\leqslant x}\frac{1}{p} + O\big(\pi(x)\big),$$

所以由命题 2.3 (3) 及定理 2.2 便可得到 (1)。

为了证明 (2)，我们注意到

$$\begin{aligned}\sum_{n\leqslant x}\big(\Omega(n) - \omega(n)\big) &= \sum_{n\leqslant x}\ \sum_{p^{\alpha}|n,\ \alpha\geqslant 2} 1 = \sum_{p^{\alpha}\leqslant x,\ \alpha\geqslant 2}\Big[\frac{x}{p^{\alpha}}\Big]\\ &= \sum_{p\leqslant\sqrt{x}}\ \sum_{2\leqslant\alpha\leqslant(\log x)/\log p}\Big(\frac{x}{p^{\alpha}} + O(1)\Big)\\ &= x\sum_{p\leqslant\sqrt{x}}\frac{p^{-2}}{1-p^{-1}}\Big(1 - p^{-[\frac{\log x}{\log p}]+1}\Big) + O\Big(\sum_{p\leqslant\sqrt{x}}\frac{\log x}{\log p}\Big)\\ &= x\sum_{p\leqslant\sqrt{x}}\frac{1}{p(p-1)} + O\Big(x\sum_{p\leqslant\sqrt{x}}\frac{1}{1-p^{-1}}\cdot p^{-\frac{\log x}{\log p}} + \sqrt{x}\Big)\\ &= x\sum_{p}\frac{1}{p(p-1)} + O(\sqrt{x}).\end{aligned}$$

从而定理得证。 □

当 $x \to +\infty$ 时容易验证（参见 §7.4 习题 4）

$$\sum_{2\leqslant n\leqslant x}\log\log n \sim x\log\log x,$$

因此结合上述定理便知 $\omega(n)$ 与 $\Omega(n)$ “在平均意义下”几乎等于 $\log\log n$。这一结论的一个定量描述最早是由哈代（G. H. Hardy）和 S. Ramanujan[33] 于 1917 年获得的。之后，图兰（P. Turán）[34] 于 1934 年给出了一个简化证明。

【定理 3.4】（Hardy–Ramanujan） 对任意的 $\varepsilon \in \left(0, \frac{1}{2}\right)$ 有

$$\left|\left\{2 \leqslant n \leqslant x : |\omega(n) - \log\log n| > (\log\log x)^{\frac{1}{2}+\varepsilon}\right\}\right| \ll \frac{x}{(\log\log x)^{2\varepsilon}}, \tag{9.7}$$

当把 $\omega(n)$ 换成 $\Omega(n)$ 时上式也成立。

证明 （Turán）首先来证明 (9.7)，这基于对均值

$$\sum_{2\leqslant n\leqslant x} (\omega(n) - \log\log n)^2$$

的计算。因为当 $\sqrt{x} < n \leqslant x$ 时有 $\log\log n = \log\log x + O(1)$，所以

$$\begin{aligned}\sum_{2\leqslant n\leqslant x} (\log\log x - \log\log n)^2 &= \sum_{2\leqslant n\leqslant \sqrt{x}} (\log\log x - \log\log n)^2 \\ &\quad + \sum_{\sqrt{x}<n\leqslant x} (\log\log x - \log\log n)^2 \\ &\ll \sqrt{x}(\log\log x)^2 + x \ll x.\end{aligned}$$

进而有

$$\begin{aligned}\sum_{2\leqslant n\leqslant x} (\omega(n) - \log\log n)^2 &\ll \sum_{2\leqslant n\leqslant x} (\omega(n) - \log\log x)^2 + \sum_{2\leqslant n\leqslant x} (\log\log x - \log\log n)^2 \\ &= \sum_{2\leqslant n\leqslant x} (\omega(n) - \log\log x)^2 + O(x).\end{aligned} \tag{9.8}$$

下面来计算上式右边第一项，我们有

$$\begin{aligned}\sum_{2\leqslant n\leqslant x} (\omega(n) - \log\log x)^2 &= \sum_{n\leqslant x} \omega(n)^2 - 2(\log\log x)\sum_{n\leqslant x}\omega(n) + [x](\log\log x)^2 \\ &= \sum_{n\leqslant x} \omega(n)^2 - x(\log\log x)^2 + O(x\log\log x),\end{aligned} \tag{9.9}$$

这里最后一步用到了定理 3.3 (1)。注意到

$$\begin{aligned}\sum_{n\leqslant x}\omega(n)^2 &= \sum_{n\leqslant x}\Bigg(\sum_{p_1|n} 1\Bigg)\Bigg(\sum_{p_2|n} 1\Bigg) = \sum_{p_1\leqslant x}\sum_{p_2\leqslant x}\sum_{\substack{n\leqslant x\\ [p_1,p_2]|n}} 1 \\ &= \sum_{p\leqslant x}\left[\frac{x}{p}\right] + \sum_{\substack{p_1\leqslant x\\ p_1\neq p_2}}\sum_{p_2\leqslant x}\left[\frac{x}{p_1p_2}\right] = \sum_{p\leqslant x}\left(\frac{x}{p} + O(1)\right) + \sum_{\substack{p_1p_2\leqslant x\\ p_1\neq p_2}}\left(\frac{x}{p_1p_2} + O(1)\right)\end{aligned}$$

$$= \sum_{p_1p_2 \leqslant x} \frac{x}{p_1p_2} + O\bigg(\sum_{p_1p_2 \leqslant x} 1 + x\log\log x\bigg)$$

$$= x\sum_{p_1p_2 \leqslant x} \frac{1}{p_1p_2} + O(x\log\log x),$$

并且由

$$\bigg(\sum_{p \leqslant \sqrt{x}} \frac{1}{p}\bigg)^2 \leqslant \sum_{p_1p_2 \leqslant x} \frac{1}{p_1p_2} \leqslant \bigg(\sum_{p \leqslant x} \frac{1}{p}\bigg)^2$$

及命题 2.3 (3) 知

$$\sum_{p_1p_2 \leqslant x} \frac{1}{p_1p_2} = (\log\log x)^2 + O(\log\log x),$$

故而

$$\sum_{n \leqslant x} \omega(n)^2 = x(\log\log x)^2 + O(x\log\log x).$$

将这代入 (9.9) 即得

$$\sum_{2 \leqslant n \leqslant x} (\omega(n) - \log\log x)^2 \ll x\log\log x,$$

结合 (9.8) 便知

$$\sum_{2 \leqslant n \leqslant x} (\omega(n) - \log\log n)^2 \ll x\log\log x.$$

因此若记 $N = \Big|\Big\{2 \leqslant n \leqslant x : |\omega(n) - \log\log n| > (\log\log x)^{\frac{1}{2}+\varepsilon}\Big\}\Big|$，则由上式知

$$N\big((\log\log x)^{\frac{1}{2}+\varepsilon}\big)^2 \leqslant \sum_{2 \leqslant n \leqslant x} (\omega(n) - \log\log n)^2 \ll x\log\log x,$$

从而 (9.7) 得证。

此外，对任意的 n 有 $\Omega(n) \geqslant \omega(n)$，且由定理 3.3 知

$$\sum_{n \leqslant x} (\Omega(n) - \omega(n)) \ll x,$$

所以与上面讨论类似可以证明区间 $[2, x]$ 中使得 $\Omega(n) - \omega(n) \gg (\log\log x)^{\frac{1}{2}+\varepsilon}$ 成立之 n 的个数为 $O\bigg(\dfrac{x}{(\log\log x)^{\frac{1}{2}+\varepsilon}}\bigg)$，由此立即得知在 (9.7) 中把 $\omega(n)$ 换成 $\Omega(n)$ 后该式依然成立。 □

习 题 9.3

从第 1 题到第 3 题是一组题，对 $\lambda \in (0,+\infty) \setminus \{1\}$ 来计算 $\sigma_\lambda(n)$ 的上界。

1. 设 $\lambda > 0$，证明：对任意的正整数 n 有

$$\sigma_\lambda(n) \leqslant n^\lambda \prod_{p|n} \left(1 - \frac{1}{p^\lambda}\right)^{-1}.$$

2. 设 $\lambda > 1$，证明 $\sigma_\lambda(n) \leqslant \zeta(\lambda) n^\lambda$ $(\forall\ n \in \mathbb{Z}_{\geqslant 1})$。

3. 设 $0 < \lambda < 1$，在承认素数定理的条件下证明当 $n \to \infty$ 时有

$$\sigma_\lambda(n) \leqslant n^\lambda \exp\left(\frac{(\log n)^{1-\lambda}}{(1-\lambda)\log\log n}(1+o(1))\right).$$

§9.4 Bertrand 假设

考察相邻素数之差是素数分布研究中的一个重要课题。孪生素数猜想认为存在无穷多对孪生素数。若以 p_n 表示按从小到大顺序排列的第 n 个素数，该猜想也即是说

$$\varliminf_{n\to\infty} (p_{n+1} - p_n) = 2.$$

这一猜想至今悬而未决，目前最好的结果是由 Polymath[35] 于 2014 年给出的：

$$\varliminf_{n\to\infty} (p_{n+1} - p_n) \leqslant 246.$$

本节的主要目的是使用初等方法证明如下的 Bertrand 假设 (Bertrand's postulate)，由之立即得到 $p_{n+1} - p_n \leqslant p_n$ $(\forall\ n)$。

【定理 4.1】(Bertrand 假设) 对任意的正整数 n 而言，区间 $(n, 2n]$ 之间至少有一个素数。

这一假设最早是由 J. Bertrand 提出的，并于 1850 年被 Чебышев 证明。这里给出的是 P. Erdös[36] 的简化证明。首先证明一个引理。

【引理 4.2】 对任意的正整数 n 有 $\prod_{p\leqslant n} p < 4^n$。

证明 只需对 $n \geqslant 3$ 来证明即可。利用数学归纳法。当 $n = 3$ 时命题显然成立。现设命题对满足 $n < N$ 的 n 均成立，则对 N 而言，若 N 不是素数，则有

$$\prod_{p\leqslant N} p = \prod_{p\leqslant N-1} p < 4^{N-1} < 4^N.$$

若 N 是素数，记 $N = 2k+1$，则由 $\prod_{k+1<p\leqslant N} p \,\Big|\, \binom{N}{k}$ 及归纳假设知

$$\prod_{p\leqslant N} p = \prod_{p\leqslant k+1} p \cdot \prod_{k+1<p\leqslant N} p < 4^{k+1}\binom{N}{k} \leqslant 2^{N+1}\cdot 2^{N-1} = 4^N.$$

从而引理得证。 □

<u>定理 4.1 的证明</u>. 先假设 $n \geqslant 600$。证明依赖于对二项式系数 $\binom{2n}{n}$ 的估计。一方面，由于 $\binom{2n}{n}$ 是诸二项式系数 $\binom{2n}{k}$ $(0 \leqslant k \leqslant 2n)$ 中最大的一项，并且 $\binom{2n}{n} \geqslant \binom{2n}{0} + \binom{2n}{2n}$，故有

$$\binom{2n}{n} \geqslant \frac{1}{2n}\sum_{k=0}^{2n}\binom{2n}{k} = \frac{4^n}{2n}. \tag{9.10}$$

另一方面，由第一章定理 5.5 知 $\binom{2n}{n}$ 有分解式 $\prod_{p\leqslant 2n} p^{\alpha_p}$，其中

$$\alpha_p = \sum_{j=1}^{\infty}\left(\left[\frac{2n}{p^j}\right] - 2\left[\frac{n}{p^j}\right]\right).$$

注意到对任意的 j 有 $0 \leqslant \left[\frac{2n}{p^j}\right] - 2\left[\frac{n}{p^j}\right] \leqslant 1$，故 $\alpha_p \leqslant \frac{\log 2n}{\log p}$。特别地，当 $p > \sqrt{2n}$ 时就有 $\alpha_p \leqslant 1$。此外，还可以验证当 $\frac{2}{3}n < p \leqslant n$ 时 $\left[\frac{2n}{p}\right] = 2$ 以及 $\left[\frac{n}{p}\right] = 1$，因此当 $\frac{2}{3}n < p \leqslant n$ 时 $\alpha_p = 0$。于是

$$\begin{aligned}\binom{2n}{n} &= \prod_{p\leqslant 2n} p^{\alpha_p} \leqslant \prod_{p\leqslant\sqrt{2n}} p^{\alpha_p}\cdot \prod_{\sqrt{2n}<p\leqslant\frac{2}{3}n} p \cdot \prod_{n<p\leqslant 2n} p \\ &\leqslant \left(\prod_{p\leqslant\sqrt{2n}} 2n\right)\cdot \prod_{p\leqslant\frac{2}{3}n} p \cdot \prod_{n<p\leqslant 2n} p\end{aligned}$$

$$\leqslant (2n)^{\frac{\sqrt{2n}}{2}+1} \cdot 4^{\frac{2}{3}n} \cdot \prod_{n<p\leqslant 2n} p,$$

上面最后一步用到了引理 4.2 及平凡估计 $\pi(x) \leqslant \dfrac{x}{2}+1$。结合 (9.10) 便得

$$\prod_{n<p\leqslant 2n} p > \frac{4^{\frac{n}{3}}}{(2n)^{\frac{\sqrt{2n}}{2}+2}} = \exp\left(\frac{\log 4}{3}n - \left(\frac{\sqrt{2n}}{2}+2\right)\log 2n\right).$$

因为 $n \geqslant 600$，故 $\dfrac{\sqrt{2n}}{2}+2 \leqslant \dfrac{5}{6}\sqrt{n}$，再注意到

$$\log 2n = 6\log(2n)^{\frac{1}{6}} \leqslant 6\log 2^{(2n)^{\frac{1}{6}}} = 6(2n)^{\frac{1}{6}}\log 2,$$

就可得到

$$\prod_{n<p\leqslant 2n} p > \exp\left(\frac{\log 4}{3}n^{\frac{2}{3}}\left(n^{\frac{1}{3}} - \frac{15}{2}\cdot 2^{\frac{1}{6}}\right)\right).$$

而由 $n \geqslant 600$ 知 $n^{\frac{1}{3}} - \dfrac{15}{2}\cdot 2^{\frac{1}{6}} > 0$，所以 $\prod\limits_{n<p\leqslant 2n} p > 1$，这就对 $n \geqslant 600$ 证明了定理。

此外，注意到

$$2,\quad 3,\quad 5,\quad 7,\quad 13,\quad 23,\quad 43,\quad 83,\quad 163,\quad 317,\quad 631$$

均为素数，并且每个数均不超过其前一个数的两倍，这说明定理 4.1 对 $n \leqslant 600$ 也成立。至此，定理得证。 □

习 题 9.4

1. 令

$$S = \left\{n \in \mathbb{Z}_{>2} : \text{区间 } (1,n) \text{ 中与 } n \text{ 互素的每个整数均是素数}\right\},$$

证明 $\max S = 30$。

2. （Richert[37]）证明：每个大于 6 的整数都可以写成一些互不相同的素数之和⑦。

⑦Goldbach 猜想宣称：每个不小于 6 的偶数都可以写成两个奇素数之和。这一猜想至今悬而未决。

§9.5 Dirichlet 定理

本节的目的是对 $(a,q)=1$ 的情况证明算术级数

$$\{a+qn:n\in\mathbb{Z}\}$$

中有无穷多个素数，这一结论最早是由 Dirichlet 于 1837 年证明的，因此后人把它称为 Dirichlet 定理。

【定理 5.1】（Dirichlet） 设 $(a,q)=1$，则算术级数 $\{a+qn:n\in\mathbb{Z}\}$ 中有无穷多个素数。

事实上我们要证明如下比上述结论更强的类似于命题 2.3 的结果，这一做法最早出现在 E. Landau 的著作 [38] 的 §110 中，在 Landau 给出的框架下夏皮洛（H. N. Shapiro）[39] 于 1950 年又重新给出了一个证明，两者主要的差别在于使用了不同的方法对复特征 χ 去证明 $L(1,\chi)=\sum\limits_{n=1}^{\infty}\dfrac{\chi(n)}{n}\neq 0$。在这里我们采用 Shapiro 的做法，希望了解 Landau 的证明的读者可参见习题 $3\sim 6$。

【命题 5.2】 设 $q\geqslant 1$ 且 $(a,q)=1$，则对任意的 $x\geqslant 2$ 有

$$\sum_{\substack{p\leqslant x\\ p\equiv a\,(\mathrm{mod}\ q)}}\frac{\log p}{p}=\frac{1}{\varphi(q)}\log x+O(1),$$

其中 O 常数仅依赖于 q。

首先来说一下证明的基本想法。由 Dirichlet 特征的正交性知

$$\begin{aligned}\sum_{\substack{p\leqslant x\\ p\equiv a\,(\mathrm{mod}\ q)}}\frac{\log p}{p}&=\sum_{p\leqslant x}\frac{\log p}{p}\cdot\frac{1}{\varphi(q)}\sum_{\chi\,(\mathrm{mod}\ q)}\chi(p)\overline{\chi}(a)\\&=\frac{1}{\varphi(q)}\sum_{\chi\,(\mathrm{mod}\ q)}\overline{\chi}(a)\sum_{p\leqslant x}\frac{\chi(p)\log p}{p},\end{aligned}$$

其中主特征的贡献为

$$\frac{1}{\varphi(q)}\sum_{p\leqslant x,\ p\nmid q}\frac{\log p}{p}=\frac{1}{\varphi(q)}\sum_{p\leqslant x}\frac{\log p}{p}+O(1)=\frac{1}{\varphi(q)}\log x+O(1),$$

上面最后一步用到了命题 2.3 (2)，并且 O 常数仅依赖于 q。于是

$$\sum_{\substack{p\leqslant x\\ p\equiv a\,(\mathrm{mod}\ q)}}\frac{\log p}{p}=\frac{1}{\varphi(q)}\log x+\frac{1}{\varphi(q)}\sum_{\substack{\chi\,(\mathrm{mod}\ q)\\ \chi\neq\chi_0}}\overline{\chi}(a)\sum_{p\leqslant x}\frac{\chi(p)\log p}{p}+O(1).\qquad(9.11)$$

与 §9.2 类似，我们要把对素变量函数的求和转化为对 von Mangoldt 函数的求和。事实上，因为

$$\begin{aligned}\sum_{n\leqslant x}\frac{\chi(n)\Lambda(n)}{n}&=\sum_{p\leqslant x}\frac{\chi(p)\log p}{p}+\sum_{p^\alpha\leqslant x,\ \alpha\geqslant 2}\frac{\chi(p)\log p}{p^\alpha}\\&=\sum_{p\leqslant x}\frac{\chi(p)\log p}{p}+O\bigg(\sum_{p\leqslant\sqrt{x}}\ \sum_{2\leqslant\alpha\leqslant(\log x)/\log p}\frac{\log p}{p^\alpha}\bigg)\\&=\sum_{p\leqslant x}\frac{\chi(p)\log p}{p}+O\bigg(\sum_{p\leqslant\sqrt{x}}\frac{\log p}{p^2-p}\bigg)\\&=\sum_{p\leqslant x}\frac{\chi(p)\log p}{p}+O(1),\end{aligned}$$

所以由 (9.11) 知

$$\sum_{\substack{p\leqslant x\\ p\equiv a\,(\mathrm{mod}\ q)}}\frac{\log p}{p}=\frac{1}{\varphi(q)}\log x+\frac{1}{\varphi(q)}\sum_{\substack{\chi\,(\mathrm{mod}\ q)\\ \chi\neq\chi_0}}\overline{\chi}(a)\sum_{n\leqslant x}\frac{\chi(n)\Lambda(n)}{n}+O(1).\tag{9.12}$$

如果能对任意的非主特征 χ 证明

$$\sum_{n\leqslant x}\frac{\chi(n)\Lambda(n)}{n}\ll 1,\tag{9.13}$$

就可以证明命题 5.2。

下面我们来做一个启发式的讨论。在 §8.1 习题 6 中我们对非主特征 χ 验证了 $\sum\limits_{n=1}^{\infty}\frac{\chi(n)}{n^s}$ 收敛的充要条件是 $s>0$，因此对 $s>0$ 记

$$L(s,\chi)=\sum_{n=1}^{\infty}\frac{\chi(n)}{n^s},$$

并称之为 Dirichlet L 函数。此外，由 §8.1 习题 7 (2) 知当 $s>0$ 时

$$L'(s,\chi)=-\sum_{n=1}^{\infty}\frac{\chi(n)\log n}{n^s}.$$

注意到 (9.13) 左边是级数 $\sum\limits_{n=1}^{\infty}\frac{\chi(n)\Lambda(n)}{n}$ 的部分和，并且在 §8.1 习题 7 (4) 中我们已经对 $s>1$ 验证了

$$L(s,\chi)\sum_{n=1}^{\infty}\frac{\chi(n)\Lambda(n)}{n^s}=-L'(s,\chi).$$

因此对于 $s=1$ 而言当把上式中的级数换成部分和时我们自然也期望有

$$L(1,\chi)\sum_{n\leqslant x}\frac{\chi(n)\Lambda(n)}{n}=O(1),$$

这意味着如果能证明 $L(1,\chi)\neq 0$，那么就能得出 (9.13)。下面我们来看看如何具体实施上述想法。

【引理 5.3】 设 χ 是模 q 的非主特征，f 是定义在 $\mathbb{R}_{\geqslant 1}$ 上的单调递减函数且 $\lim\limits_{x\to+\infty}f(x)=0$，则级数 $\sum\limits_{n=1}^{\infty}\chi(n)f(n)$ 收敛，且对任意的 $x\geqslant 1$ 有

$$\sum_{n\leqslant x}\chi(n)f(n)=\sum_{n=1}^{\infty}\chi(n)f(n)+O(f(x)),$$

其中 O 常数仅依赖于 q。

证明 因为 $\sum\limits_{n=1}^{q}\chi(n)=0$，所以对任意的 $x\geqslant 1$ 有 $\Big|\sum\limits_{n\leqslant x}\chi(n)\Big|\leqslant q$，进而由 Abel 求和公式（第七章定理 4.1）知对任意的 $1\leqslant M<N$ 有

$$\sum_{M<n\leqslant N}\chi(n)f(n)\ll f(M).$$

又因为 $\lim\limits_{x\to+\infty}f(x)=0$，故由柯西（Cauchy）收敛准则知级数 $\sum\limits_{n=1}^{\infty}\chi(n)f(n)$ 收敛。此外，由上式还可得到

$$\sum_{n\leqslant x}\chi(n)f(n)=\sum_{n=1}^{\infty}\chi(n)f(n)-\sum_{n>x}\chi(n)f(n)=\sum_{n=1}^{\infty}\chi(n)f(n)+O(f(x)).$$

□

【引理 5.4】 设 χ 是模 q 的非主特征，则

$$\sum_{n\leqslant x}\frac{\chi(n)\Lambda(n)}{n}=\begin{cases}O(1), & \text{若 } L(1,\chi)\neq 0,\\ -\log x+O(1), & \text{若 } L(1,\chi)=0.\end{cases}$$

证明 由引理 5.3 知

$$\begin{aligned}L(1,\chi)\sum_{n\leqslant x}\frac{\chi(n)\Lambda(n)}{n}&=\sum_{n\leqslant x}\frac{\chi(n)\Lambda(n)}{n}\bigg(\sum_{m\leqslant x/n}\frac{\chi(m)}{m}+O\Big(\frac{n}{x}\Big)\bigg)\\&=\sum_{n\leqslant x}\sum_{m\leqslant x/n}\frac{\chi(mn)\Lambda(n)}{mn}+O\Big(\frac{\psi(x)}{x}\Big)\end{aligned}$$

进而利用定理 2.1 以及第七章例 2.3 可得

$$L(1,\chi)\sum_{n\leqslant x}\frac{\chi(n)\Lambda(n)}{n}=\sum_{k\leqslant x}\frac{\chi(k)}{k}\sum_{mn=k}\Lambda(n)+O(1)$$
$$=\sum_{k\leqslant x}\frac{\chi(k)\log k}{k}+O(1)=O(1).$$

所以当 $L(1,\chi)\neq 0$ 时 $\sum\limits_{n\leqslant x}\frac{\chi(n)\Lambda(n)}{n}=O(1)$。

下面来讨论 $L(1,\chi)=0$ 的情况。我们记 $G(x)=x\log x$ 以及

$$F(x)=\sum_{n\leqslant x}\chi(n)G\Big(\frac{x}{n}\Big),$$

则由引理 5.3 及 $L(1,\chi)=0$ 知

$$F(x)=\sum_{n\leqslant x}\chi(n)\frac{x}{n}\log\frac{x}{n}=x(\log x)\sum_{n\leqslant x}\frac{\chi(n)}{n}-x\sum_{n\leqslant x}\frac{\chi(n)\log n}{n}$$
$$=x(\log x)\Big(L(1,\chi)+O\Big(\frac{1}{x}\Big)\Big)-x\Big(-L'(1,\chi)+O\Big(\frac{\log x}{x}\Big)\Big)$$
$$=xL'(1,\chi)+O(\log x).$$

于是由 Möbius 反转公式的一个变形（§7.2 习题 12）知

$$x\log x=G(x)=\sum_{n\leqslant x}\mu(n)\chi(n)F\Big(\frac{x}{n}\Big)=\sum_{n\leqslant x}\mu(n)\chi(n)\Big(\frac{x}{n}L'(1,\chi)+O\Big(\log\frac{x}{n}\Big)\Big)$$
$$=xL'(1,\chi)\sum_{n\leqslant x}\frac{\mu(n)\chi(n)}{n}+O\Big(\sum_{n\leqslant x}\log\frac{x}{n}\Big)$$
$$=xL'(1,\chi)\sum_{n\leqslant x}\frac{\mu(n)\chi(n)}{n}+O(x).$$

注意到再次应用引理 5.3 可得

$$L'(1,\chi)\sum_{n\leqslant x}\frac{\mu(n)\chi(n)}{n}=\sum_{n\leqslant x}\frac{\mu(n)\chi(n)}{n}\Big(-\sum_{m\leqslant x/n}\frac{\chi(m)\log m}{m}+O\Big(\frac{n}{x}\log\frac{x}{n}\Big)\Big)$$
$$=-\sum_{n\leqslant x}\sum_{m\leqslant x/n}\frac{\chi(mn)\mu(n)\log m}{mn}+O\Big(\frac{1}{x}\sum_{n\leqslant x}\log\frac{x}{n}\Big)$$
$$=-\sum_{k\leqslant x}\frac{\chi(k)}{k}\sum_{mn=k}\mu(n)\log m+O(1)$$

$$= -\sum_{k\leqslant x}\frac{\chi(k)\Lambda(k)}{k} + O(1),$$

所以

$$\sum_{k\leqslant x}\frac{\chi(k)\Lambda(k)}{k} = -\log x + O(1).$$

□

【**命题 5.5**】对于模 q 的任意非主特征 χ 均有 $L(1,\chi)\neq 0$。

证明 首先考虑 χ 为实特征的情形，下面的初等证明出自于 E. Landau 的著作 [38] 的 §106。

记 $h(n)=\sum_{d|n}\chi(d)$ 以及

$$H(x)=\sum_{n\leqslant x}\frac{h(n)}{\sqrt{n}}.$$

一方面，利用双曲求和法（参见第七章定理 4.9）、§7.4 习题 6 以及引理 5.3 可得

$$\begin{aligned}
H(x) &= \sum_{d\ell\leqslant x}\frac{\chi(d)}{\sqrt{d\ell}} \\
&= \sum_{d\leqslant\sqrt{x}}\frac{\chi(d)}{\sqrt{d}}\sum_{\ell\leqslant x/d}\frac{1}{\sqrt{\ell}} + \sum_{\ell\leqslant\sqrt{x}}\frac{1}{\sqrt{\ell}}\sum_{d\leqslant x/\ell}\frac{\chi(d)}{\sqrt{d}} - \sum_{d\leqslant\sqrt{x}}\frac{\chi(d)}{\sqrt{d}}\sum_{\ell\leqslant\sqrt{x}}\frac{1}{\sqrt{\ell}} \\
&= \sum_{d\leqslant\sqrt{x}}\frac{\chi(d)}{\sqrt{d}}\left(2\sqrt{\frac{x}{d}} + C + O\left(\sqrt{\frac{d}{x}}\right)\right) + \sum_{\ell\leqslant\sqrt{x}}\frac{1}{\sqrt{\ell}}\left(L\left(\frac{1}{2},\chi\right) + O\left(\sqrt{\frac{\ell}{x}}\right)\right) \\
&\quad - \sum_{\ell\leqslant\sqrt{x}}\frac{1}{\sqrt{\ell}}\left(L\left(\frac{1}{2},\chi\right) + O\left(\frac{1}{\sqrt[4]{x}}\right)\right) \\
&= 2\sqrt{x}\sum_{d\leqslant\sqrt{x}}\frac{\chi(d)}{d} + O(1) = 2\sqrt{x}\left(L(1,\chi) + O\left(\frac{1}{\sqrt{x}}\right)\right) + O(1) \\
&= 2\sqrt{x}\,L(1,\chi) + O(1),
\end{aligned}$$

上式中的 C 是 §7.4 习题 6 中的常数。另一方面，因为 χ 是实特征，所以取值只能是 ±1，进而由第七章命题 2.6 知

$$h(n) = \prod_{p^\alpha\|n}\left(1+\chi(p)+\chi(p)^2+\cdots+\chi(p)^\alpha\right) \geqslant \begin{cases} 0, & \forall\, n, \\ 1, & 若\ n\ 是完全平方数. \end{cases}$$

于是

$$H(x) \geqslant \sum_{m\leqslant\sqrt{x}}\frac{h(m^2)}{m} \geqslant \sum_{m\leqslant\sqrt{x}}\frac{1}{m} = \frac{1}{2}\log x + O(1).$$

综合两方面便知 $L(1,\chi)\neq 0$。

接下来证明任一非主特征 χ 均满足 $L(1,\chi)\neq 0$。事实上，若用 $N(q)$ 表示满足 $L(1,\chi)=0$ 的模 q 的非主特征 χ 的个数，那么由上一段知这样的 χ 必为复特征，注意到 $L(1,\chi)=0$ 当且仅当 $L(1,\overline{\chi})=0$，所以满足 $L(1,\chi)=0$ 的复特征 χ 成对出现，故而 $2\mid N(q)$。此外，在 (9.12) 中取 $a=1$ 并使用引理 5.4 可得

$$\sum_{\substack{p\leqslant x\\ p\equiv 1\,(\mathrm{mod}\ q)}}\frac{\log p}{p}=\frac{1-N(q)}{\varphi(q)}\log x+O(1).$$

注意到上式左边不小于 0，所以必有 $0\leqslant N(q)\leqslant 1$，再结合 $2\mid N(q)$ 便知 $N(q)=0$。从而命题得证。 □

由命题 5.5 和引理 5.4 可立即对模 q 的任意非主特征 χ 得出 (9.13)，这样就完成了对命题 5.2 的证明。

习 题 9.5

1. 设 q 是一个正整数，$(a,q)=1$，$x\geqslant 2$，证明

$$\sum_{\substack{p\leqslant x\\ p\equiv a\,(\mathrm{mod}\ q)}}\frac{1}{p}=\frac{1}{\varphi(q)}\log\log x+A+O\Big(\frac{1}{\log x}\Big),$$

其中 A 是一个与 q 和 a 相关的常数，且 O 常数仅依赖于 q。

2. 设 χ 是模 q 的特征，证明：对任意的 $\alpha>0$ 有 $\displaystyle\varlimsup_{n\to\infty}\frac{|\chi(n)\tau(n)|}{\log^{\alpha}n}=+\infty$。

从第 3 题到第 6 题是一组题，对模 q ($\geqslant 5$) 的任意复特征 χ 证明 $L(1,\chi)\neq 0$，这里的方法源于 E. Landau[38]。

3. 设 $s>1$，证明：对于模 q 的任一特征 χ 均有

$$\log L(s,\chi)=\sum_{p}\sum_{m=1}^{\infty}\frac{\chi(p^m)}{mp^{ms}},$$

其中 log 是定义在 $\mathbb{C}\setminus\{0\}$ 上的对数函数满足 $\log 1=0$ 的一支。

4. 证明

$$\prod_{\chi\,(\mathrm{mod}\ q)}L(s,\chi)>1,\qquad \forall\ s>1.$$

5. 证明极限 $\displaystyle\lim_{s\to 1^+}(s-1)L(s,\chi_0)$ 存在。

6. 利用 §8.1 习题 7 (2) 中针对非主特征 χ 所得到的 $L(s,\chi)$ 在 $s=1$ 处的可导性证明：如果存在复特征 χ 使得 $L(1,\chi)=0$，则有

$$\lim_{s\to 1^+}\prod_{\chi\,(\mathrm{mod}\ q)} L(s,\chi)=0.$$

因此结合习题 4 便知对任意的复特征 $\chi \bmod q$ 均有 $L(1,\chi)\neq 0$。

习 题 解 答 与 提 示

第一章

习题 1.1

2. 因为 n 是奇数，所以存在整数 k 使得 $n=2k+1$，进而有

$$n^2-1=(2k+1)^2-1=4k(k+1).$$

注意到 k 和 $k+1$ 中有一个是偶数，所以 $8\mid n^2-1$。

3. 由带余数除法知存在整数 q,r 使得

$$n=6q+r \qquad 且 \qquad 0\leqslant r\leqslant 5.$$

于是

$$n(n+1)(2n+1)=(6q+r)(6q+r+1)(12q+2r+1)$$

可写成 $6A+r(r+1)(2r+1)$ 的形式，其中 $A\in\mathbb{Z}$。逐一验证知，当 $0\leqslant r\leqslant 5$ 时 $r(r+1)(2r+1)$ 均是 6 的倍数，因此 $6\mid n(n+1)(2n+1)$。

4. 由二项式定理知

$$(n+1)^k-1=\sum_{j=1}^{k}\binom{k}{j}n^j=kn+\sum_{j=2}^{k}\binom{k}{j}n^j,$$

因此 $n^2\mid(n+1)^k-1$ 当且仅当 $n\mid k$。

5. 若 a 与 b 一奇一偶，则 a^2-b^2+2 是奇数，当然有 $4\nmid a^2-b^2+2$；若 a 与 b 有相同的奇偶性，则 $a^2-b^2=(a+b)(a-b)$ 是 4 的倍数，从而 $4\nmid a^2-b^2+2$。

6. 因为 $3\nmid xy$，所以 x 和 y 除以 3 的余数为 1 或 -1，从而 x^2+y^2 除以 3 的余数是 2。但是任一完全平方数除以 3 的余数只能是 0 或 1，故而 x^2+y^2 不是完全平方数。

7. 因为 $\dfrac{(3n)!}{3^n n!}=\prod\limits_{k=1}^{n}(3k-2)(3k-1)$，而 $3k-2$ 和 $3k-1$ 中有一个是偶数，所以 $2^n\,\Big|\,\dfrac{(3n)!}{3^n n!}$，进而有 $6^n n!\mid(3n)!$。

8. 由例 1.3 知，当 n 为偶数时 $2 \mid f(n)-f(0)$；当 n 为奇数时 $2 \mid f(n)-f(1)$。因为 $f(0)$ 与 $f(1)$ 都是奇数，所以对任意的整数 n 而言 $f(n)$ 均是奇数，因此 f 没有整数根。

9. 只需对 f 是单项式的情形来证明即可。设 $f(x_1,\cdots,x_n)=x_1^{m_1}\cdots x_n^{m_n}$，其中 m_j 均是非负整数。由二项式定理知

$$\begin{aligned} f(a_1,\cdots,a_n) &= \prod_{j=1}^{n}\big(b_j+(a_j-b_j)\big)^{m_j} \\ &= \prod_{j=1}^{n}\bigg(b_j^{m_j}+\sum_{1\leqslant \ell\leqslant m_j}\binom{m_j}{\ell}b_j^{m_j-\ell}(a_j-b_j)^{\ell}\bigg), \end{aligned}$$

因为 $d \mid a_j-b_j\ (1\leqslant j\leqslant n)$，所以当把上式右边的乘积展开后，除了 $b_1^{m_1}\cdots b_n^{m_n}$ 以外的各项均是 d 的倍数，因此 $d \mid f(a_1,\cdots,a_n)-f(b_1,\cdots,b_n)$。

10. 绝对最小余数不一定是唯一的，例如 $10=2\cdot 4+2=3\cdot 4-2$，因此 ± 2 均是 10 除以 4 的绝对最小余数。然而，在带余数除法算式

$$a=bq+r \qquad 且 \qquad -\frac{b}{2}\leqslant r\leqslant \frac{b}{2}$$

中，除了 b 为偶数且 $r=\pm\dfrac{b}{2}$ 的情况之外，绝对最小余数均是唯一的。

11. 因为 0 的十进制表示显然是唯一的，所以我们只需讨论正整数的情况。我们对 n 使用归纳法证明每个位于区间 $[10^n,10^{n+1})$ 的正整数均可唯一地写成

$$a_n\cdot 10^n+a_{n-1}\cdot 10^{n-1}+\cdots+a_1\cdot 10+a_0$$

的形式，其中 $a_j\in\mathbb{Z}_{\geqslant 0}\cap[0,9]\ (0\leqslant j\leqslant n)$ 且 $a_n\neq 0$。

首先，$n=0$ 的情况是显然成立的。其次，假设命题对 $<n$ 的情形皆成立，下面来证明 n 的情形。设 $A\in[10^n,10^{n+1})$，由带余数除法知存在唯一的 a_n 和 r 使得

$$A=a_n\cdot 10^n+r, \qquad 且 \qquad 0\leqslant r<10^n.$$

因为 $A\in[10^n,10^{n+1})$，所以 $a_n\in[1,9]$。此外，由 $0\leqslant r<10^n$ 知要么 $r=0$，要么存在整数 $m\in[1,n-1]$ 使得 $r\in[10^m,10^{m+1})$。若前者成立，则命题已然获证；若后者成立，则由归纳假设知 r 可唯一地写成

$$a_m\cdot 10^m+a_{m-1}\cdot 10^{m-1}+\cdots+a_1\cdot 10+a_0$$

的形式，其中 $a_j \in \mathbb{Z}_{\geqslant 0} \cap [0,9]$ $(0 \leqslant j \leqslant m)$ 且 $a_m \neq 0$，因此 A 可唯一地写成

$$A = a_n \cdot 10^n + a_m \cdot 10^m + a_{m-1} \cdot 10^{m-1} + \cdots + a_1 \cdot 10 + a_0$$

的形式。至此命题得证。

习题 1.2

2. (1) 15；(2) 62；(3) 17；(4) 17；(5) 123；(6) 24。

3. $(105,182)=7$。例如可取 $x=7$，$y=-4$。

4. 由命题 2.2 (4) 知

$$(21n+4, 14n+3) = (7n+1, 14n+3) = (7n+1, 1) = 1.$$

5. 由命题 2.10 (3) 知，只需验证 $3 \mid n(n^2-1)$ 与 $8 \mid n(n^2-1)$ 即可。一方面，由 $n(n^2-1)=(n-1)n(n+1)$ 是三个连续整数之积知 $3 \mid n(n^2-1)$，另一方面，由 §1.1 习题 2 知 $8 \mid n(n^2-1)$，从而命题得证。

6. 利用 $3(9a+5b)-5(2a+3b)=17a$ 及命题 2.10 (2)。

7. 因为 $(a,b)=1$，所以 $(a+b,a)=(a+b,b)=1$，进而有

$$(a+b, a^2+ab+b^2) = (a+b, (a+b)^2-ab) = (a+b, -ab) = 1.$$

8. 设利用辗转相除法可得

$$\begin{aligned}
m &= nq_1 + r_1, & 0 < r_1 < n,\\
n &= r_1q_2 + r_2, & 0 < r_2 < r_1,\\
&\vdots\\
r_{k-2} &= r_{k-1}q_k + r_k, & 0 < r_k < r_{k-1},\\
r_{k-1} &= r_kq_{k+1},
\end{aligned}$$

则 $r_k = (m,n)$。于是

$$\begin{aligned}
(a^m-b^m, a^n-b^n) &= (a^{nq_1+r_1}-b^{nq_1+r_1}, a^n-b^n)\\
&= (a^{r_1}(a^{nq_1}-b^{nq_1}) + a^{r_1}b^{nq_1} - b^{nq_1+r_1}, a^n-b^n)\\
&= (b^{nq_1}(a^{r_1}-b^{r_1}), a^n-b^n)
\end{aligned}$$

因为 $(a,b)=1$，所以 $(b^{nq_1}, a^n-b^n)=1$，进而有

$$(a^m-b^m, a^n-b^n) = (a^n-b^n, a^{r_1}-b^{r_1}) = \cdots = (a^{r_{k-1}}-b^{r_{k-1}}, a^{r_k}-b^{r_k})$$

$$= a^{r_k} - b^{r_k} = a^{(m,n)} - b^{(m,n)}.$$

9. 只需证明 $\sqrt{2}+1$ 是无理数就行，这可用与例 2.8 类似的方式证明。

10. 一方面，如果 $r_{k+1} \leqslant \frac{1}{2}r_k$，那么当然有 $r_{k+2} < r_{k+1} \leqslant \frac{1}{2}r_k$；另一方面，若 $r_{k+1} > \frac{1}{2}r_k$，则由 $r_k = r_{k+1}q_{k+2} + r_{k+2}$ 知必有 $q_{k+2} = 1$，从而 $r_{k+2} = r_k - r_{k+1} < \frac{1}{2}r_k$。

此外，利用归纳可得 $r_{2k+1} \leqslant \frac{r_1}{2^k} < \frac{b}{2^k}$，所以当 $\frac{b}{2^k} < 1$ 时 r_{2k+1} 只能是 0，因此 (1.2) 中的算法在运算不超过 $2\log_2 b + 1$ 步后就会终止。

11. 对于 a_1 的每个正因子 d，记

$$S_d = \{a_n : (a_n, a_1) = d\}.$$

因为 a_1 至多有有限多个正因子，所以必存在 $d_0 \mid a_1$ 使得 S_{d_0} 是无限集。现取 $a_t \in S_{d_0}$，则由辗转相除法知存在 $x, y \in \mathbb{Z}$ 使得 $a_1x + a_ty = d_0$。于是对 S_{d_0} 中的任一元素 a_n 均有

$$a_n = d_0 \cdot \frac{a_n}{d_0} = a_1 \cdot \frac{xa_n}{d_0} + a_t \cdot \frac{ya_n}{d_0},$$

并且 $\frac{xa_n}{d_0}$ 与 $\frac{ya_n}{d_0}$ 皆是整数。

习题 1.3

1. (1) 315；　(2) 336；　(3) 3432；　(4) 10920。

2. 设 $a = 10x$，$b = 10y$，$c = 10z$，则 $x < y < z$，$(x, y, z) = 1$，且 $[x, y, z] = 10$。由于 10 的因数只有 1，2，5，10，故有四种可能：

(1) $x = 1$，$y = 2$，$z = 5$，此时 $a = 10$，$b = 20$，$c = 50$；

(2) $x = 1$，$y = 2$，$z = 10$，此时 $a = 10$，$b = 20$，$c = 100$；

(3) $x = 1$，$y = 5$，$z = 10$，此时 $a = 10$，$b = 50$，$c = 100$；

(4) $x = 2$，$y = 5$，$z = 10$，此时 $a = 20$，$b = 50$，$c = 100$。

3. 由 $a - 2b = 13$ 知 $(a, b) \mid 13$，再结合 $[a, b] = 150$ 知 $(a, b) = 1$，所以 $ab = 150$，由此及 $a - 2b = 13$ 可解得 $a = 25$，$b = 6$。

4. 充分性：若方程组有解，则由 $(x, y) \mid [x, y]$ 知 $a \mid b$。

必要性：若 $a \mid b$，则 $x = a$，$y = b$ 是一组解。

5. 因为 $(n+1, n) = (n+1, n+2) = 1$，所以

$$[n, n+1, n+2] = (n+1) \cdot [n, n+2] = \frac{2n(n+1)(n+2)}{3 + (-1)^n}.$$

6. 用 $N(n)$ 表示不超过 1000 的正整数中能被 n 整除的整数个数，则利用容斥原理可计算出不超过 1000 且至少能被 2，3，5 中一个整除的数的个数为

$$N(2)+N(3)+N(5)-N(2\cdot 3)-N(2\cdot 5)-N(3\cdot 5)+N(2\cdot 3\cdot 5)$$

$$=500+333+200-166-100-66+33=734.$$

7. 充分性：若 $(a,b)=(b,c)=(c,a)=1$，则 $(a,b,c)=1$，且由定理 3.5 可得

$$[a,b,c]=[[a,b],c]=[a,b]c=abc.$$

因此 $(a,b,c)[a,b,c]=abc$。

必要性：由

$$abc=(a,b,c)[a,b,c]=(a,b,c)\cdot\frac{[a,b]c}{([a,b],c)}=(a,b,c)\cdot\frac{abc}{([a,b],c)(a,b)}$$

知 $(a,b,c)=([a,b],c)(a,b)$。但是 $(a,b,c)\mid(a,b)$，所以 $([a,b],c)=1$，由此可得 $(a,c)=(b,c)=1$，再由轮换对称性知 $(a,b)=1$。

8. 由 $\left(\dfrac{a}{(a,b)},\dfrac{b}{(a,b)}\right)=1$ 可得 $\left(\dfrac{a+b}{(a,b)},\dfrac{a}{(a,b)}\right)=\left(\dfrac{a+b}{(a,b)},\dfrac{b}{(a,b)}\right)=1$，从而有 $\left(\dfrac{a+b}{(a,b)},\dfrac{ab}{(a,b)^2}\right)=1$，此即 $\left(\dfrac{a+b}{(a,b)},\dfrac{[a,b]}{(a,b)}\right)=1$，两边同时乘以 (a,b) 即得结论。

9. 由定理 3.5 可得

$$\frac{1}{[a_n,a_{n+1}]}=\frac{(a_n,a_{n+1})}{a_na_{n+1}}\leqslant\frac{a_{n+1}-a_n}{a_na_{n+1}}=\frac{1}{a_n}-\frac{1}{a_{n+1}},$$

所以由正项级数的比较判别法[①] 知 $\sum\limits_{n=1}^{\infty}\dfrac{1}{[a_n,a_{n+1}]}$ 收敛。

10. 记 $d=(q,r)$，$q=q_1d$ 以及 $r=r_1d$，则 $(q_1,r_1)=1$。把区间 $[1,M]$ 中的整数按照除以 r 的最小非负余数来划分可得

$$\sum_{\substack{n\leqslant M\\(F(n),r)=1}}e\Big(\frac{n}{q}\Big)=\sum_{j=0}^{r-1}\sum_{\substack{n\leqslant M,\ r|n-j\\(F(n),r)=1}}e\Big(\frac{n}{q}\Big)=\sum_{\substack{j=0\\(F(j),r)=1}}^{r-1}\sum_{n\leqslant M,\ r|n-j}e\Big(\frac{n}{q}\Big),$$

上面最后一步用到了例 1.3 和命题 2.2 (4)。现在利用例 1.4 来转化内侧求和中的整除条件，则有

$$\sum_{\substack{n\leqslant M\\(F(n),r)=1}}e\Big(\frac{n}{q}\Big)=\sum_{\substack{j=0\\(F(j),r)=1}}^{r-1}\sum_{n\leqslant M}e\Big(\frac{n}{q}\Big)\cdot\frac{1}{r}\sum_{k\leqslant r}e\Big(\frac{n-j}{r}k\Big)$$

---

①参见 [5] 第四章命题 2.3。

$$= \frac{1}{r} \sum_{\substack{j=0 \\ (F(j),r)=1}}^{r-1} \sum_{k \leqslant r} e\Big(-\frac{jk}{r}\Big) \sum_{n \leqslant M} e\Big(\Big(\frac{1}{q} + \frac{k}{r}\Big)n\Big)$$

$$= \frac{1}{r} \sum_{\substack{j=0 \\ (F(j),r)=1}}^{r-1} \sum_{k \leqslant r} e\Big(-\frac{jk}{r}\Big) \sum_{n \leqslant M} e\Big(\frac{r_1 + kq_1}{q_1 r_1 d} n\Big).$$

因为 $(r_1, q_1) = 1$，所以 $(r_1 + kq_1, q_1) = 1$，并且由 $q \nmid r$ 知 $q_1 > 1$，所以对任意的 k 均有 $q_1 r_1 d \nmid (r_1 + kq_1)$，进而由 $q_1 r_1 d = [q, r] \mid M$ 及例 1.4 知上式的内层和等于 0，从而命题得证。

习题 1.4

1. 2017 是素数。

2. 可查阅第 71 页的素数表来自行检查是否已将题目所需要的素数全部找出。

3. 例如 7，37，67，97，127，157。

5. $(n+1)! + j\ (2 \leqslant j \leqslant n+1)$ 是连续的 n 个合数。

6. 反设 $\log_2 10$ 是有理数，则存在正整数 a, b 使得 $(a, b) = 1$ 且 $\log_2 10 = \dfrac{a}{b}$，因此 $10^b = 2^a$，该式左边有素因子 5，而右边没有，这与算术基本定理矛盾。

7. 若不然，则存在奇素数 p 使得 $p \mid n$，记 $n = pd$，那么由

$$2^n + 1 = (2^d + 1) \sum_{j=0}^{p-1} (-1)^j 2^{dj}$$

知 $2^n + 1$ 不是素数，这与题设矛盾。

8. 若 $a > 2$，则由

$$a^n - 1 = (a-1)(a^{n-1} + a^{n-2} + \cdots + 1)$$

知 $a^n - 1$ 不是素数。若 n 不是素数，记 $n = st$，其中 s, t 均大于 1，那么由

$$a^n - 1 = a^{st} - 1 = (a^s - 1)(a^{s(t-1)} + a^{s(t-2)} + \cdots + 1)$$

知 $a^n - 1$ 也不是素数。

9. 因为 $p > 3$ 是素数，所以要么 p 形如 $3k-1$，要么 p 形如 $3k+1$。如果 $p = 3k+1$，那么 $4p - 1 = 12k + 3$ 是合数，这与题设矛盾，故而 p 形如 $3k-1$。当 $p = 3k-1$ 时 $4p + 1 = 12k - 3$ 是合数。

10. 记 $(x,y)=d$，$x=dx_1$，$y=dy_1$，则 $(x_1,y_1)=1$。由 $x^{-1}=y^{-1}+p^{-1}$ 知 $py_1=(y_1d+p)x_1$，结合 $(x_1,y_1)=1$ 可得 $x_1=1$ 或 p。容易看出当 $x_1=p$ 时方程无正整数解，所以 $x_1=1$，进而有 $y_1=\dfrac{p}{p-d}$，于是由 p 是素数知 $d=p-1$ 以及 $y_1=p$。因此原方程只有一组正整数解，即 $x=p-1$，$y=p(p-1)$。

11. 这是因为对任意的正整数 N 而言，$4\prod\limits_{k=1}^{N}(4k-1)-1$ 必有形如 $4n-1$ 的素因子，而该素因子大于 $4N-1$。

12. 因为 $a_n>0$，所以存在 $r\in\mathbb{Z}$ 使得 $f(r)>1$。由例 1.3 知 $f(r)\mid f(kf(r)+r)$，因此对任意的充分大的正整数 k，$f(kf(r)+r)$ 均是合数。

13. (1) 由例 2.3 知当 $m\neq n$ 时 $(F_m,F_n)=1$，所以数列 $\{F_n\}$ 中的项的素因子各不相同，因为数列中有无穷多项，所以也存在无穷多个素数。

(2) 当 $3\leqslant x\leqslant 5$ 时可直接验证结论。现设 $x>5$，则存在正整数 n 使得 $F_n<x\leqslant F_{n+1}$，注意到 Fermat 数均是奇数，所以由 (1) 知下列诸数

$$2,\quad F_1,\quad \cdots,\quad F_n$$

中任意两个的素因子均不相同，于是

$$\pi(x)\geqslant\pi(F_n)\geqslant n+1\geqslant\log_2\log_2(x-1),$$

上面最后一步用到了 $2^{2^{n+1}}+1=F_{n+1}\geqslant x$。

14. 存在性：不妨设 $n\geqslant 2$，且其标准分解式为 $n=p_1^{\alpha_1}\cdots p_m^{\alpha_m}$。由带余数除法知存在 q_j, r_j $(1\leqslant j\leqslant m)$ 使得

$$\alpha_j=q_jk+r_j\qquad 且\qquad 0\leqslant r<k.$$

于是若记 $a=p_1^{r_1}\cdots p_m^{r_m}$，$b=p_1^{q_1}\cdots p_m^{q_m}$，则 $n=ab^k$ 且 a 不被任一素数的 k 次幂整除。

唯一性：若还存在正整数 a', b' 使得 $n=a'b'^k$ 且 a' 不被任一素数的 k 次幂整除，那么 $ab^k=a'b'^k$。首先来证明 $b\mid b'$，事实上，若 $b\mid b'$ 不成立，则必存在素数 p 以及正整数 β 使得 $p^\beta\mid b$ 且 $p^\beta\nmid b'$，于是必存在非负整数 $\gamma<\beta$ 使得 $p^\gamma\mid b'$ 且 $p^{\gamma+1}\nmid b'$。现在在等式 $ab^k=a'b'^k$ 两边同时约去 $p^{k\gamma}$，我们发现 p^k 整除左侧而不整除右侧，从而矛盾。因此 $b\mid b'$。同理可证 $b'\mid b$，所以 $b=b'$，进而有 $a=a'$。

15. $\sqrt[k]{n}$ 是有理数当且仅当存在整数 a, b 使得 $\sqrt[k]{n}=\dfrac{a}{b}$，也即 $b^kn=a^k$，由上题结论知这当且仅当 n 是某个整数的 k 次方。

16. 由第 14 题知，区间 $[1,n]$ 中的每个整数 m 均可唯一地写成 $m=ab^2$ 的形式，其中 $b\leqslant\sqrt{n}$ 且 a 是无平方因子数。因为不超过 n 的素数有 $\pi(n)$ 个，所以恰是 k 个不超过 n 的素数乘积的数共有 $\binom{\pi(n)}{k}$ 个，进而得知 a 的可能取值的个数不超过

$$\binom{\pi(n)}{0}+\binom{\pi(n)}{1}+\cdots+\binom{\pi(n)}{\pi(n)}=2^{\pi(n)}.$$

于是 $n\leqslant 2^{\pi(n)}\cdot\sqrt{n}$，从而解得 $\pi(n)\geqslant\dfrac{1}{2}\log_2 n$。

17. 记 $P_n=\prod\limits_{p\leqslant n}\left(1-\dfrac{1}{p^s}\right)^{-1}$，则

$$P_n=\prod_{p\leqslant n}\left(1+\frac{1}{p^s}+\frac{1}{p^{2s}}+\cdots\right),$$

其中，由 $s>1$ 知对每个给定的 p 而言级数

$$1+\frac{1}{p^s}+\frac{1}{p^{2s}}+\cdots$$

绝对收敛，再利用级数乘法的 Cauchy 定理（参见 [5] 第四章定理 5.5）及算术基本定理便得

$$\sum_{k=1}^{n}\frac{1}{k^s}\leqslant P_n\leqslant\sum_{k=1}^{\infty}\frac{1}{k^s},$$

令 $n\to\infty$ 便证明了 Euler 恒等式。接下来证明存在无穷多个素数。反设只有有限多个素数，那么 Euler 恒等式右侧是有限多项相乘，因此令 $s\to 1^+$ 便得

$$\lim_{s\to 1^+}\sum_{n=1}^{\infty}\frac{1}{n^s}=\prod_{p}\left(1-\frac{1}{p}\right)^{-1}\in\mathbb{R}.$$

然而当 $s>1$ 时

$$\sum_{n=1}^{\infty}\frac{1}{n^s}\geqslant\sum_{j=0}^{\infty}\sum_{2^j<n\leqslant 2^{j+1}}\frac{1}{n^s}\geqslant\sum_{j=0}^{\infty}2^j\cdot\frac{1}{2^{s(j+1)}}=\frac{1}{2^s}\sum_{j=0}^{\infty}\left(2^{1-s}\right)^j=\frac{1}{2^s-2},$$

因此

$$\lim_{s\to 1^+}\sum_{n=1}^{\infty}\frac{1}{n^s}=+\infty,$$

矛盾。

18. 对 $1 \leqslant j \leqslant n$ 记 $j = 2^{\alpha_j}\beta_j$，其中 $\alpha_j \geqslant 0$ 且 $2 \nmid \beta_j$。再记 $\alpha = \max\limits_{1 \leqslant j \leqslant n} \alpha_j$，于是由 $n \geqslant 2$ 知 $\alpha \geqslant 1$，并且至多有一个 j 使得 $\alpha_j = \alpha$ 成立，这是因为如果存在 $j_1 < j_2$ 使得 $\alpha_{j_1} = \alpha_{j_2} = \alpha$，那么由 $j_2 - j_1 = 2^{\alpha}(\beta_{j_2} - \beta_{j_1})$ 知 $2^{\alpha+1} \mid j_2 - j_1$，这与 α 的最大性矛盾。现设 $\alpha_{j_0} = \alpha$，则有

$$2^{\alpha-1}(2n-1)!!\Big(1+\frac{1}{2}+\cdots+\frac{1}{n}\Big) = 2^{\alpha-1}(2n-1)!!\Big(1+\frac{1}{2}+\cdots+\frac{1}{n}-\frac{1}{j_0}\Big)+\frac{(2n-1)!!}{2\beta_{j_0}},$$

上式右边第一项是整数，但第二项不是整数，所以上式右边不是整数，进而知 $1+\dfrac{1}{2}+\cdots+\dfrac{1}{n}$ 不是整数。

21. 当 $n=1$ 时该方程只有一个解，即 $x=1$，$y=1$。现设 $n>1$，并设其标准分解式为 $n = p_1^{\alpha_1}\cdots p_r^{\alpha_r}$，那么该方程的解应当形如 $x = p_1^{\beta_1}\cdots p_r^{\beta_r}$，$y = p_1^{\gamma_1}\cdots p_r^{\gamma_r}$，其中 $\beta_j, \gamma_j \geqslant 0$ 且 $\max(\beta_j, \gamma_j) = \alpha_j$ $(1 \leqslant j \leqslant r)$。对给定的 j，满足这些条件的 β_j, γ_j 共有 $2\alpha_j+1$ 组，因此方程 $[x,y]=n$ 的正整数解的解数为 $\prod\limits_{j=1}^{r}(2\alpha_j+1)$。

22. 按照命题 4.9，只需对 a, b, c 均是同一个素数的幂的情况来证明结论即可。现记 $a = p^{\alpha}$，$b = p^{\beta}$，$c = p^{\gamma}$，并不妨设 $\alpha \leqslant \beta \leqslant \gamma$，则

$$(a,b,c)(ab,bc,ca) = p^{\alpha}\cdot p^{\alpha+\beta} = p^{2\alpha+\beta} = (a,b)(b,c)(c,a),$$

从而命题得证。

23. 按照命题 4.9，只需对 a, b, c, d 均是同一个素数的幂的情况来证明结论即可。记 $a = p^{\alpha}$，$b = p^{\beta}$，$c = p^{\gamma}$，$d = p^{\delta}$，则由 $(a,b) = (c,d) = 1$ 知 $\min(\alpha,\beta) = \min(\gamma,\delta) = 0$，在此条件下容易验证

$$\min(\alpha+\gamma, \beta+\delta) = \min(\alpha,\delta) + \min(\beta,\gamma),$$

从而命题得证。

25. 按照命题 4.9，只需对 $d = p$ 为素数，$m = p^{\alpha}$，$n = p^{\beta}$ 且 $\alpha+\beta \geqslant 1$ 的情形来证明结论即可。此时只需证明

$$p = p^{\min(1,\alpha)+\min(1,\beta)-\min(1,\alpha,\beta)}.$$

若 $\alpha = 0$，那么 $\beta \geqslant 1$，此时上式显然成立；若 $\alpha \geqslant 1$，则 $\min(1,\alpha,\beta) = \min(1,\beta)$，因此

$$p^{\min(1,\alpha)+\min(1,\beta)-\min(1,\alpha,\beta)} = p^{1+\min(1,\beta)-\min(1,\beta)} = p.$$

综上，命题得证。

26. 对 n 个整数的情况，我们有

$$[a_1, \cdots, a_n] = \prod_{k=1}^{n} \prod_{1 \leqslant j_1 < \cdots < j_k \leqslant n} (a_{j_1}, \cdots, a_{j_k})^{(-1)^{k-1}}.$$

按照命题 4.9，只需对 a_j $(1 \leqslant j \leqslant n)$ 均是同一个素数的幂的情况来证明上式即可。因此不妨设 $a_j = p^{\alpha_j}$，其中 $\alpha_j \geqslant 0$，那么只需证明

$$\max(\alpha_1, \cdots, \alpha_n) = \sum_{k=1}^{n} (-1)^{k-1} \sum_{1 \leqslant j_1 < \cdots < j_k \leqslant n} \min(\alpha_{j_1}, \cdots, \alpha_{j_k}).$$

现记 $A_j = \{n \in \mathbb{Z} : 1 \leqslant n \leqslant \alpha_j\}$，则由容斥原理知

$$\begin{aligned}\max(\alpha_1, \cdots, \alpha_n) = |A_1 \cup \cdots \cup A_n| &= \sum_{k=1}^{n} (-1)^{k-1} \sum_{1 \leqslant j_1 < \cdots < j_k \leqslant n} |A_1 \cap \cdots \cap A_n| \\ &= \sum_{k=1}^{n} (-1)^{k-1} \sum_{1 \leqslant j_1 < \cdots < j_k \leqslant n} \min(\alpha_{j_1}, \cdots, \alpha_{j_k}),\end{aligned}$$

从而命题得证。

27. 把 j 写成 $j = 2^k \ell$ 的形式，其中 ℓ 为奇数。当 j 在 $1, 2, \cdots, 2n$ 中取值时，ℓ 只有 n 种选择。因此当从 $1, 2, \cdots, 2n$ 中选出 $n+1$ 个数时，由抽屉原理知至少有两个数的 ℓ 的部分是相同的，它们中的一个必被另一个整除。

28. 若 n 是素数，则由 $n > \sqrt{x}$ 知不存在 m 及素数 $p \leqslant \sqrt{x}$ 使得 $n = pm$，因此求和式等于 0；若 n 为合数，则其必有不超过 $\sqrt{x}$ 的素因子，现记 n 的全部不超过 $\sqrt{x}$ 的素因子为 $p_1, \cdots, p_k$，那么

$$\sum_{pm=n,\, p \leqslant \sqrt{x}} \gamma_m(x) = \sum_{j=1}^{k} \gamma_{n/p_j}(x) = \sum_{j=1}^{k} \frac{1}{k} = 1.$$

29. 若用 $\Omega(n)$ 表示 n 的素因子个数，则有

$$\begin{aligned}0 < \rho(n)(r-u) &= r - u - \sum_{\substack{x^{\frac{1}{v}} < p \leq x^{\frac{1}{u}} \\ p \mid n}} \left(1 - \frac{u \log p}{\log x}\right) \\ &\leqslant r - u - \sum_{p \mid n} \left(1 - \frac{u \log p}{\log x}\right) = r - u - \Omega(n) + u \frac{\log n}{\log x} \\ &\leqslant r - \Omega(n),\end{aligned}$$

所以 $\Omega(n) < r$。

30. 为方便起见，记

$$\rho_1(n)=\sum_{\substack{N^{\frac{1}{10}}\leqslant p<N^{\frac{1}{3}}\\ p\mid n}}1,\qquad \rho_2(n)=\sum_{\substack{p_1p_2p_3=n\\ N^{\frac{1}{10}}\leqslant p_1<N^{\frac{1}{3}}\leqslant p_2<(N/p_1)^{\frac{1}{2}}}}1,$$

则 $\rho(n)=1-\dfrac{1}{2}\rho_1(n)-\dfrac{1}{2}\rho_2(n)$。反设 n 至少有三个素因子，则由条件知 n 必有位于区间 $\left[N^{\frac{1}{10}},N^{\frac{1}{3}}\right)$ 中的素因子，从而 $\rho_1(n)\geqslant 1$，再由 $\rho(n)>0$ 知 $\rho_1(n)=1$，这意味着 n 有一个位于区间 $\left[N^{\frac{1}{10}},N^{\frac{1}{3}}\right)$ 中的素因子，并且它的其余素因子均不小于 $N^{\frac{1}{3}}$，因此 n 恰有三个素因子。记 $n=p_1p_2p_3$，其中 $p_1<p_2<p_3$，那么

$$N^{\frac{1}{10}}\leqslant p_1<N^{\frac{1}{3}}\leqslant p_2<p_3,$$

并且由 $p_2<p_3$ 知 $p_2^2<\dfrac{n}{p_1}\leqslant\dfrac{N}{p_1}$，所以 $\rho_2(n)\geqslant 1$，但这导致 $\rho(n)\leqslant 0$，从而与假设矛盾。

习题 1.5

1. 记 $x=m+\theta$，其中 $m\in\mathbb{Z}$，$\theta\in[0,1)$，于是 $[x]=m$。由带余数除法知存在整数 q, r 使得

$$m=qn+r,\qquad 0\leqslant r\leqslant n-1,$$

于是由 $0\leqslant r+\theta<n$ 知

$$\left[\frac{x}{n}\right]=\left[\frac{qn+r+\theta}{n}\right]=\left[q+\frac{r+\theta}{n}\right]=q=\left[\frac{[x]}{n}\right].$$

2. 利用上题结论。

3. 按照命题 5.2 (2)，我们只需对 $0\leqslant a<1$ 的情形证明结论即可。此时存在 $j\in[0,n-1]$ 使得 $\dfrac{j}{n}\leqslant a<\dfrac{j+1}{n}$，于是

$$\sum_{k=0}^{n-1}\left[a+\frac{k}{n}\right]=\sum_{k=n-j}^{n-1}1=j=[na],$$

从而命题得证。

4. 按照命题 5.2 (2)，只需对 x, $y\in[0,1)$ 的情形证明结论即可，此时要证明

$$[x+y]\leqslant[2x]+[2y].$$

若 $x+y<1$，则上式左边等于 0，它当然成立；若 $1\leqslant x+y<2$，则 x 与 y 中至少有一个不小于 $\dfrac{1}{2}$，于是 $[2x]+[2y]\geqslant 1=[x+y]$。从而命题得证。

5. (1) $M=\sum\limits_{x_1<n\leqslant x_2}\sum\limits_{0<m\leqslant f(n)}1=\sum\limits_{x_1<n\leqslant x_2}[f(n)]$。

(2) 因为 $[f(n)]\leqslant f(n)$，所以右边不等式成立。此外，

$$M-\sum_{x_1<n\leqslant x_2}f(n)=-\sum_{x_1<n\leqslant x_2}\{f(n)\}>-\sum_{x_1<n\leqslant x_2}1=[x_1]-[x_2].$$

6. 由带余数除法知存在 q, r 使得

$$n=qm+r,\qquad 0\leqslant r\leqslant m-1.$$

如果 $m\mid n$，则 $r=0$，此时有 $\left[\dfrac{n}{m}\right]-\left[\dfrac{n-1}{m}\right]=q-(q-1)=1$；如果 $m\nmid n$，则 $1\leqslant r\leqslant m-1$，此时有 $\left[\dfrac{n}{m}\right]-\left[\dfrac{n-1}{m}\right]=q-q=0$。

7. $50!=2^{47}\cdot 3^{22}\cdot 5^{12}\cdot 7^{8}\cdot 11^{4}\cdot 13^{3}\cdot 17^{2}\cdot 19^{2}\cdot 23^{2}\cdot 29\cdot 31\cdot 37\cdot 41\cdot 43\cdot 47$。

8. 因为微分有线性性，故只需对 $f(x)=x^m$ 来证明结论即可。若 $m<n$，则 $f^{(n)}(x)=0$，结论当然成立。若 $m\geqslant n$，则有 $n!\,\Big|\,\dfrac{m!}{(m-n)!}x^{m-n}=f^{(n)}(x)$。

9. 这是因为

$$\begin{aligned}v_p\left(\binom{n}{p^r}\right)&=v_p(n!)-v_p(p^r!)-v_p((n-p^r)!)\\&=\sum_{j=1}^{\infty}\left[\frac{p^rm}{p^j}\right]-\sum_{j=1}^{\infty}\left[\frac{p^r}{p^j}\right]-\sum_{j=1}^{\infty}\left[\frac{p^r(m-1)}{p^j}\right]\\&=\sum_{j>r}\left[\frac{m}{p^{j-r}}\right]-\sum_{j>r}\left[\frac{m-1}{p^{j-r}}\right]=0,\end{aligned}$$

上面最后一步用到了 $p\nmid m$ 以及习题 6。

10. (1) 只需对任意的有理数 $x=\dfrac{a}{b}$ 说明 $v_p(a)-v_p(b)$ 的值仅依赖于 x，而与 a, b 的选择无关。为此，设 $\dfrac{a_1}{b_1}$ 是 x 的既约分数表示，那么由 $\dfrac{a}{b}=\dfrac{a_1}{b_1}$ 知存在非零整数 n 使得 $a=a_1n$ 且 $b=b_1n$，于是

$$\begin{aligned}v_p(a)-v_p(b)&=v_p(a_1n)-v_p(b_1n)=\big(v_p(a_1)+v_p(n)\big)-\big(v_p(b_1)+v_p(n)\big)\\&=v_p(a_1)-v_p(b_1).\end{aligned}$$

(2) 不妨设 x, y 及 $x+y$ 均非零。又设 $x=\dfrac{a}{b}$，$y=\dfrac{c}{d}$，则 $x+y=\dfrac{ad+bc}{bd}$，进而有

$$v_p(x+y)=v_p(ad+bc)-v_p(bd)$$

$$
\begin{aligned}
&\geqslant \min(v_p(ad), v_p(bc)) - v_p(bd)\\
&= \min(v_p(a)+v_p(d), v_p(b)+v_p(c)) - (v_p(b)+v_p(d))\\
&= \min(v_p(a)-v_p(b), v_p(c)-v_p(d)) = \min(v_p(x), v_p(y)).
\end{aligned}
$$

11. (3) 因为等式两侧均是以 1 为周期的函数，所以只需对 $x \in \left[-\frac{1}{2}, \frac{1}{2}\right)$ 验证结论即可，此时 $x+\frac{1}{2} \in [0,1)$，所以

$$\left|\left[x+\frac{1}{2}\right]-x\right| = |x| = \|x\|.$$

(4) 因为 $\|x\|$ 以 1 为周期，所以只需对 $x, y \in \left[-\frac{1}{2}, \frac{1}{2}\right]$ 验证

$$\|x+y\| \leqslant \|x\| + \|y\|,$$

此时上式也即

$$\min(|x+y|, |x+y-1|, |x+y+1|) \leqslant |x| + |y|,$$

因为 $|x+y| \leqslant |x| + |y|$，故上式必然成立。

12. 一方面，由三角形不等式知

$$\left|\sum_{n=1}^{N} e(\alpha n)\right| \leqslant \sum_{n=1}^{N} 1 = N;$$

另一方面，当 $\alpha \notin \mathbb{Z}$ 时

$$\left|\sum_{n=1}^{N} e(\alpha n)\right| = \left|\frac{e(\alpha)-e(\alpha(N+1))}{1-e(\alpha)}\right| \leqslant \frac{2}{|e(-\frac{\alpha}{2})-e(\frac{\alpha}{2})|} = \frac{1}{|\sin \pi\alpha|}.$$

因为在 $\left[0, \frac{1}{2}\right]$ 上有 $\sin \pi x \geqslant 2x$②，所以

$$\left|\sum_{n=1}^{N} e(\alpha n)\right| \leqslant \frac{1}{2\|\alpha\|}.$$

综上，命题得证。

13. 由二项式定理知

$$(\sqrt{5}+\sqrt{6})^{2n} + (\sqrt{5}-\sqrt{6})^{2n} \in \mathbb{Z},$$

---

②参见 [5] 第七章例 3.5。

由于 $(\sqrt{5}-\sqrt{6})^{2n}\in(0,1)$，所以 $\left\{(\sqrt{5}+\sqrt{6})^{2n}\right\}=1-(\sqrt{5}-\sqrt{6})^{2n}$。又因为

$$0<(\sqrt{5}-\sqrt{6})^{2n}=\frac{1}{(\sqrt{5}+\sqrt{6})^{2n}}<\frac{1}{10^n},$$

所以 $(\sqrt{5}+\sqrt{6})^{2n}$ 的小数点后的前 n 位数字必然全是 9。

14. 记 $a_n=(1+\sqrt{3})^n+(1-\sqrt{3})^n$，则由二项式定理知 $a_n\in\mathbb{Z}$。注意到 $(1-\sqrt{3})^{2n+1}\in(-1,0)$，所以 $a_{2n+1}=\left[(1+\sqrt{3})^{2n+1}\right]$，这意味着我们只需证明 $2^{n+1}\parallel a_{2n+1}$。由 a_n 的定义知

$$\begin{aligned}a_{n+2}&=(4+2\sqrt{3})(1+\sqrt{3})^n+(4-2\sqrt{3})(1-\sqrt{3})^n\\&=2(1+\sqrt{3})^{n+1}+2(1-\sqrt{3})^{n+1}+2(1+\sqrt{3})^n+2(1-\sqrt{3})^n\\&=2a_{n+1}+2a_n,\end{aligned}$$

于是可利用数学归纳法证明 $2^{n+1}\mid a_{2n}$ 和 $2^{n+1}\parallel a_{2n+1}$。

15. (1) 等式右边也即

$$[x]-\sum_{p\leqslant\sqrt{x}}\left[\frac{x}{p}\right]+\sum\sum_{p_1<p_2\leqslant\sqrt{x}}\left[\frac{x}{p_1p_2}\right]-\sum\sum\sum_{p_1<p_2<p_3\leqslant\sqrt{x}}\left[\frac{x}{p_1p_2p_3}\right]+\cdots,$$

注意到 $\left[\frac{x}{d}\right]$ 等于区间 $[1,x]$ 中被 d 整除的整数的个数，所以由容斥原理知上式也即区间 $[1,x]$ 中不被 $\leqslant\sqrt{x}$ 的素数整除的整数的个数。按照命题 4.2，这样的整数要么是 1，要么是区间 $(\sqrt{x},x]$ 中的素数，所以这样的整数的个数是 $\pi(x)-\pi(\sqrt{x})+1$。

(2) 由于 $\sqrt{100}=10$ 且 $\pi(\sqrt{100})=4$，所以由 (1) 知

$$\begin{aligned}\pi(100)&=\pi(\sqrt{100})-1+100+\sum_{j\geqslant1}(-1)^j\sum_{p_1<p_2<\cdots<p_j\leqslant10}\left[\frac{100}{p_1\cdots p_j}\right]\\&=103-\left[\frac{100}{2}\right]-\left[\frac{100}{3}\right]-\left[\frac{100}{5}\right]-\left[\frac{100}{7}\right]\\&\quad+\left[\frac{100}{2\cdot3}\right]+\left[\frac{100}{2\cdot5}\right]+\left[\frac{100}{2\cdot7}\right]+\left[\frac{100}{3\cdot5}\right]+\left[\frac{100}{3\cdot7}\right]+\left[\frac{100}{5\cdot7}\right]\\&\quad-\left[\frac{100}{2\cdot3\cdot5}\right]-\left[\frac{100}{2\cdot3\cdot7}\right]-\left[\frac{100}{2\cdot5\cdot7}\right]-\left[\frac{100}{3\cdot5\cdot7}\right]+\left[\frac{100}{2\cdot3\cdot5\cdot7}\right]\\&=103-50-33-20-14+16+10+7+6+4+2-3-2-1-0+0\\&=25.\end{aligned}$$

第二章

习题 2.1

2. (1) $\begin{cases} x = -3 + 15k, \\ y = 4 - 8k \end{cases} \quad (k \in \mathbb{Z})$；

(2) 无解；

(3) $\begin{cases} x = 7 + 37k, \\ y = -4k \end{cases} \quad (k \in \mathbb{Z})$；

(4) $\begin{cases} x = 2 + 8k, \\ y = 2 - 5k \end{cases} \quad (k \in \mathbb{Z})$。

3. 由题设知存在 x_0, y_0 使得 $ax_0 + by_0 = c$。现做带余数除法

$$x_0 = qb + r, \qquad 1 \leqslant r \leqslant b,$$

于是 $a(x_0 - qb) + b(y_0 + qa) = c$，并且由 $0 < x_0 - qb \leqslant b$ 知 $a(x_0 - qb) \leqslant ab$，注意到 $c > ab$，故必有 $y_0 + qa > 0$。因此取 $x = x_0 - qb$，$y = y_0 + qa$ 即可。

4. 容易验证题目中所给出的表达式是不定方程的解，下面来说明该方程所有解都具有这一形式。由

$$ax + by + cz = N = ax_0 + by_0 + cz_0$$

知 $a(x - x_0) + b(y - y_0) = c(z_0 - z)$，因为 $(d, c) = 1$，所以 $d \mid z - z_0$，也即存在整数 k 使得 $z = z_0 - dk$，进而有

$$a(x - x_0) + b(y - y_0) = cdk. \tag{A.1}$$

注意到 $aq + br = d$，所以 $x = x_0 + cqk$，$y = y_0 + crk$ 是上述方程的一组解，于是由命题 1.1 知 (A.1) 的全部解为 $x = x_0 + cqk + \dfrac{b}{d}\ell$，$y = y_0 + crk - \dfrac{a}{d}\ell$，其中 $\ell \in \mathbb{Z}$。

5. (1) $\begin{cases} x = 10 - 3k + 2\ell, \\ y = 3k - \ell, \\ z = -k \end{cases} \quad (k,\ \ell \in \mathbb{Z})$；

(2) $\begin{cases} x = 8k + 5\ell, \\ y = -4k - 2\ell, \\ z = -8 - 3k \end{cases} \quad (k,\ \ell \in \mathbb{Z})$；

(3) 无解；

(4) $\begin{cases} x = 30k + 3\ell, \\ y = 3 - 15k - \ell, \\ z = -1 - 2k \end{cases} \quad (k,\ \ell \in \mathbb{Z})$；

6. 设 x_0, y_0 是该方程的一组解，即 $ax_0+by_0=N$，则该方程的解为

$$\begin{cases} x=x_0+bk, \\ y=y_0-ak \end{cases} \qquad (k\in\mathbb{Z}).$$

因此 x 与 y 均大于 0 当且仅当 $-\frac{x_0}{b}<k<\frac{y_0}{a}$，这样的 k 的个数为

$$\frac{y_0}{a}-\Big(-\frac{x_0}{b}\Big)+O(1)=\frac{ax_0+by_0}{ab}+O(1)=\frac{N}{ab}+O(1).$$

习题 2.2

2. 若 $n=a^2+b^2$，则由 $2n=(a+b)^2+(a-b)^2$ 知 $2n$ 可写成两个整数的平方和。反之，若 $2n=u^2+v^2$，则 u 和 v 必有相同的奇偶性，从而由 $n=\Big(\frac{u+v}{2}\Big)^2+\Big(\frac{u-v}{2}\Big)^2$ 知 n 可写成两个整数的平方和。

3. 当 $y=0$ 时可解得 $x=0$ 或 $x=\pm1$，下面来证明方程没有满足 $y\neq0$ 的解。若不然，则由 $y^2=x(x^2-1)$ 及 $(x,x^2-1)=1$ 知存在整数 a, b 使得

$$x=a^2, \qquad x^2-1=b^2, \qquad y=ab.$$

由 $x^2-b^2=1$ 可解得 $x=\pm1$，$b=0$，但这与 $y\neq0$ 矛盾。所以原方程的全部解为 $(x,y)=(0,0)$，$(1,0)$，$(-1,0)$。

4. 假设 x, y, z 是一组满足 $(x,y)=1$ 的正整数解，则容易验证 x, z 均为奇数且 y 为偶数。因为 $(z+x,z-x)\mid 2(x,z)=2$，所以 $(z+x,z-x)=2$，进而由 $2y^2=(z+x)(z-x)$ 及引理 2.1 知存在正整数 a, b 满足 $2\nmid a$ 与 $(a,b)=1$，使得下面两种情况中有一个发生：

(1) $z+x=4b^2$，$\frac{z-x}{2}=a^2$，$y=2ab$。

(2) $\frac{z+x}{2}=a^2$，$z-x=4b^2$，$y=2ab$。

由 (1) 可解得 $x=2b^2-a^2$，$y=2ab$，$z=2b^2+a^2$；由 (2) 可解得 $x=a^2-2b^2$，$y=2ab$，$z=2b^2+a^2$。无论是哪种情况，我们都可以把解写成

$$x=|a^2-2b^2|, \qquad y=2ab, \qquad z=a^2+2b^2 \tag{A.2}$$

的形式，其中 a 和 b 是满足 $2\nmid a$ 与 $(a,b)=1$ 的正整数。

反之，容易验证 (A.2) 是原方程满足 $(x,y)=1$ 的正整数解，所以 (A.2) 给出了原方程满足 $(x,y)=1$ 的全部正整数解。

5. 反设 $x^4-y^4=z^2$ 有正整数解 x_0, y_0, z_0，不妨设 x_0 是所有这种正整数解中最小者，于是 x_0, y_0, z_0 两两互素。由 $y_0^4+z_0^2=x_0^4$ 知 y_0 与 z_0 一奇一偶，现分两种情况来讨论:

(1) 若 $2 \mid y_0$，则由定理 2.2 知存在一奇一偶且互素的正整数 a, b 使得

$$y_0^2=2ab, \qquad z_0=a^2-b^2, \qquad x_0^2=a^2+b^2.$$

不妨设 b 是偶数，那么 $b=2b_1$ 且 $(a, b_1)=1$，于是由 $\left(\dfrac{y_0}{2}\right)^2=ab_1$ 知存在 u, v 使得 $a=u^2$，$b_1=v^2$。此外，由 $x_0^2=a^2+b^2$ 及定理 2.2 知存在互素的正整数 s, t 使得

$$a=s^2-t^2, \qquad b=2st, \qquad x_0=s^2+t^2,$$

从而 $v^2=\dfrac{b}{2}=st$，这说明存在互素的正整数 m, n 使得 $s=m^2$，$t=n^2$。于是

$$u^2=a=s^2-t^2=m^4-n^4,$$

这说明 m, n, u 也是 $x^4-y^4=z^2$ 的正整数解，但是 $m \leqslant s<x_0$，这与 x_0 的最小性矛盾。

(2) 若 $2 \nmid y_0$，则由定理 2.2 知存在一奇一偶且互素的正整数 a, b 使得

$$y_0^2=a^2-b^2, \qquad z_0=2ab, \qquad x_0^2=a^2+b^2.$$

于是 b 必为偶数并且 $(x_0y_0)^2=a^4-b^4$，而由 (1) 中的讨论知这不成立。

6. 反设存在这样的直角三角形，通过通分不妨设其三条边为 $\dfrac{a}{N}$，$\dfrac{b}{N}$，$\dfrac{c}{N}$，其中 $a^2+b^2=c^2$。如果 $(a, b)=d$，则 $d \mid c$，我们记 $a=a_1d$，$b=b_1d$，$c=c_1d$，那么 $(a_1, b_1)=1$ 且 $a_1^2+b_1^2=c_1^2$。不妨设 b_1 是偶数，则由定理 2.2 知存在互素的正整数 u, v 使得

$$a_1=u^2-v^2, \qquad b_1=2uv, \qquad c_1=u^2+v^2.$$

因为直角三角形面积是完全平方数，所以存在正整数 m 使得 $\dfrac{ab}{2N^2}=m^2$，也即 $d^2uv(u^2-v^2)=(mN)^2$，由此可得 $d \mid mN$ 且 $uv(u^2-v^2)=\left(\dfrac{mN}{d}\right)^2$。注意到 u, v, u^2-v^2 两两互素，所以由习题 1 知存在正整数 j, k, ℓ 使得

$$u=j^2, \qquad v=k^2, \qquad u^2-v^2=\ell^2,$$

进而有 $j^4-k^4=\ell^2$，但这与上题结论矛盾。

第三章

习题 3.1

1. 13。

2. 因为

$$13^{200}=169^{100}=(170-1)^{100}=\sum_{j=0}^{100}(-1)^j\binom{100}{j}170^{100-j}\equiv 1 \pmod{100},$$

所以 13^{200} 在十进制下的个位数是 1，十位数是 0。

4. $n=4k+2$ $(k\in\mathbb{Z}_{\geqslant 0})$。

5. $187=11\cdot 17$，故若 (x_0,y_0) 是原方程的一个解，则 $(x_0,17)=(y_0,17)=1$ 且 $x_0^2\equiv 3y_0^2 \pmod{17}$，于是 $(x_0\overline{y_0})^2\equiv 3 \pmod{17}$，但是对整数 n 而言，n^2 对于模 17 不可能与 3 同余，故原方程无解。

6. 必要性：如果 n 为合数，则存在 $a,b\in[2,n)$ 使得 $n=ab$，于是 $a,b\leqslant \dfrac{n}{2}<n-2$。若 $a\neq b$，则显然有 $n=ab\mid(n-2)!$；若 $a=b$，则 $n\geqslant 9$，此时 $a=\sqrt{n}<\dfrac{n-2}{2}$，因此区间 $\left[1,\dfrac{n-2}{2}\right]$ 与 $\left(\dfrac{n-2}{2},n-2\right]$ 中均含有 a 的倍数，从而 $n=a^2\mid(n-2)!$。

充分性：如果 $(n-2)!\equiv 0 \pmod{n}$，则 n 必为合数，这是因为当 n 为素数时 $(n,(n-2)!)=1$。

7. 我们利用数学归纳法证明 $n=3^k$ $(k\in\mathbb{Z}_{>0})$ 均满足条件。当 $k=1$ 时命题显然成立，现设命题对 k 成立，因为

$$2^{3^{k+1}}+1=\left(2^{3^k}+1\right)\left(2^{2\cdot 3^k}-2^{3^k}+1\right),$$

所以由归纳假设 $3^k\mid 2^{3^k}+1$ 以及

$$2^{2\cdot 3^k}-2^{3^k}+1\equiv(-1)^{2\cdot 3^k}-(-1)^{3^k}+1\equiv 0 \pmod 3$$

知 $3^{k+1}\mid 2^{3^{k+1}}+1$，从而命题得证。

9. 一方面，若 n 是偶数，记 $n=2k$，则

$$19\cdot 8^n+17=19\cdot 64^k+17\equiv 19+17\equiv 0 \pmod 3.$$

另一方面，若 n 为奇数，那么当 $n=4k+1$ 时

$$19\cdot 8^n+17=19\cdot 4096^k\cdot 8+17\equiv 19\cdot 8+17\equiv 0 \pmod{13},$$

当 $n=4k+3$ 时

$$19\cdot 8^n+17=19\cdot 4096^k\cdot 512+17\equiv 19\cdot 512+17\equiv 0\,(\mathrm{mod}\ 5).$$

从而命题得证。

10. 因为 $0<(\sqrt{29}-\sqrt{21}\,)^{2016}<1$，且由二项式定理知 $(\sqrt{29}+\sqrt{21}\,)^{2016}+(\sqrt{29}-\sqrt{21}\,)^{2016}$ 是整数，所以

$$\begin{aligned}\left[(\sqrt{29}+\sqrt{21}\,)^{2016}\right]&=(\sqrt{29}+\sqrt{21}\,)^{2016}+(\sqrt{29}-\sqrt{21}\,)^{2016}-1\\&=(50+2\sqrt{609})^{1008}+(50-2\sqrt{609})^{1008}-1\\&=2\sum_{j=0}^{504}\binom{1008}{2j}50^{2j}(2\sqrt{609})^{1008-2j}-1\\&\equiv 2^{1009}609^{504}-1\,(\mathrm{mod}\ 100).\end{aligned}$$

一方面，

$$2^{1009}=512\cdot 1024^{100}\equiv 12\cdot 24^{100}\equiv 12\cdot 576^{50}\equiv 12\cdot 76^{50}\,(\mathrm{mod}\ 100),$$

而 $76^2\equiv 76\ (\mathrm{mod}\ 100)$，所以 $2^{1009}\equiv 12\cdot 76\equiv 12\ (\mathrm{mod}\ 100)$。另一方面，

$$\begin{aligned}609^{504}\equiv 9^{504}\equiv(10-1)^{504}&\equiv\sum_{j=0}^{504}(-1)^j\binom{504}{j}10^{504-j}\\&\equiv 1-\binom{504}{1}\cdot 10\equiv -39\,(\mathrm{mod}\ 100).\end{aligned}$$

综上便得

$$\left[(\sqrt{29}+\sqrt{21}\,)^{2016}\right]\equiv 12\cdot(-39)-1\equiv 31\,(\mathrm{mod}\ 100),$$

所以 $\left[(\sqrt{29}+\sqrt{21}\,)^{2016}\right]$ 在十进制表示下的个位数是 1，十位数是 3。

习题 3.2

1. $n=13,\ 21,\ 26,\ 28,\ 36,\ 42$。

2. 因为 ℓ 的素因子均整除 k，所以由命题 2.14 知

$$\varphi(n)=n\prod_{p|n}\left(1-\frac{1}{p}\right)=k\ell\prod_{p|k\ell}\left(1-\frac{1}{p}\right)=k\ell\prod_{p|k}\left(1-\frac{1}{p}\right)=\ell\varphi(k).$$

3. 分以下两种情况讨论:

(i) 若 n 有奇素因子 p，我们设 $p^\alpha \parallel n$，那么由 $\varphi(p^\alpha)=p^\alpha-p^{\alpha-1}$ 是偶数以及 $\varphi(p^\alpha)\mid\varphi(n)$ 知 $\varphi(n)$ 是偶数。

(ii) 若 $n=2^k$，其中 $k\geqslant 2$，则 $\varphi(n)=2^{k-1}$ 是偶数。

4. 此时有 $6\mid p+1$，故由命题 2.14 知

$$\varphi(p+1)\leqslant(p+1)\Big(1-\frac{1}{2}\Big)\Big(1-\frac{1}{3}\Big)=\frac{p+1}{3}.$$

6. (1) 当 x 通过模 bc 的完全剩余系且 y 通过模 a 的完全剩余系时，共可生成 $abc=m$ 个 z，因此只需证明这些 z 两两关于模 m 不同余即可。事实上，若存在 x_1, x_2, y_1, y_2 使得

$$ax_1+by_1\equiv ax_2+by_2\pmod m, \tag{A.3}$$

则 $by_1\equiv by_2\pmod a$，再由 $(a,b)=1$ 知 $y_1\equiv y_2\pmod a$，从而 $y_1=y_2$。将这代入 (A.3) 可得 $ax_1\equiv ax_2\pmod{abc}$，于是 $x_1\equiv x_2\pmod{bc}$，进而有 $x_1=x_2$。

(2) 由于当 u 通过模 b 的完全剩余系且 v 通过模 c 的完全剩余系时，$u+vb$ 通过模 bc 的完全剩余系，并且 $(u+vb,b)=1$ 当且仅当 $(u,b)=1$，所以模 bc 的完全剩余系中与 b 互素的元素个数为 $\varphi(b)c$，进而知由 $z=ax+by$ 共可生成 $\varphi(b)c\cdot\varphi(a)=\varphi(abc)=\varphi(m)$ 个 z，这里用到了习题 2 的结论。因为由 (1) 知这些 z 两两不同余，故只需验证 $(z,m)=1$，而这与命题 2.12 证明的最后部分相同。

7. $\dfrac{M}{2m}(aM+a+2b-m+1)$。

8. 由命题 2.8 (2) 知

$$\sum_{\substack{k\leqslant m\\(k,m)=1}}\left\{\frac{ak}{m}\right\}=\sum_{\substack{k\leqslant m\\(k,m)=1}}\left\{\frac{k}{m}\right\}=\sum_{\substack{k\leqslant m-1\\(k,m)=1}}\frac{k}{m}.$$

因为 $(k,m)=1$ 当且仅当 $(m-k,m)=1$，所以

$$\sum_{\substack{k\leqslant m-1\\(k,m)=1}}\frac{k}{m}=\sum_{\substack{k\leqslant m-1\\(k,m)=1}}\frac{m-k}{m}=\varphi(m)-\sum_{\substack{k\leqslant m-1\\(k,m)=1}}\frac{k}{m},$$

进而得到上式左边等于 $\dfrac{\varphi(m)}{2}$，故而原和式也等于 $\dfrac{\varphi(m)}{2}$。

9. 我们有

$$\sum_{d=1}^{n}\varphi(d)\left[\frac{n}{d}\right]=\sum_{d=1}^{n}\varphi(d)\sum_{\substack{k\leqslant n\\d\mid k}}1=\sum_{k\leqslant n}\sum_{d\mid k}\varphi(d)=\sum_{k\leqslant n}k=\frac{n(n+1)}{2}.$$

上面倒数第二步用到了定理 2.7。

10. 因为 $(d,m)=1$，故由命题 2.8 (1) 知

$$\mathbb{Z}_m=\{a+dj \bmod m : j=1,\cdots,m\},$$

于是 $A^c=\{a+dj \bmod m : j=k+1,\cdots,m\}$，从而只需取 $b=a+dk$，$\ell=d$ 即可。

11. 当 $(m,n)=1$ 时，由命题 2.12 知

$$\varphi_f(mn)=\sum_{\substack{j\leqslant mn\\(f(j),mn)=1}}1=\sum_{\substack{j\leqslant mn\\(f(j),m)=(f(j),n)=1}}1=\sum_{k\leqslant m}\sum_{\substack{\ell\leqslant n\\(f(nk+m\ell),m)=(f(nk+m\ell),n)=1}}1,$$

回忆起第一章例 1.3，我们有 $m\mid f(nk+m\ell)-f(kn)$，因此由第一章命题 2.2 (4) 知 $(f(nk+m\ell),m)=(f(nk),m)$，同理可得 $(f(nk+m\ell),n)=(f(m\ell),n)$，于是

$$\varphi_f(mn)=\sum_{\substack{k\leqslant m\\(f(nk),m)=1}}\sum_{\substack{\ell\leqslant n\\(f(m\ell),n)=1}}1.$$

再利用命题 2.8 (1) 即得

$$\varphi_f(mn)=\sum_{\substack{k\leqslant m\\(f(k),m)=1}}\sum_{\substack{\ell\leqslant n\\(f(\ell),n)=1}}1=\varphi_f(m)\varphi_f(n).$$

12. 对任意的 $1\leqslant a\leqslant p-1$，因为 aj $(1\leqslant j\leqslant p-1)$ 构成模 p 的一个简化剩余系，所以

$$a^mS_m=a^m+(2a)^m+\cdots+((p-1)a)^m\equiv S_m \pmod p,$$

因此 $(a^m-1)S_m\equiv 0 \pmod p$。一方面，如果存在 a 使得 $a^m-1\not\equiv 0 \pmod p$，则 $S_m\equiv 0 \pmod p$；另一方面，若对任意的 $1\leqslant a\leqslant p-1$ 均有 $a^m\equiv 1 \pmod p$，那么 $S_m=\sum\limits_{a=1}^{p-1}a^m\equiv p-1\equiv -1 \pmod p$。

习题 3.3

1. 因为 $\varphi(27)=18$ 且 $(100,27)=1$，故由 Euler 定理知 $100^{18}\equiv 1 \pmod{27}$，进而知对任意的正整数 k 有 $100^{18k}\equiv 1 \pmod{27}$。容易得到 $100^{100}\equiv 10 \pmod{18}$，于是

$$100^{100^{100}}\equiv 100^{10}\equiv 19 \pmod{27},$$

所以 $100^{100^{100}}$ 除以 27 的最小非负余数是 19。

2. 这可由 $m^{\varphi(n)}+n^{\varphi(m)}\equiv 1 \pmod m$ 及 $m^{\varphi(n)}+n^{\varphi(m)}\equiv 1 \pmod n$ 推出。

3. 为方便起见记

$$A=\prod_{\substack{m\leqslant n\\(m,n)=1}} m,$$

则 $\left\{\frac{A}{m}:1\leqslant m\leqslant n,\ (m,n)=1\right\}$ 是模 n 的一个简化剩余系，于是

$$A\equiv\prod_{\substack{m\leqslant n\\(m,n)=1}}\frac{A}{m}\equiv A^{\varphi(n)-1}\ (\mathrm{mod}\ n),$$

进而有 $A^2\equiv A^{\varphi(n)}\equiv 1\ (\mathrm{mod}\ n)$。

4. 因为 $561=3\cdot 11\cdot 17$，故只需对任意的 a 验证 $a^{561}\equiv a\ (\mathrm{mod}\ 3)$，$a^{561}\equiv a\ (\mathrm{mod}\ 11)$ 以及 $a^{561}\equiv a\ (\mathrm{mod}\ 17)$ 即可。不妨设 $(a,561)=1$，由于 $[2,10,16]\mid 560$，所以这三个式子可分别由 $a^2\equiv 1\ (\mathrm{mod}\ 3)$，$a^{10}\equiv 1\ (\mathrm{mod}\ 11)$ 及 $a^{16}\equiv 1\ (\mathrm{mod}\ 17)$ 得出。

5. 设 p 是素数且 $a\in\mathbb{Z}$，我们来证明 $a^p\equiv a\ (\mathrm{mod}\ p)$。不妨设 $a\neq 0$，下面分两种情况来讨论:

(1) $a>0$。因为

$$a^p=(\underbrace{1+1+\cdots+1}_{a\text{ 个 }1})^p=\sum_{\substack{j_1=0\\ j_1+\cdots+j_a=p}}^{p}\cdots\sum_{j_a=0}^{p}\frac{p!}{j_1!\cdots j_a!},$$

并且当 $j_1,\cdots,j_a$ 均不等于 p 时有 $p\,\Big|\,\frac{p!}{j_1!\cdots j_a!}$，故而 $a^p\equiv a\ (\mathrm{mod}\ p)$。

(2) $a<0$。由 $-a>0$ 及 (1) 知 $(-a)^p\equiv -a\ (\mathrm{mod}\ p)$，因此当 p 是奇数时就得到了 $a^p\equiv a\ (\mathrm{mod}\ p)$，当 $p=2$ 时由该式可得 $a^2\equiv -a\equiv a\ (\mathrm{mod}\ 2)$。至此命题得证。

6. 为方便起见，分别用 A 和 B 表示等式左、右两边的集合。

一方面，由 $d\mid n$ 知存在 $\ell\in\mathbb{Z}$ 使得 $n=d\ell$，于是对任意的 $a\in[1,m]\cap\mathbb{Z}$ 且 $(a,m)=1$，由

$$a^n=a^{d\ell}=(a^\ell)^d$$

知 $a^n \bmod m\in B$，再由 a 的任意性知 $A\subseteq B$。

另一方面，由辗转相除法知存在 $x,y\in\mathbb{Z}$ 使得 $d=nx+\varphi(m)y$，于是对任意的 $a\in[1,m]\cap\mathbb{Z}$ 且 $(a,m)=1$，由 Euler 定理知

$$a^d=a^{nx+\varphi(m)y}\equiv(a^x)^n\ (\mathrm{mod}\ m)$$

（当 $x<0$ 时 a^x 表示 $(\overline{a})^{-x}$，这里 $\overline{a}$ 表示 a 在模 m 下的逆），于是 $a^d \bmod m \in A$，再由 a 的任意性知 $B\subseteq A$。

综合两方面便知 $A=B$。

7. 这里为简便起见，我们只讨论 $r=\beta\geqslant\alpha$ 的情况，$\alpha>\beta$ 的情况是类似的。此时有

$$10^r\cdot\frac{a}{b}=\frac{2^{\beta-\alpha}a}{b_1}=M+\frac{a_1}{b_1},$$

其中 $0\leqslant M<10^r$，$0<a_1<b_1$ 且 $(a_1,b_1)=(2^{\beta-\alpha}a,b_1)=1$。故由例 3.5 知 $\frac{a_1}{b_1}$ 可表为纯循环小数，即 $\frac{a_1}{b_1}=0.\dot{c}_1\cdots\dot{c}_t$。现设 $M=10^{r-1}m_1+\cdots+10m_{r-1}+m_r$ $(0\leqslant m_j\leqslant 9)$，则

$$\frac{a}{b}=0.m_1\cdots m_r\dot{c}_1\cdots\dot{c}_t.$$

以上证明过程中已说明了 $\frac{a}{b}$ 不循环的位数至多为 r，下面要证其不循环的位数恰为 r。假设 $\frac{a}{b}$ 的不循环的位数为 v，且

$$\frac{a}{b}=0.m_1'\cdots m_v'\dot{d}_1\cdots\dot{d}_s.$$

于是由例 3.5 知

$$10^v\cdot\frac{a}{b}-\left[10^v\cdot\frac{a}{b}\right]=0.\dot{d}_1\cdots\dot{d}_s=\frac{a_1'}{b_1'},$$

其中 $(a_1',b_1')=1$ 且 $(b_1',10)=1$。现记

$$b_1'\cdot\left[10^v\cdot\frac{a}{b}\right]+a_1'=a',$$

则有 $10^v\frac{a}{b}=\frac{a'}{b_1'}$，即 $10^v ab_1'=a'b$。由于 $5^\beta\mid b$，而 $(a,5)=(b_1',5)=1$，故 $5^\beta\mid 10^v$，即 $v\geqslant\beta=r$。

综上命题得证。

8. 设循环节长度为 $2t$，并设循环节为 $10^t\cdot m+n$，那么需要证明 $m+n$ 是一个完全由 9 组成的数。由例 3.5 必要性部分的证明知

$$\frac{a}{p}=\frac{10^t\cdot m+n}{10^{2t}-1}=\frac{10^t\cdot m+n}{(10^t-1)(10^t+1)}. \tag{A.4}$$

由注 3.6 知 $2t$ 是使得 $10^\lambda\equiv 1\pmod p$ 成立的最小正整数 λ，因此 $10^t\not\equiv 1\pmod p$，进而结合 $(10^t-1)(10^t+1)=10^{2t}-1\equiv 0\pmod p$ 知 $p\mid 10^t+1$，再利用 (A.4) 可得

$$\frac{m+n}{10^t-1}=\frac{10^t\cdot m+n}{10^t-1}-m=(10^t+1)\cdot\frac{a}{p}-m\in\mathbb{Z}.$$

但是 $0<m+n<2(10^t-1)$，所以 $m+n=10^t-1$，从而命题得证。

第四章

习题 4.1

1. (1) $x \equiv 3 \pmod 9$;

(2) 无解;

(3) $x \equiv 11 \pmod{32}$ 与 $x \equiv 27 \pmod{32}$。

(4) $x \equiv 6 \pmod{105}$，$x \equiv 41 \pmod{105}$ 与 $x \equiv 76 \pmod{105}$。

2. (1) $x \equiv \pm 6 \pmod{15}$;

(2) 无解;

(3) $x \equiv 25 \pmod{44}$。

3. 由第一章例 1.4 知该同余方程的解数为

$$\sum_{x_1 \leqslant m} \cdots \sum_{x_n \leqslant m} \frac{1}{m} \sum_{a \leqslant m} e\Big(\frac{af(x_1, \cdots, x_n)}{m}\Big),$$

交换求和号即得结论。

4. 命题的第一部分可由第二章命题 1.3 得到，但事实上我们也可用下述方式同时证明本题中的两个结论。

用 N 表示该同余方程的解数，则由上题知

$$\begin{aligned} N &= \frac{1}{m} \sum_{a \leqslant m} \sum_{x_1 \leqslant m} \cdots \sum_{x_n \leqslant m} e\Big(\frac{a(a_1x_1 + \cdots + a_nx_n - b)}{m}\Big) \\ &= \frac{1}{m} \sum_{a \leqslant m} e\Big(-\frac{ab}{m}\Big) \sum_{x_1 \leqslant m} e\Big(\frac{aa_1x_1}{m}\Big) \cdots \sum_{x_n \leqslant m} e\Big(\frac{aa_nx_n}{m}\Big). \end{aligned}$$

对任意的 $1 \leqslant k \leqslant n$，由第一章例 1.4 知 $\sum\limits_{x_k \leqslant m} e\Big(\frac{aa_kx_k}{m}\Big)$ 不等于 0 当且仅当 $m \mid aa_k$，并且当 $m \mid aa_k$ 时该和式等于 m，于是

$$\begin{aligned} N &= m^{n-1} \sum_{\substack{a \leqslant m \\ m \mid (a_1, \cdots, a_n)a}} e\Big(-\frac{ab}{m}\Big) = m^{n-1} \sum_{\substack{a \leqslant m \\ \frac{m}{d} \mid a}} e\Big(-\frac{ab}{m}\Big) \\ &= m^{n-1} \sum_{\ell \leqslant d} e\Big(-\frac{\ell b}{d}\Big) = \begin{cases} dm^{n-1}, & 若\ d \mid b, \\ 0, & 若\ d \nmid b. \end{cases} \end{aligned}$$

习题 4.2

1. (1) $x \equiv 172 \pmod{330}$；

(2) $x \equiv 341 \pmod{420}$；

(3) $x \equiv 1413 \pmod{2200}$；

(4) $x \equiv 649 \pmod{840}$。

3. 由定理 2.1 的证明过程知 $\ell \equiv an\overline{n} + bm\overline{m} \pmod{mn}$，所以

$$\frac{\ell}{mn} - \frac{a\overline{n}}{m} - \frac{b\overline{m}}{n} = \frac{\ell - an\overline{n} - bm\overline{m}}{mn} \in \mathbb{Z}.$$

4. 我们有

$$\frac{\ell}{dmn} - \frac{a-b}{d} \cdot \frac{\overline{n}}{m} - \frac{b}{dmn} = \frac{\ell - (a-b)n\overline{n} - b}{dmn}.$$

因为 $d \mid a-b$，所以一方面有

$$\ell - (a-b)n\overline{n} - b \equiv \ell - b \equiv 0 \,(\mathrm{mod}\ dn),$$

另一方面由 $m \mid n\overline{n} - 1$ 知

$$\ell - (a-b)n\overline{n} - b = \ell - (a-b)(n\overline{n} - 1) - a \equiv \ell - a \equiv 0 \,(\mathrm{mod}\ dm),$$

综上便得 $dmn \mid \ell - (a-b)n\overline{n} - b$。

5. (1) 可由 §3.2 习题 5 得出。

(2) 可由第三章命题 2.8 (2) 得出。

(3) 由第三章命题 2.12 知

$$S(m,n;qr) = \sum_{\substack{a=1 \\ (a,qr)=1}}^{qr} e\Big(\frac{am + \bar{a}n}{qr}\Big) = \sum_{\substack{j \leqslant q \\ (j,q)=}} \sum_{\substack{k \leqslant r \\ (k,r)=1}} e\Big(\frac{(jr+kq)m + \ell n}{qr}\Big),$$

其中 ℓ 满足 $\ell(jr+kq) \equiv 1 \pmod{qr}$，这当且仅当

$$\begin{cases} \ell \equiv \overline{jr} \pmod{q}, \\ \ell \equiv \overline{kq} \pmod{r}, \end{cases}$$

这里 $\overline{jr}$ 与 $\overline{kq}$ 分别满足 $jr \cdot \overline{jr} \equiv 1 \pmod{q}$ 与 $kq \cdot \overline{kq} \equiv 1 \pmod{r}$。于是由习题 3 知

$$S(m,n;qr) = \sum_{\substack{j \leqslant q \\ (j,q)=}} \sum_{\substack{k \leqslant r \\ (k,r)=1}} e\Big(\frac{(jr+kq)m}{qr} + \frac{\overline{jr} \cdot \overline{r}}{q} n + \frac{\overline{kq} \cdot \overline{q}}{r} n\Big)$$

$$
\begin{aligned}
&= \sum_{\substack{j\leqslant q\\(j,q)=1}} e\Big(\frac{jm+\overline{jr^2}n}{q}\Big)\sum_{\substack{k\leqslant r\\(k,r)=1}} e\Big(\frac{km+\overline{kq^2}n}{r}\Big)\\
&= S(m,\overline{r^2}n;q)S(m,\overline{q^2}n;r)=S(\overline{r}m,\overline{r}n;q)S(\overline{q}m,\overline{q}n;r),
\end{aligned}
$$

上面最后一步用到了 (2)。

习题 4.3

1. 当 $k=1$ 时这就是 Wilson 定理，下设 $k\geqslant 2$。因为 $j\equiv -(p-j)\ (\mathrm{mod}\ p)$，所以

$$
\begin{aligned}
(k-1)!(p-k)! &\equiv (p-k)!\cdot(-1)^{k-1}\prod_{j=1}^{k-1}(p-j)\equiv(-1)^{k-1}(p-1)!\\
&\equiv(-1)^k\,(\mathrm{mod}\ p).
\end{aligned}
$$

2. 题目中需要去验证充要条件的这两个命题在 p 为偶数时都不成立，所以在下面的讨论中我们假设 p 是奇数，此时有 $(p,p+2)=(p,2)=1$。于是 $4\big((p-1)!+1\big)+p\equiv 0\ (\mathrm{mod}\ p(p+2))$ 当且仅当

$$
\begin{cases}
4\big((p-1)!+1\big)+p\equiv 0\,(\mathrm{mod}\ p)\\
4\big((p-1)!+1\big)+p\equiv 0\,(\mathrm{mod}\ p+2)
\end{cases}
\tag{A.5}
$$

首先，(A.5) 中第一个式子成立当且仅当 $(p-1)!+1\equiv 0\ (\mathrm{mod}\ p)$，由 Wilson 定理知这当且仅当 p 为素数；其次，因为 $(p(p+1),p+2)=1$，所以 (A.5) 中第二个式子成立当且仅当

$$
4p(p+1)\big((p-1)!+1\big)+p^2(p+1)\equiv 0\,(\mathrm{mod}\ p+2),
$$

略作化简知上式也即 $(p+1)!+1\equiv 0\ (\mathrm{mod}\ p+2)$，进而由 Wilson 定理知这成立当且仅当 $p+2$ 为素数。从而命题得证。

3. 应用 Wilson 定理与 §1.5 习题 6。

4. 在定理 3.3 的证明过程中我们证明了多项式

$$
(x-1)(x-2)\cdots(x-p+1)-x^{p-1}+1
$$

的系数均是 p 的倍数，而题目中的同余式的左侧恰是该多项式 x^{p-1-k} 系数的绝对值。

5. 因为 $(p-1)!$ 与 p 互素，故而只需证明

$$
(p-1)!\sum_{k=1}^{p-1}\overline{k}\equiv 0\,(\mathrm{mod}\ p^2).
$$

记 $g(x)=(x-1)(x-2)\cdots(x-p+1)=x^{p-1}+a_{p-2}x^{p-2}+\cdots+a_1x+(p-1)!$，那么在定理 3.3 的证明过程中我们证明了诸 a_j $(1\leqslant j\leqslant p-1)$ 均可被 p 整除。注意到取 $x=p$ 可得

$$p^{p-1}+a_{p-2}p^{p-2}+\cdots+a_2p^2+a_1p=0,$$

也即

$$p^{p-2}+a_{p-2}p^{p-3}+\cdots+a_2p+a_1=0,$$

所以 $p^2\mid a_1$。又因为 $a_1=-(p-1)!\Big(1+\dfrac{1}{2}+\cdots+\dfrac{1}{p-1}\Big)$，故而

$$(p-1)!\sum_{k=1}^{p-1}\overline{k}\equiv -a_1\equiv 0\,(\mathrm{mod}\ p^2).$$

从而命题得证。

6. (1) $x\equiv 3\ (\mathrm{mod}\ 25)$。

(2) $x\equiv 23\ (\mathrm{mod}\ 27)$。

(3) $x\equiv 17\ (\mathrm{mod}\ 343)$ 与 $x\equiv 37\ (\mathrm{mod}\ 343)$。

(4) $x\equiv 22\ (\mathrm{mod}\ 72)$。

7. 设 $\deg f=n$。由题设知存在整数 a, b 使得 $f'(x_0)=ap^k$，$f(x_0)=bp^\alpha$，并且 $(a,p)=1$，于是存在 ℓ 使得 $a\ell+b\equiv 0\ (\mathrm{mod}\ p)$。下面来证明 $x=x_0+p^{\alpha-k}\ell$ 满足条件。

首先，由 Taylor 公式知

$$\begin{aligned}f(x)&=f(x_0+p^{\alpha-k}\ell)\\&=f(x_0)+f'(x_0)p^{\alpha-k}\ell+\frac{f''(x_0)}{2!}(p^{\alpha-k}\ell)^2+\cdots+\frac{f^{(n)}(x_0)}{n!}(p^{\alpha-k}\ell)^n,\end{aligned}$$

因为 $k<\dfrac{\alpha}{2}$，所以 $2\alpha-2k\geqslant\alpha+1$，结合 §1.5 习题 8 知上式右边从第三项开始每一项均是 $p^{\alpha+1}$ 的倍数，故而

$$f(x)\equiv f(x_0)+f'(x_0)p^{\alpha-k}\ell\equiv p^\alpha(b+a\ell)\equiv 0\,(\mathrm{mod}\ p^{\alpha+1}).$$

其次，同样由 Taylor 公式可得

$$\begin{aligned}f'(x)&=f'(x_0+p^{\alpha-k}\ell)\\&=f'(x_0)+f''(x_0)p^{\alpha-k}\ell+\cdots+\frac{f^{(n)}(x_0)}{(n-1)!}(p^{\alpha-k}\ell)^{n-1},\end{aligned}$$

注意到 $p^k\parallel f'(x_0)$，并且上式右边从第二项开始每一项均是 p^{k+1} 的倍数，因此 $p^k\parallel f'(x)$。

习题 4.4

1. 存在性可由定理 4.1 得出，下证唯一性。设 $0 < x_1 < y_1$，$0 < x_2 < y_2$ 满足

$$x_1^2 + y_1^2 = p = x_2^2 + y_2^2,$$

则 $p \nmid x_1y_1x_2y_2$ 且 $(x_1\overline{y_1})^2 \equiv -1 \equiv (x_2\overline{y_2})^2 \pmod p$，于是 $x_1\overline{y_1} \equiv \pm x_2\overline{y_2} \pmod p$，也即

$$x_1y_2 \equiv \pm x_2y_1 \pmod p. \tag{A.6}$$

首先来说明上式中的负号是不可能成立的，事实上，若 $x_1y_2 \equiv -x_2y_1 \pmod p$，那么由 $0 < x_1y_2 + x_2y_1 < 2p$ 知必有 $0 < x_1y_2 + x_2y_1 = p$，于是

$$(x_1x_2 - y_1y_2)^2 = (x_1^2 + y_1^2)(x_2^2 + y_2^2) - (x_1y_2 + x_2y_1)^2 = 0,$$

这与条件 $0 < x_1 < y_1$，$0 < x_2 < y_2$ 矛盾，因此由 (A.6) 知 $x_1y_2 \equiv x_2y_1 \pmod p$。又由于 x_1y_2 与 x_2y_1 均在区间 $(0, p)$ 中，所以 $x_1y_2 = x_2y_1$，再由 $(x_1, y_1) = (x_2, y_2) = 1$ 知 $x_1 = x_2$ 且 $y_1 = y_2$。

2. 对 α 使用数学归纳法。

首先，由于完全平方数除以 8 的最小非负余数只能是 0，1 或 4，所以当 $n \equiv 7 \pmod 8$ 时它不能写成三个整数的平方和。因此命题对 $\alpha = 0$ 成立。

其次，假设命题对 α 成立，下面来考虑 $\alpha + 1$ 的情形。反设 $n = 4^{\alpha+1}(8k+7)$ 能表为三个整数的平方和，即

$$n = x_1^2 + x_2^2 + x_3^2,$$

那么由 $n \equiv 0$ 或 $4 \pmod 8$ 知 x_j $(1 \leqslant j \leqslant 3)$ 均是偶数，于是

$$4^{\alpha}(8k+7) = \frac{n}{4} = \left(\frac{x_1}{2}\right)^2 + \left(\frac{x_2}{2}\right)^2 + \left(\frac{x_3}{2}\right)^2,$$

这与归纳假设矛盾。

第五章

习题 5.1

1. 我们有 $\varphi(20) = 8$，且

a	1	3	7	9	11	13	17	19
$\delta_{20}(a)$	1	4	4	2	2	4	4	2

所以模 20 没有原根。

2. 5。

3. 因为 $a^n \equiv 1 \pmod{a^n-1}$，并且任一小于 n 的正整数 γ 均不可能满足 $a^\gamma \equiv 1 \pmod{a^n-1}$，所以 $\delta_{a^n-1}(a)=n$，再由命题 1.2 (2) 知 $n \mid \varphi(a^n-1)$。

4. 设 q 是 2^p-1 的素因子，则 $2^p \equiv 1 \pmod q$，所以 $\delta_q(2) \mid p$，注意到 p 是素数，故而必有 $\delta_q(2)=p$，再由 $\delta_q(2) \mid \varphi(q)=q-1$ 知 $q>p$。

5. 与上题类似可证 $2^{37}-1$ 的素因子均形如 $74k+1$，前两个这样的素数是 149 和 223，可以验证 $223 \mid 2^{37}-1$，因此$2^{37}-1$ 不是素数。

6. 设 g 是模 m 的一个原根，则 $\{g^j : 1 \leqslant j \leqslant \varphi(m)\}$ 是模 m 的一个简化剩余系，并且由命题 1.2 (5) 知 g^j 是模 m 的原根当且仅当 $(j,\varphi(m))=1$，因此在模 m 的一个简化剩余系中共有 $\varphi(\varphi(m))$ 个原根。

7. 必要性：若 $\delta_p(a)=3$，则 $(a-1)(a^2+a+1)=a^3-1\equiv 0 \pmod p$，所以 $a^2+a+1\equiv 0 \pmod p$。进而有

$$(a+1)^6=(a^3+3a^2+3a+1)^2\equiv(3a^2+3a+2)^2\equiv(-1)^2\equiv 1 \pmod p,$$

并且容易验证 $(a+1)^2$ 与 $(a+1)^3$ 在模 p 下均不同余于 1，所以 $\delta_p(a+1)=6$。

充分性：若 $\delta_p(a+1)=6$，则由 $\big((a+1)^3+1\big)\big((a+1)^3-1\big)=(a+1)^6-1\equiv 0 \pmod p$ 知 $(a+1)^3+1\equiv 0 \pmod p$，该式也即

$$(a+2)\big((a+1)^2-(a+1)+1\big)\equiv 0 \pmod p.$$

注意到 $p\nmid a+2$（否则 $(a+1)^2\equiv 1 \pmod p$，而这与 $\delta_p(a+1)=6$ 矛盾），所以必有 $(a+1)^2-(a+1)+1\equiv 0 \pmod p$，于是

$$\begin{aligned} a^3 &= \big((a+1)-1\big)^3=(a+1)^3-3(a+1)^2+3(a+1)-1 \\ &\equiv -3(a+1)^2+3(a+1)-2\equiv 1 \pmod p, \end{aligned}$$

注意到 $a\not\equiv 1 \pmod p$，否则由 $\delta_p(2)=\delta_p(a+1)=6$ 知 $p\mid 2^6-1$，这样的 p 只能是 3 或 7，但它们都不满足 $\delta_p(2)=6$。综上便得 $\delta_p(a)=3$。

8. 因为 $(m,n)=1$，故对任意的正整数 k，$a^k\equiv 1 \pmod{mn}$ 成立的充要条件是 $a^k\equiv 1 \pmod m$ 且 $a^k\equiv 1 \pmod n$，因此 $\delta_{mn}(a)\mid k$ 当且仅当 $\delta_m(a)\mid k$ 且 $\delta_n(a)\mid k$，所以 $\delta_{mn}(a)=[\delta_m(a),\delta_n(a)]$。

9. (1) 4;　　(2) 6;　　(3) 12;　　(4) 60。

10. 为方便起见，记 $\delta=\delta_m(ab)$，$\delta_1=\delta_m(a)$，$\delta_2=\delta_m(b)$。

必要性：由 $(ab)^{[\delta_1,\delta_2]} \equiv 1 \pmod m$ 知 $\delta \mid [\delta_1,\delta_2]$，注意到 $[\delta_1,\delta_2] \mid \delta_1\delta_2$ 以及 $\delta=\delta_1\delta_2$，故而必有 $[\delta_1,\delta_2]=\delta_1\delta_2$，从而 $(\delta_1,\delta_2)=1$。

充分性：一方面，因为 $1 \equiv (ab)^{\delta\delta_2} \equiv a^{\delta\delta_2} \pmod m$，所以 $\delta_1 \mid \delta\delta_2$，注意到 $(\delta_1,\delta_2)=1$，故而 $\delta_1 \mid \delta$。同理可证 $\delta_2 \mid \delta$，于是 $\delta_1\delta_2 \mid \delta$。另一方面，由 $(ab)^{\delta_1\delta_2} \equiv 1 \pmod m$ 知 $\delta \mid \delta_1\delta_2$。综合两方面便得 $\delta=\delta_1\delta_2$。

11. 作分解

$$\delta_m(a)=uv, \qquad \delta_m(b)=st,$$

其中 $(u,s)=1$ 且 $us=[\delta_m(a),\delta_m(b)]$，由命题 1.2 (5) 知 $\delta_m(a^v)=u$，$\delta_m(b^t)=s$，再利用上题结论即得 $\delta_m(a^vb^t)=us=[\delta_m(a),\delta_m(b)]$。

习题 5.2

1. 利用命题 1.2 (4) 容易验证 2 是模 5 和模 5^2 的原根，再由命题 2.4 的证明过程知 2 是模 5^α 的原根。

2. 首先利用命题 1.2 (4) 容易验证 3 是模 31 的原根，按照命题 2.4 的证明过程，3 对模 31^2 的阶要么是 30，要么是 $\varphi(31^2)$。因为 $3^{30} \not\equiv 1 \pmod{31^2}$，所以 3 是模 31^2 的原根，进而知 3 是模 31^α 的原根。再由命题 2.5 的证明过程知 3 是模 $2\cdot 31^\alpha$ 的一个原根。

3. 为方便起见，记 $n=\varphi(p^\alpha)$，则 $2 \mid n$。一方面，

$$\left(g^{\frac{n}{2}}-1\right)\left(g^{\frac{n}{2}}+1\right)=g^n-1\equiv 0 \pmod{p^\alpha},$$

另一方面，p 不能同时整除 $g^{\frac{n}{2}}+1$ 和 $g^{\frac{n}{2}}-1$，否则将整除它们的差，也即是 $p \mid 2$，这与 p 是奇素数矛盾。注意到由 g 是模 p^α 的原根知 $g^{\frac{n}{2}}-1 \not\equiv 0 \pmod{p^\alpha}$，因此必有 $g^{\frac{n}{2}} \equiv -1 \pmod{p^\alpha}$。

4. 设 g 是模 p 的一个原根，则 $S_m \equiv \sum\limits_{j=1}^{p-1} g^{jm} \pmod p$，于是

$$(1-g^m)S_m \equiv (1-g^m)\sum_{j=1}^{p-1} g^{jm} \equiv g^m-g^{pm} \equiv 0 \pmod p.$$

而由 $p-1 \nmid m$ 知 $g^m \not\equiv 1 \pmod p$，因此 $S_m \equiv 0 \pmod p$。

5. 充分性：若 n 是无平方因子的合数且 n 的任一素因子 p 均满足 $p-1 \mid n-1$，那么对任意的 $p \mid n$ 及整数 a，由 Fermat 定理（第三章定理 3.2）知 $a^n=a\cdot(a^{p-1})^{\frac{n-1}{p-1}} \equiv a \pmod p$，进而有 $a^n \equiv a \pmod n$。

必要性：假设 $p^\alpha \parallel n$，首先注意到 p^α 不可能是 2^α $(\alpha \geqslant 3)$，这是因为当 $\alpha \geqslant 3$ 时由 $3^{2^{\alpha-1}} \equiv 1 \pmod{2^\alpha}$ 知 $3^{2^\alpha} \equiv 1 \not\equiv 3 \pmod{2^\alpha}$。因此，若 $p^\alpha \parallel n$，那么模 p^α 必有

原根 g，于是由 $g^{n-1}\equiv 1 \pmod{p^\alpha}$ 知 $\varphi(p^\alpha)\mid n-1$，也即 $p^{\alpha-1}(p-1)\mid n-1$。但是由于 $(p,n-1)=1$，所以必有 $\alpha=1$ 以及 $p-1\mid n-1$。

6. 使用上题结论。

7. (1) 设 g 是模 p 的一个原根，则由命题 1.2 (3) 知 $\{g^j:1\leqslant j\leqslant p-1\}$ 构成模 p 的一个简化剩余系，于是 $A=\{g^{kj} \bmod p:1\leqslant j\leqslant p-1\}$。注意到由命题 1.2 (2) 知 $g^{kj_1} \bmod p=g^{kj_2} \bmod p$ 当且仅当 $kj_1\equiv kj_2 \pmod{p-1}$，而这又当且仅当 $j_1\equiv j_2 \pmod{\ell}$，所以

$$A=\{g^{kj} \bmod p:1\leqslant j\leqslant \ell\},$$

并且上式右边括号内的元素两两不同，从而 $|A|=\ell$。

(2) 记 $S_1=S\setminus\{0 \bmod p\}$，则对任意的 $m \bmod p\in S_1$，存在 $x_1,\cdots,x_n$ 使得

$$a_1x_1^k+\cdots+a_nx_n^k\equiv m \pmod{p},$$

于是对任意的 $\alpha \bmod p\in A$，由于存在 x 使得 $\alpha\equiv x^k \pmod{p}$，所以

$$a_1(xx_1)^k+\cdots+a_n(xx_n)^k\equiv \alpha m \pmod{p},$$

进而有 $\alpha m \bmod p\in S_1$。故若记 $mA=\{\alpha m \bmod p:\alpha \bmod p\in A\}$，则 $mA\subseteq S_1$。

一方面，因为 $1 \bmod p\in A$，所以 S_1 中任一元素 $m \bmod p$ 必在 mA 中；

另一方面，对于 S_1 中任意两个元素 $s \bmod p$ 和 $t \bmod p$ 而言，集合 sA 与 tA 要么相同，要么不相交。这是因为如果 $sA\cap tA\neq\varnothing$，则存在 $\alpha \bmod p$, $\beta \bmod p\in A$ 使得 $s\alpha\equiv t\beta \pmod{p}$，于是对任意的 $\gamma \bmod p\in A$，由

$$s\gamma\equiv t\beta\overline{\alpha}\gamma \pmod{p}$$

知 $s\gamma \bmod p\in tA$，所以 $sA\subseteq tA$。同理可证 $tA\subseteq sA$，故而 $sA=tA$。

综上可知，存在 $m_1,\cdots,m_h\in S_1$ 使得

$$S_1=\bigcup_{j=1}^{h} m_jA,$$

且诸 m_jA $(j=1,\cdots,h)$ 两两不相交。注意到每个 m_jA 的元素个数都等于 $|A|=\ell$，所以 $|S_1|\equiv 0 \pmod{\ell}$，进而有 $N=|S|=|S_1|+1\equiv 1 \pmod{\ell}$。

习题 5.3

1. 首先，如果存在两组数 $\gamma_{-1},\gamma_0,\cdots,\gamma_r$ 和 $\gamma'_{-1},\gamma'_0,\cdots,\gamma'_r$，使得

$$h_{-1}^{\gamma_{-1}}h_0^{\gamma_0}\cdots h_r^{\gamma_r}\equiv h_{-1}^{\gamma'_{-1}}h_0^{\gamma'_0}\cdots h_r^{\gamma'_r}\,(\mathrm{mod}\ m),$$

则有

$$\begin{cases} h_{-1}^{\gamma_{-1}}h_0^{\gamma_0}\cdots h_r^{\gamma_r}\equiv h_{-1}^{\gamma'_{-1}}h_0^{\gamma'_0}\cdots h_r^{\gamma'_r}\,(\mathrm{mod}\ 2^{\alpha}),\\ h_{-1}^{\gamma_{-1}}h_0^{\gamma_0}\cdots h_r^{\gamma_r}\equiv h_{-1}^{\gamma'_{-1}}h_0^{\gamma'_0}\cdots h_r^{\gamma'_r}\,(\mathrm{mod}\ p_1^{\alpha_1}),\\ \qquad\vdots\\ h_{-1}^{\gamma_{-1}}h_0^{\gamma_0}\cdots h_r^{\gamma_r}\equiv h_{-1}^{\gamma'_{-1}}h_0^{\gamma'_0}\cdots h_r^{\gamma'_r}\,(\mathrm{mod}\ p_r^{\alpha_r}),\end{cases}$$

也即

$$\begin{cases} (-1)^{\gamma_{-1}}5^{\gamma_0}\equiv(-1)^{\gamma'_{-1}}5^{\gamma'_0}\,(\mathrm{mod}\ 2^{\alpha}),\\ g_1^{\gamma_1}\equiv g_1^{\gamma'_1}\,(\mathrm{mod}\ p_1^{\alpha_1}),\\ \qquad\vdots\\ g_r^{\gamma_r}\equiv g_r^{\gamma'_r}\,(\mathrm{mod}\ p_r^{\alpha_r}).\end{cases}$$

于是必有 $\gamma_j=\gamma'_j\ (-1\leqslant j\leqslant r)$。这说明 (5.8) 式集合中的元素两两关于模 m 不同余。其次，容易验证该集合中的元素均与 2^{α} 及 $p_j^{\alpha_j}\ (1\leqslant j\leqslant r)$ 互素，从而与 m 互素。最后，该集合的元素个数为

$$c_{-1}c_0\varphi(p_1^{\alpha_1})\cdots\varphi(p_r^{\alpha_r})=\varphi(m).$$

因此 (5.8) 是模 m 的一个简化剩余系。

2. $105=3\cdot5\cdot7$。若记 $p_1=3$，$p_2=5$，$p_3=7$，那么这三个素数分别有原根 $g_1=2$，$g_2=2$，$g_3=3$。按照定理 3.4 中的记号，我们记 $M_1=5\cdot7=35$，$M_2=3\cdot7=21$，$M_3=3\cdot5=15$，因此可取 $\overline{M_1}=2$，$\overline{M_2}=1$，$\overline{M_3}=1$。进而按照上题中 h_k 的定义得到

$$h_1=g_1M_1\overline{M_1}+M_2\overline{M_2}+M_3\overline{M_3}=176\equiv71\,(\mathrm{mod}\ 105),$$

$$h_2=M_1\overline{M_1}+g_2M_2\overline{M_2}+M_3\overline{M_3}=127\equiv22\,(\mathrm{mod}\ 105),$$

$$h_3=M_1\overline{M_1}+M_2\overline{M_2}+g_3M_3\overline{M_3}=136\equiv31\,(\mathrm{mod}\ 105).$$

所以 $\{71^{\gamma_1}22^{\gamma_2}31^{\gamma_3}:0\leqslant\gamma_1<2,\ 0\leqslant\gamma_2<4,\ 0\leqslant\gamma_3<6\}$ 是模 105 的形如 (5.8) 的一个简化剩余系。

习题 5.4

1. (1) 有一个解 $x \equiv 3 \pmod{25}$。

(2) 对于模 19 的原根 2 有 $\mathrm{ind}_2 17 = 10$，因为 $(6, \varphi(19)) \nmid \mathrm{ind}_2 17$，所以由命题 4.2 知原方程无解。

(3) 因为 $9 \equiv (-1)^0 5^2 \pmod{16}$，所以由命题 4.3 知原方程无解。

(4) 对于模 27 的原根 2 有 $\mathrm{ind}_2 13 = 8$，因为 $(10, \varphi(27)) = 2 \mid \mathrm{ind}_2 13$，所以原方程有两个解，类似于命题 4.2 的证明过程可计算出这两个解为 $x \equiv 2^8, 2^{17} \pmod{27}$，也即 $x \equiv \pm 13 \pmod{27}$。

2. (3) 必要性：因为 a 是奇数，故若 $x^2 \equiv a \pmod{2^\alpha}$ 有解，则 x 也是奇数，从而 $a \equiv x^2 \equiv 1 \pmod 8$。

充分性：设 γ_{-1}，γ_0 是 a 对于模 2^α 的指标组，则由

$$5^n \equiv \begin{cases} 1 \pmod 8, & \text{若 } 2 \mid n, \\ 5 \pmod 8, & \text{若 } 2 \nmid n \end{cases}$$

以及

$$(-1)^{\gamma_{-1}} 5^{\gamma_0} \equiv a \equiv 1 \pmod 8$$

知必有 $\gamma_{-1} = 0$ 以及 $2 \mid \gamma_0$，进而由命题 4.3 知 $x^2 \equiv a \pmod{2^\alpha}$ 有四个解。

3. 不妨设 $n \geqslant 3$。

(1) 如果模 n 有原根，那么由命题 4.2 知方程 $x^2 \equiv 1 \pmod n$ 恰有两个解，也即 $x \equiv \pm 1 \pmod n$，于是类似于例 4.5 可以证明

$$\prod_{\substack{m \leqslant n \\ (m,n)=1}} m \equiv -1 \pmod n.$$

(2) 如果模 n 没有原根，我们来对任意的 $p^\alpha \parallel n$ 证明 $\prod\limits_{\substack{m \leqslant n \\ (m,n)=1}} m \equiv 1 \pmod{p^\alpha}$，由此便可立即得出

$$\prod_{\substack{m \leqslant n \\ (m,n)=1}} m \equiv 1 \pmod n.$$

现分以下两种情况来讨论：

(i) 若模 p^α 有原根，那么不妨设 $p^\alpha \geqslant 3$，此时由命题 4.2 知方程 $x^2 \equiv 1 \pmod{p^\alpha}$ 恰有两个解，也即 $x \equiv \pm 1 \pmod{p^\alpha}$。注意到模 n 的一个简化剩余系中满足 $x^2 \not\equiv 1$

$(\bmod p^\alpha)$ 的元素都可以用例 4.5 中的方法进行配对，所以它们的乘积关于模 p^α 与 1 同余，进而有

$$\prod_{\substack{m\leqslant n\\(m,n)=1}} m\equiv\prod_{\substack{k\leqslant n/p^\alpha\\(k,n/p^\alpha)=1}}(\pm1+kp^\alpha)\equiv(-1)^{\varphi(\frac{n}{p^\alpha})}\equiv1\,(\bmod p^\alpha),$$

上面最后一步成立是因为从模 n 没有原根可推知 $\dfrac{n}{p^\alpha}\geqslant3$，从而 $2\,\Big|\,\varphi\Big(\dfrac{n}{p^\alpha}\Big)$。

(ii) 若模 p^α 没有原根，那么 $p=2$ 且 $\alpha\geqslant3$，此时由命题 4.3 知方程 $x^2\equiv1\ (\bmod 2^\alpha)$ 有四个解，它们是 $x\equiv\pm1,\ 2^{\alpha-1}\pm1\ (\bmod 2^\alpha)$，注意到

$$1\cdot(-1)\cdot(2^{\alpha-1}+1)\cdot(2^{\alpha-1}-1)\equiv1\,(\bmod 2^\alpha),$$

因此亦有

$$\prod_{\substack{m\leqslant n\\(m,n)=1}} m\equiv1\,(\bmod 2^\alpha).$$

至此，命题得证。

第六章

习题 6.2

1. (1) 无解； (2) 有解； (3) 有解； (4) 有解。

2. 因为 $p>3$，故存在模 p 的二次剩余 a 使得 $a\not\equiv1\ (\bmod p)$。由于 k 通过模 p 的全部二次剩余当且仅当 ak 通过模 p 的全部二次剩余，故而

$$\sum_{\substack{k=1\\(\frac{k}{p})=1}}^{p} k\equiv a\sum_{\substack{k=1\\(\frac{k}{p})=1}}^{p} k\,(\bmod p),$$

由此便可得出结论。

3. 由题设，必须有 $\left(\dfrac{2}{p}\right)=1$ 且 $\left(\dfrac{3}{p}\right)=-1$。由前者知 $p\equiv\pm1\ (\bmod 8)$，下面分情况来讨论：

(1) 若 $p\equiv1\ (\bmod 8)$，那么 $-1=\left(\dfrac{3}{p}\right)=\left(\dfrac{p}{3}\right)$，从而 $p\equiv-1\ (\bmod 3)$，结合 $p\equiv1\ (\bmod 8)$ 知 $p\equiv-7\ (\bmod 24)$。

(2) 若 $p\equiv-1\ (\bmod 8)$，则 $-1=\left(\dfrac{3}{p}\right)=-\left(\dfrac{p}{3}\right)$，从而 $p\equiv1\ (\bmod 3)$，结合 $p\equiv-1\ (\bmod 8)$ 知 $p\equiv7\ (\bmod 24)$。

因此满足题设条件的 p 是形如 $24k\pm7$ 的素数。

4. 由第三章命题 2.8 (1) 知

$$\sum_{n\leqslant p}\left(\frac{an+b}{p}\right)=\sum_{n\leqslant p}\left(\frac{n}{p}\right)=0,$$

上面最后一步成立是因为在模 p 的一个简化剩余系中二次剩余与二次非剩余各占一半(参见命题 1.2)。

5. (1) 由定理 2.5 知 $a^{\frac{p-1}{2}}\equiv 1 \pmod p$，从而 $\left(a^{\frac{p+1}{4}}\right)^2=a^{\frac{p+1}{2}}\equiv a \pmod p$。

(2) 此时有 $p\equiv 1 \pmod 4$，而在第四章命题 3.4 中我们已经利用 Wilson 定理得到了

$$\left[\left(\frac{p-1}{2}\right)!\right]^2\equiv -1 \,(\mathrm{mod}\ p).$$

此外，由 $a^{\frac{p-1}{2}}\equiv 1 \pmod p$ 知 $a^{\frac{p-1}{4}}\equiv 1 \pmod p$ 或 $a^{\frac{p-1}{4}}\equiv -1 \pmod p$，若前者成立，则 $\left(a^{\frac{p+3}{8}}\right)^2\equiv a \pmod p$；若后者成立，则 $\left[a^{\frac{p+3}{8}}\left(\frac{p-1}{2}\right)!\right]^2\equiv a \pmod p$。

6. 由定理 2.5 及题设知 $\left(\frac{a}{p}\right)\equiv a^{\frac{p-1}{2}}\equiv(-1)^{\frac{p-1}{4}} \pmod p$，因此 $\left(\frac{a}{p}\right)=(-1)^{\frac{p-1}{4}}$。注意到 $\frac{p+1}{2}$ 是奇数，所以

$$\left(\frac{a}{p}\right)=(-1)^{\frac{p-1}{4}\cdot\frac{p+1}{2}}=(-1)^{\frac{p^2-1}{8}}=\left(\frac{2}{p}\right),$$

进而有 $\left(\frac{2a}{p}\right)=1$，这说明 $2a$ 是模 p 的二次剩余。

7. 反设该方程有解。因为 y^2 要么是 4 的倍数，要么除以 4 余 1，所以必有 $x\equiv 1 \pmod 4$ 以及 $2\mid y$，此时由 $x^2+x+1\equiv -1 \pmod 4$ 知存在素数 $p\equiv -1 \pmod 4$ 使得 $p\mid x^2+x+1$，进而有

$$y^2=x^3-5=(x-1)(x^2+x+1)-4\equiv -4 \,(\mathrm{mod}\ p),$$

但是由 $\left(\frac{-4}{p}\right)=-1$ 知上式不可能成立，从而得出矛盾。

8. (1) 因为 $\left(\frac{-3}{p}\right)=\left(\frac{-1}{p}\right)\left(\frac{3}{p}\right)$，故可分以下两种情况:

(i) 若 $\left(\frac{-1}{p}\right)=1$ 且 $\left(\frac{3}{p}\right)=1$，则由命题 2.6 及例 2.11 知这当且仅当 $p\equiv 1 \pmod{12}$。

(ii) 若 $\left(\frac{-1}{p}\right)=-1$ 且 $\left(\frac{3}{p}\right)=-1$，那么类似可得这当且仅当 $p\equiv 7 \pmod{12}$。

综上，命题得证。

(2) 反设形如 $6n+1$ 的素数只有有限多个，记作 $p_1,\cdots,p_k$。现令 $N=4(p_1\cdots p_k)^2+3$，则 N 的任一素因子 p 均满足 $(2p_1\cdots p_k)^2\equiv -3 \pmod p$，故而 $\left(\frac{-3}{p}\right)=1$，从而由 (1) 知 $p\equiv 1 \pmod 6$，但是 $p\neq p_j$ $(1\leqslant j\leqslant k)$，这与假设矛盾。

9. 因为 $2p+1$ 是素数，所以 $\varphi(2p+1)=2p$。按照第五章命题 1.2 (4)，为了证明 $2(-1)^{\frac{p-1}{2}}$ 是模 $2p+1$ 的一个原根，只需验证 $\left(2(-1)^{\frac{p-1}{2}}\right)^2 \not\equiv 1 \pmod{2p+1}$ 以及 $\left(2(-1)^{\frac{p-1}{2}}\right)^p \not\equiv 1 \pmod{2p+1}$。前者是显然的，下面来证明后者。由定理 2.5 知 $\left(2(-1)^{\frac{p-1}{2}}\right)^p \equiv \left(\frac{2(-1)^{\frac{p-1}{2}}}{2p+1}\right) \pmod{2p+1}$，再利用命题 2.6 和命题 2.8 即得

$$\begin{aligned}\left(\frac{2(-1)^{\frac{p-1}{2}}}{2p+1}\right) &= \left(\frac{2}{2p+1}\right)\cdot\left(\frac{-1}{2p+1}\right)^{\frac{p-1}{2}} = (-1)^{\frac{(2p+1)^2-1}{8}}\cdot(-1)^{\frac{p(p-1)}{2}}\\ &= (-1)^{p^2} = -1,\end{aligned}$$

因此 $\left(2(-1)^{\frac{p-1}{2}}\right)^p \equiv -1 \pmod{2p+1}$，从而命题得证。

10. 由 §1.4 习题 7 知 $n=2^k$，为了证明 3 是模 p 的原根，只需说明 $3^{\frac{p-1}{2}} \not\equiv 1 \pmod{p}$（参见第五章命题 1.2 (4)）。事实上，由定理 2.5 知 $3^{\frac{p-1}{2}} \equiv \left(\frac{3}{p}\right) \pmod{p}$，再利用二次互反律可得

$$\left(\frac{3}{p}\right) = \left(\frac{p}{3}\right) = \left(\frac{2^{2^k}+1}{3}\right) = \left(\frac{2}{3}\right) = -1,$$

从而命题得证。

11. 由 $2^{2^n} \equiv -1 \pmod{p}$ 及 $2^{2^{n+1}} \equiv 1 \pmod{p}$ 知 $\delta_p(2)=2^{n+1}$，进而得到 $2^{n+1} \mid p-1$，现记 $p=2^{n+1}k+1$，则只需证明 k 是偶数。因为 $n \geqslant 2$，所以 $p \equiv 1 \pmod{8}$，再由定理 2.5 及命题 2.8 知

$$1 = \left(\frac{2}{p}\right) \equiv 2^{\frac{p-1}{2}} \equiv 2^{2^n k} \equiv (-1)^k \pmod{p},$$

故 k 是偶数。

12. 只需对 n 是素数的情况证明结论即可。由于 $2^p \equiv 1 \pmod{n}$，故 $\delta_n(2) \mid p$，从而必有 $\delta_n(2)=p$，于是 $p \mid n-1$。注意到 n 是奇数，因此 $2p \mid n-1$。现记 $n=2pk+1$，则由定理 2.5 知

$$\left(\frac{2}{n}\right) \equiv 2^{\frac{n-1}{2}} \equiv 2^{kp} \equiv 1 \pmod{n},$$

故而 $\left(\frac{2}{n}\right)=1$，这意味着 $n \equiv \pm 1 \pmod{8}$。

13. 由题设知 $p \nmid mn$ 并且

$$(2m-n)^2+3n^2 = 4(m^2-mn+n^2) \equiv 0 \pmod{p},$$

因此 -3 是模 p 的二次剩余，进而由命题 2.6 及二次互反律知

$$\left(\frac{p}{3}\right)=\left(\frac{-3}{p}\right)=1,$$

所以 $p\equiv 1 \pmod 3$。

14. 必要性：若存在 x, y 使得 $x^2+2y^2=p$，则 $p\nmid xy$ 且 $(x\overline{y})^2\equiv -2 \pmod p$，于是 $\left(\dfrac{-2}{p}\right)=1$，由此便可得出 $p\equiv 1 \pmod 8$ 或 $p\equiv 3 \pmod 8$。

充分性：这与第四章定理 4.1 充分性部分的证明基本相同。事实上，由 $p\equiv 1, 3 \pmod 8$ 知 $\left(\dfrac{-2}{p}\right)=1$，于是存在 ℓ 使得 $\ell^2\equiv -2 \pmod p$。现考虑满足 $0\leqslant x, y\leqslant \sqrt{p}$ 的有序对 (x,y)，这样的有序对的个数为$([\sqrt{p}]+1)^2>p$，由抽屉原理知必存在 $x_1, x_2, y_1, y_2\in[0,\sqrt{p}]$，使得

$$x_1-\ell y_1\equiv x_2-\ell y_2 \pmod p,$$

于是 $(x_1-x_2)^2\equiv \ell^2(y_1-y_2)^2\equiv -2(y_1-y_2)^2 \pmod p$，并且由 $|x_1-x_2|<\sqrt{p}$ 以及 $|y_1-y_2|<\sqrt{p}$ 知 $0<(x_1-x_2)^2+2(y_1-y_2)^2<3p$。于是有以下两种情况：

(i) 若 $(x_1-x_2)^2+2(y_1-y_2)^2=p$，则取 $x=x_1-x_2$，$y=y_1-y_2$ 即得 $x^2+2y^2=p$。

(ii) 若 $(x_1-x_2)^2+2(y_1-y_2)^2=2p$，则必有 $2\mid x_1-x_2$，此时取 $x=y_1-y_2$，$y=\dfrac{x_1-x_2}{2}$ 即有 $x^2+2y^2=p$。

15. (1) 由第一章例 1.4 知

$$G(p)=\sum_{j=1}^{p}\left(\left(\frac{j}{p}\right)+1\right)e\left(\frac{j}{p}\right)=2\sum_{\substack{j=1\\ (\frac{j}{p})=1}}^{p-1}e\left(\frac{j}{p}\right)+1=\sum_{j=1}^{p-1}e\left(\frac{j^2}{p}\right)+1=\sum_{j=1}^{p}e\left(\frac{j^2}{p}\right),$$

上面倒数第二步成立是因为对于模 p 的每个二次剩余 a 而言方程 $x^2\equiv a \pmod p$ 均恰有两个解。

(2) 我们有

$$\begin{aligned}
G(p)^2&=\sum_{j=1}^{p}\left(\frac{j}{p}\right)e\left(\frac{j}{p}\right)\sum_{k=1}^{p}\left(\frac{k}{p}\right)e\left(\frac{k}{p}\right)\\
&=\sum_{j\leqslant p-1}\sum_{k\leqslant p-1}\left(\frac{jk}{p}\right)e\left(\frac{j+k}{p}\right)=\sum_{j\leqslant p-1}\sum_{k\leqslant p-1}\left(\frac{j^2k}{p}\right)e\left(\frac{(k+1)j}{p}\right)\\
&=\sum_{k\leqslant p-1}\left(\frac{k}{p}\right)\sum_{j\leqslant p-1}e\left(\frac{(k+1)j}{p}\right)=\sum_{k\leqslant p-1}\left(\frac{k}{p}\right)\sum_{j\leqslant p}e\left(\frac{(k+1)j}{p}\right).
\end{aligned}$$

由第一章例 1.4 知上式右边的内层和仅当 $k=p-1$ 时不等于 0，于是

$$G(p)^2=\Big(\frac{p-1}{p}\Big)\cdot p=(-1)^{\frac{p-1}{2}}p.$$

16. (1) 用 N 表示这样的 n 的个数，则

$$\begin{aligned}N&=\frac{1}{4}\sum_{n\leqslant p-2}\Big(1+\Big(\frac{n}{p}\Big)\Big)\Big(1+\Big(\frac{n+1}{p}\Big)\Big)\\&=\frac{1}{4}\sum_{n\leqslant p-2}\Big(1+\Big(\frac{n}{p}\Big)+\Big(\frac{n+1}{p}\Big)+\Big(\frac{n(n+1)}{p}\Big)\Big)\\&=\frac{1}{4}\Big(p-2-\Big(\frac{-1}{p}\Big)-1+\sum_{n\leqslant p-2}\Big(\frac{n(n+1)}{p}\Big)\Big),\end{aligned}$$

上面最后一步用到了习题 4。因为

$$\begin{aligned}\sum_{n\leqslant p-2}\Big(\frac{n(n+1)}{p}\Big)&=\sum_{n\leqslant p-1}\Big(\frac{n^2(\overline{n}+1)}{p}\Big)=\sum_{n\leqslant p-1}\Big(\frac{\overline{n}+1}{p}\Big)\\&=\sum_{n\leqslant p-1}\Big(\frac{n+1}{p}\Big)=-1,\end{aligned}$$

所以 $N=\frac{1}{4}\Big(p-4-\Big(\frac{-1}{p}\Big)\Big)$。

(2) 这是因为当 $p\geqslant 7$ 时上题中的 $N>0$。

17. 因为 $4a(an^2+bn+c)=(2an-b)^2-\varDelta$，所以

$$\sum_{n\leqslant p}\Big(\frac{an^2+bn+c}{p}\Big)=\Big(\frac{a}{p}\Big)\sum_{n\leqslant p}\Big(\frac{(2an-b)^2-\varDelta}{p}\Big)=\Big(\frac{a}{p}\Big)\sum_{n\leqslant p}\Big(\frac{n^2-\varDelta}{p}\Big),$$

由此立即得出当 $p\mid\varDelta$ 时

$$\sum_{n\leqslant p}\Big(\frac{an^2+bn+c}{p}\Big)=(p-1)\Big(\frac{a}{p}\Big).$$

下面讨论 $p\nmid\varDelta$ 的情形，我们来证明此时有

$$\sum_{n\leqslant p}\Big(\frac{n^2-\varDelta}{p}\Big)=-1.$$

用 N 表示同余方程 $x^2-\varDelta\equiv y^2 \pmod p$ 的解数，则一方面有

$$N=\sum_{n\leqslant p}\Big(1+\Big(\frac{n^2-\varDelta}{p}\Big)\Big)=p+\sum_{n\leqslant p}\Big(\frac{n^2-\varDelta}{p}\Big);$$

另一方面，对给定的 m，若用 N_m 表示同余方程组

$$\begin{cases} x^2 \equiv m + \Delta \pmod p, \\ y^2 \equiv m \pmod p \end{cases}$$

的解数，则

$$\begin{aligned} N &= \sum_{m \leqslant p} N_m = \sum_{m \leqslant p} \left(1 + \left(\frac{m+\Delta}{p}\right)\right)\left(1 + \left(\frac{m}{p}\right)\right) \\ &= \sum_{m \leqslant p} \left(1 + \left(\frac{m}{p}\right) + \left(\frac{m+\Delta}{p}\right) + \left(\frac{m(m+\Delta)}{p}\right)\right) \\ &= p + \sum_{m \leqslant p-1} \left(\frac{m(m+\Delta)}{p}\right) = p + \sum_{m \leqslant p-1} \left(\frac{m^2}{p}\right)\left(\frac{1+\Delta\overline{m}}{p}\right) \\ &= p + \sum_{j \leqslant p-1} \left(\frac{1+j}{p}\right) = p - 1. \end{aligned}$$

综上便可得出结论。

18. (1) 我们有

$$\begin{aligned} S(m) &= \sum_{j \leqslant p} \left(\frac{j(j^2+m)}{p}\right) = \sum_{1 \leqslant j < \frac{p}{2}} \left(\frac{j(j^2+m)}{p}\right) + \sum_{\frac{p}{2} < j \leqslant p-1} \left(\frac{j(j^2+m)}{p}\right) \\ &= \sum_{1 \leqslant j < \frac{p}{2}} \left(\frac{j(j^2+m)}{p}\right) + \sum_{1 \leqslant j < \frac{p}{2}} \left(\frac{(p-j)((p-j)^2+m)}{p}\right) \\ &= 2 \sum_{1 \leqslant j < \frac{p}{2}} \left(\frac{j(j^2+m)}{p}\right), \end{aligned}$$

上面最后一步用到了 $\left(\frac{-1}{p}\right) = 1$。因此 $2 \mid S(m)$。

(2) 若 $p \mid a$，则

$$S(ma^2) = \sum_{j \leqslant p} \left(\frac{j(j^2+ma^2)}{p}\right) = \sum_{j \leqslant p} \left(\frac{j^3}{p}\right) = 0 = \left(\frac{a}{p}\right) S(k).$$

若 $p \nmid a$，则由第三章命题 2.8 知 $\{aj : 1 \leqslant j \leqslant p\}$ 是模 p 的一个完全剩余系，于是

$$\begin{aligned} S(ma^2) &= \sum_{j \leqslant p} \left(\frac{j(j^2+ma^2)}{p}\right) = \sum_{j \leqslant p} \left(\frac{aj\big((aj)^2+ma^2\big)}{p}\right) \\ &= \left(\frac{a^3}{p}\right) \sum_{j \leqslant p} \left(\frac{j(j^2+m)}{p}\right) = \left(\frac{a}{p}\right) S(m). \end{aligned}$$

20. 由习题 18 (2) 及上题知

$$
\begin{aligned}
\frac{p-1}{2}\Big(S(k)^2+S(\ell)^2\Big) &= \sum_{j\leqslant\frac{p-1}{2}} S(kj^2)^2+\sum_{j\leqslant\frac{p-1}{2}} S(\ell j^2)^2\\
&=\sum_{n=1}^{p-1} S(n)^2=\sum_{n=1}^{p-1}\sum_{a=1}^{p}\left(\frac{a(a^2+n)}{p}\right)\sum_{b=1}^{p}\left(\frac{b(b^2+n)}{p}\right)\\
&=\sum_{a=1}^{p-1}\sum_{b=1}^{p-1}\Big(\frac{ab}{p}\Big)\sum_{n=1}^{p-1}\left(\frac{(n+a^2)(n+b^2)}{p}\right).
\end{aligned}
$$

21. 当 $p\nmid ab$ 时

$$
\sum_{n=1}^{p-1}\left(\frac{(n+a^2)(n+b^2)}{p}\right)=\sum_{n=1}^{p}\left(\frac{n^2+(a^2+b^2)n+a^2b^2}{p}\right)-1,
$$

因此判别式 $\Delta=(a^2+b^2)^2-4a^2b^2=(a^2-b^2)^2$，故由习题 17 知

$$
\sum_{n=1}^{p-1}\left(\frac{(n+a^2)(n+b^2)}{p}\right)=\begin{cases}-2, & 若\ a^2\not\equiv b^2\ (\mathrm{mod}\ p),\\ p-2, & 若\ a^2\equiv b^2\ (\mathrm{mod}\ p).\end{cases}
$$

将这代入上题可得

$$
\begin{aligned}
\frac{p-1}{2}\Big(S(k)^2+S(\ell)^2\Big) &= \sum_{\substack{a=1\\ a^2\not\equiv b^2\ (\mathrm{mod}\ p)}}^{p-1}\sum_{b=1}^{p-1}(-2)\Big(\frac{ab}{p}\Big)+\sum_{\substack{a=1\\ a^2\equiv b^2\ (\mathrm{mod}\ p)}}^{p-1}\sum_{b=1}^{p-1}(p-2)\Big(\frac{ab}{p}\Big)\\
&=p\sum_{\substack{a=1\\ a^2\equiv b^2\ (\mathrm{mod}\ p)}}^{p-1}\sum_{b=1}^{p-1}\Big(\frac{ab}{p}\Big)-2\sum_{a=1}^{p-1}\sum_{b=1}^{p-1}\Big(\frac{a}{p}\Big)\Big(\frac{b}{p}\Big)\\
&=p\sum_{a=1}^{p-1}\left(\Big(\frac{a^2}{p}\Big)+\Big(\frac{a(p-a)}{p}\Big)\right)\\
&=2p(p-1),
\end{aligned}
$$

从而命题得证。

习题 6.3

1. (1) -1;　(2) -1;　(3) 1;　(4) -1。

2. 由第三章命题 2.12 知

$$
G(mn)=\sum_{j=1}^{m}\Big(\frac{j}{mn}\Big)e\Big(\frac{j}{mn}\Big)=\sum_{j_1=1}^{m}\sum_{j_2=1}^{n}\Big(\frac{nj_1+mj_2}{mn}\Big)e\Big(\frac{nj_1+mj_2}{mn}\Big)
$$

$$= \sum_{j_1=1}^{m}\sum_{j_2=1}^{n}\left(\frac{nj_1}{m}\right)\left(\frac{mj_2}{n}\right)e\left(\frac{j_1}{m}+\frac{j_2}{n}\right)$$

$$= \left(\frac{n}{m}\right)\left(\frac{m}{n}\right)\sum_{j_1=1}^{m}\left(\frac{j_1}{m}\right)e\left(\frac{j_1}{m}\right)\sum_{j_2=1}^{n}\left(\frac{j_2}{n}\right)e\left(\frac{j_2}{n}\right)$$

$$= \left(\frac{n}{m}\right)\left(\frac{m}{n}\right)G(m)G(n).$$

3. 为方便起见，记

$$S=\sum_{n=1}^{\infty}a_n\left(\sum_{p\in\mathscr{P}}\left(\frac{n}{p}\right)\right)^2.$$

一方面，当 $n=m^2\leqslant \mathrm{e}^N$ 时

$$\sum_{p\in\mathscr{P}}\left(\frac{n}{p}\right)=\sum_{p\in\mathscr{P},\,p\nmid m}1\geqslant N-\sum_{p\mid m}1\gg N-\frac{\log m}{\log\log m}\gg N,$$

上面倒数第二步用到了第七章定理 3.4 (1)，故而

$$S\gg N^2\sum_{\substack{n=1\\ n\text{ 是完全平方数}}}^{\infty}a_n.$$

另一方面，

$$S=\sum_{n=1}^{\infty}a_n\left(\sum_{p\in\mathscr{P}}\left(\frac{n}{p}\right)\right)\left(\sum_{q\in\mathscr{P}}\left(\frac{n}{q}\right)\right)=\sum_{p\in\mathscr{P}}\sum_{q\in\mathscr{P}}\sum_{n=1}^{\infty}a_n\left(\frac{n}{p}\right)\left(\frac{n}{q}\right)$$

$$=\sum_{p\in\mathscr{P}}\sum_{\substack{n=1\\ p\nmid n}}^{\infty}a_n+\sum_{\substack{p\in\mathscr{P}\\ p\neq q}}\sum_{q\in\mathscr{P}}\sum_{n=1}^{\infty}a_n\left(\frac{n}{pq}\right)$$

$$\leqslant N\sum_{n=1}^{\infty}a_n+\sum_{\substack{p\in\mathscr{P}\\ p\neq q}}\sum_{q\in\mathscr{P}}\left|\sum_{n=1}^{\infty}a_n\left(\frac{n}{pq}\right)\right|.$$

综上便可得出结论。

第七章

习题 7.1

3. 由第三章命题 2.14 知

$$\varphi(mn)=mn\prod_{p\mid mn}\left(1-\frac{1}{p}\right)\geqslant m\prod_{p\mid m}\left(1-\frac{1}{p}\right)\cdot n\prod_{p\mid n}\left(1-\frac{1}{p}\right)=\varphi(m)\varphi(n),$$

其中等号成立当且仅当 $(m,n)=1$。

4. 设 $m=p_1^{\alpha_1}\cdots p_r^{\alpha_r}$，$n=p_1^{\beta_1}\cdots p_r^{\beta_r}$，则由 f 的可乘性知

$$\begin{aligned}f\big([m,n]\big)f\big((m,n)\big)&=f\big(p_1^{\max(\alpha_1,\beta_1)}\cdots p_r^{\max(\alpha_r,\beta_r)}\big)\cdot f\big(p_1^{\min(\alpha_1,\beta_1)}\cdots p_r^{\min(\alpha_r,\beta_r)}\big)\\&=\Big(f\big(p_1^{\max(\alpha_1,\beta_1)}\big)\cdot f\big(p_1^{\min(\alpha_1,\beta_1)}\big)\Big)\cdots\Big(f\big(p_r^{\max(\alpha_r,\beta_r)}\big)\cdot f\big(p_r^{\min(\alpha_r,\beta_r)}\big)\Big)\\&=\Big(f\big(p_1^{\alpha_1}\big)\cdot f\big(p_1^{\beta_1}\big)\Big)\cdots\Big(f\big(p_r^{\alpha_r}\big)\cdot f\big(p_r^{\beta_r}\big)\Big)\\&=f\big(p_1^{\alpha_1}\cdots p_r^{\alpha_r}\big)\cdot f\big(p_1^{\beta_1}\cdots p_r^{\beta_r}\big)=f(m)f(n).\end{aligned}$$

5. 由 Euler 恒等式知当 $s>1$ 时有

$$\zeta(s)=\sum_{n=1}^{\infty}\frac{1}{n^s}=\prod_p\Big(1-\frac{1}{p^s}\Big)^{-1}$$

以及

$$\sum_{n=1}^{\infty}\frac{\mu(n)}{n^s}=\prod_p\Big(1-\frac{1}{p^s}\Big),$$

从而命题得证。

习题 7.2

1. 因为不等式左、右两侧均是可乘函数，所以只需对 m,n 均是素数的幂的情况证明结论即可。设 $m=p^{\alpha}$，$n=p^{\beta}$，其中 p 是素数，则

$$\tau(mn)=\tau(p^{\alpha+\beta})=\alpha+\beta+1\leqslant(\alpha+1)(\beta+1)=\tau(p^{\alpha})\tau(p^{\beta}),$$

等号成立当且仅当 α 和 β 中至少有一个等于 0。因此对于一般情况，等号成立的充要条件是 $(m,n)=1$。

2. 当 $n=1$ 时值等于 1。当 $n>1$ 时，记 $n=p_1^{\alpha_1}\cdots p_r^{\alpha_r}$，则由命题 2.6 知

$$\begin{aligned}\sum_{d\mid n}\lambda(d)&=\prod_{j=1}^{r}\Big(1+\lambda(p_j)+\lambda(p_j^2)+\cdots+\lambda(p_j^{\alpha_j})\Big)\\&=\prod_{j=1}^{r}\Big(1+(-1)+(-1)^2+\cdots+(-1)^{\alpha_j}\Big)\\&=\begin{cases}1, & \text{若诸 } \alpha_k \text{ 均为偶数},\\0, & \text{至少有一个 } \alpha_k \text{ 为奇数}.\end{cases}\end{aligned}$$

因此

$$\sum_{d\mid n}\lambda(d)=\begin{cases}1, & \text{若 } n \text{ 为完全平方数},\\0, & \text{其它情形}.\end{cases}$$

3. (1) 充分性：如果 $n=2^{m-1}(2^m-1)$ 且 2^m-1 为素数，则由 (7.3) 中第二式知

$$\sigma(n)=\frac{2^m-1}{2-1}\cdot\left((2^m-1)+1\right)=2^m(2^m-1)=2n.$$

必要性：记 $n=2^{m-1}k$，其中 $m\geqslant 2$ 且 k 是奇数，那么

$$2^m k=2n=\sigma(n)=(2^m-1)\sigma(k).$$

注意到 $(2^m,2^m-1)=1$，所以 $2^m-1\mid k$，并且

$$\sigma(k)=\frac{2^m k}{2^m-1}=k+\frac{k}{2^m-1}.$$

因为上式右边两项均是 k 的因子，而上式左边是 k 的全部因子之和，所以 k 是素数且 $\dfrac{k}{2^m-1}=1$。

(2) 显然有 $n>1$，设其标准分解式为 $n=p_1^{\alpha_1}\cdots p_r^{\alpha_r}$，其中 $p_1,\cdots,p_r$ 均是奇素数，则由

$$\sigma(n)=\prod_{j=1}^{r}\left(1+p_j+\cdots+p_j^{\alpha_j}\right)$$

及 $2\parallel\sigma(n)$ 知诸 α_j 中只有一个是奇数，于是 n 可写成 $n=p^\alpha k^2$ 的形式，其中 α 是奇数，p 是奇素数且 $p\nmid k$。

进一步地，由 $2\parallel\sigma(n)$ 还可推出 $p\equiv 1\pmod 4$，这是因为若 $p\equiv -1\pmod 4$，则由 α 是奇数知

$$1+p+\cdots+p^\alpha\equiv 1+(-1)+\cdots+(-1)^\alpha\equiv 0\,(\mathrm{mod}\ 4),$$

从而有 $4\mid\sigma(n)$。

最后，我们还有 $\alpha\equiv 1\pmod 4$，这是因为如果 $\alpha\equiv -1\pmod 4$，则由 $p\equiv 1\pmod 4$ 知

$$1+p+\cdots+p^\alpha\equiv\alpha+1\equiv 0\,(\mathrm{mod}\ 4),$$

这也将导致 $4\mid\sigma(n)$，从而与 $2\parallel\sigma(n)$ 矛盾。

4. 1，3，8，10，18，24，30。

5. (1) 和 (2) 中等式的左、右两侧均是可乘函数，所以只需对 n 是素数幂的情形验证结论即可。以 (1) 为例，对 $n=p^\alpha$ 有

$$\sum_{d\mid p^\alpha}\tau(d)^3=\sum_{j=0}^{\alpha}\tau(p^j)^3=\sum_{j=0}^{\alpha}(j+1)^3=\frac{(\alpha+1)^2(\alpha+2)^2}{4}$$

$$= \left(\sum_{j=0}^{\alpha}(j+1)\right)^2 = \left(\sum_{j=0}^{\alpha}\tau(p^j)\right)^2 = \left(\sum_{d|p^\alpha}\tau(d)\right)^2 = \tau_3(p^\alpha)^2.$$

(3) 事实上也可以用上述方法来处理，但是去验证等式左边函数的可乘性需用到习题 17 (3)。另一种做法是利用类似于本题 (1) 和 (2) 的处理方法去证明

$$\sum_{d|n} 2^{\omega(d)} = \tau(n^2),$$

再利用 Möbius 反转公式得出结论。

6. 对于满足 $(m,n)=1$ 的任意正整数 m, n 有

$$f(mn) = \sum_{d|mn}\left(d, \frac{mn}{d}\right) = \sum_{k|m}\sum_{\ell|n}\left(k\ell, \frac{mn}{k\ell}\right).$$

因为 $(m,n)=1$，所以由例 1.5 及第一章命题 2.10 (1) 知

$$\left(k\ell, \frac{mn}{k\ell}\right) = \left(k\ell, \frac{m}{k}\right)\left(k\ell, \frac{n}{\ell}\right) = \left(k, \frac{m}{k}\right)\left(\ell, \frac{n}{\ell}\right),$$

于是

$$f(mn) = \sum_{k|m}\sum_{\ell|n}\left(k, \frac{m}{k}\right)\left(\ell, \frac{n}{\ell}\right) = \sum_{k|m}\left(k, \frac{m}{k}\right)\sum_{\ell|n}\left(\ell, \frac{n}{\ell}\right) = f(m)f(n),$$

从而命题得证。

7. (1) 用 1_S 表示集合 S 的特征函数，也即对任意的正整数 n 令

$$1_S(n) = \begin{cases} 1, & 若\ n \in S, \\ 0, & 若\ n \notin S, \end{cases}$$

则由 S 的定义知 1_S 是 $\mathbb{Z}_{>0}$ 上的可乘函数，于是由命题 2.8 知

$$\sum_{\substack{d\in S\\ d|n}}\mu(d) = \sum_{d|n}\mu(d)1_S(d) = \prod_{p|n}\left(1 - 1_S(p)\right),$$

从而命题得证。

(2) 在 (1) 中取 $S = \{n \in \mathbb{Z}_{>0} : (n,q)=1\}$ 即可得出结论。

8. 我们有

$$\sum_{\substack{d|n\\ q|d}}\mu(d) = \sum_{j|\frac{n}{q}}\mu(jq) = \mu(q)\sum_{\substack{j|\frac{n}{q}\\ (j,q)=1}}\mu(j),$$

再利用上题 (2) 中的结论。

9. 由命题 2.8 知

$$\begin{aligned}\sum_{\substack{d|m}}\sum_{\substack{k|n\\(d,k)=1}}\mu(dk)f(dk)&=\sum_{d|m}\mu(d)f(d)\sum_{\substack{k|n\\(k,d)=1}}\mu(k)f(k)\\&=\sum_{d|m}\mu(d)f(d)\prod_{p|n,\,p\nmid d}\big(1-f(p)\big)\\&=\prod_{p|n}\big(1-f(p)\big)\sum_{d|m}\mu(d)f(d)\prod_{p|(d,n)}\big(1-f(p)\big)^{-1}.\end{aligned}$$

注意到上式右边最内侧的乘积是关于 d 的可乘函数，所以再次使用命题 2.8 可得

$$\sum_{d|m}\mu(d)f(d)\prod_{p|(d,n)}\big(1-f(p)\big)^{-1}=\prod_{p|m,\,p\nmid n}\big(1-f(p)\big)\prod_{p|(m,n)}\Big(1-\frac{f(p)}{1-f(p)}\Big),$$

综上便得

$$\begin{aligned}\sum_{\substack{d|m}}\sum_{\substack{k|n\\(d,k)=1}}\mu(dk)f(dk)&=\prod_{p|mn}\big(1-f(p)\big)\prod_{p|(m,n)}\Big(1-\frac{f(p)}{1-f(p)}\Big)\\&=\prod_{\substack{p|mn\\p\nmid(m,n)}}\big(1-f(p)\big)\prod_{p|(m,n)}\big(1-2f(p)\big).\end{aligned}$$

10. 一方面，若对任意的 $n_1,\cdots,n_k$ 均有

$$f(n_1,\cdots,n_k)=\sum_{d_1|n_1}\cdots\sum_{d_k|n_k}g(d_1,\cdots,d_k),$$

那么

$$\begin{aligned}&\sum_{d_1|n_1}\cdots\sum_{d_k|n_k}\mu(d_1)\cdots\mu(d_k)f\Big(\frac{n_1}{d_1},\cdots,\frac{n_k}{d_k}\Big)\\&=\sum_{d_1\ell_1=n_1}\cdots\sum_{d_k\ell_k=n_k}\mu(d_1)\cdots\mu(d_k)f(\ell_1,\cdots,\ell_k)\\&=\sum_{d_1\ell_1=n_1}\cdots\sum_{d_k\ell_k=n_k}\mu(d_1)\cdots\mu(d_k)\sum_{a_1b_1=\ell_1}\cdots\sum_{a_kb_k=\ell_k}g(a_1,\cdots,a_k)\\&=\sum_{a_1|n_1}\cdots\sum_{a_k|n_k}g(a_1,\cdots,a_k)\Big(\sum_{d_1b_1=n_1/a_1}\mu(d_1)\Big)\cdots\Big(\sum_{d_kb_k=n_k/a_k}\mu(d_k)\Big)\\&=g(n_1,\cdots,n_k),\end{aligned}$$

上面最后一步用到了定理 2.10。

另一方面，如果对任意的 $n_1, \cdots, n_k$ 均有

$$g(n_1,\cdots,n_k)=\sum_{d_1|n_1}\cdots\sum_{d_k|n_k}\mu(d_1)\cdots\mu(d_k)f\Big(\frac{n_1}{d_1},\cdots,\frac{n_k}{d_k}\Big),$$

那么

$$\begin{aligned}
&\sum_{d_1|n_1}\cdots\sum_{d_k|n_k}g(d_1,\cdots,d_k)\\
=&\sum_{d_1|n_1}\cdots\sum_{d_k|n_k}\sum_{a_1b_1=d_1}\cdots\sum_{a_kb_k=d_k}\mu(a_1)\cdots\mu(a_k)f(b_1,\cdots,b_k)\\
=&\sum_{b_1|n_1}\cdots\sum_{b_k|n_k}f(b_1,\cdots,b_k)\Big(\sum_{a_1|n_1/b_1}\mu(a_1)\Big)\cdots\Big(\sum_{a_k|n_k/b_k}\mu(a_k)\Big)\\
=&f(n_1,\cdots,n_k),
\end{aligned}$$

上面最后一步再次用到了定理 2.10。

11. 一方面，若对任意的 $n\in S$ 有

$$f(n)=\sum_{\substack{d\in S\\ n|d}}g(d),$$

那么当 $n\in S$ 时

$$\begin{aligned}
\sum_{\substack{d\in S\\ n|d}}\mu\Big(\frac{d}{n}\Big)f(d)&=\sum_{\substack{d\in S\\ n|d}}\mu\Big(\frac{d}{n}\Big)\sum_{\substack{k\in S\\ d|k}}g(k)=\sum_{\substack{k\in S\\ n|k}}g(k)\sum_{\substack{d|k\\ n|d}}\mu\Big(\frac{d}{n}\Big)\\
&=\sum_{\substack{k\in S\\ n|k}}g(k)\sum_{j|\frac{k}{n}}\mu(j)=g(n),
\end{aligned}$$

上面最后一步用到了定理 2.10。

另一方面，若对任意的 $n\in S$ 有

$$g(n)=\sum_{\substack{d\in S\\ n|d}}\mu\Big(\frac{d}{n}\Big)f(d),$$

那么当 $n\in S$ 时

$$\sum_{\substack{d\in S\\ n|d}}g(d)=\sum_{\substack{d\in S\\ n|d}}\sum_{\substack{k\in S\\ d|k}}\mu\Big(\frac{k}{d}\Big)f(k)=\sum_{\substack{k\in S\\ n|k}}f(k)\sum_{\substack{d|k\\ n|d}}\mu\Big(\frac{k}{d}\Big)$$

$$= \sum_{\substack{k\in S\\ n|k}} f(k) \sum_{j|\frac{k}{n}} \mu\left(\frac{k/n}{j}\right) = \sum_{\substack{k\in S\\ n|k}} f(k) \sum_{j|\frac{k}{n}} \mu(j) = f(n),$$

上面最后一步和倒数第二步分别用到了定理 2.10 以及第一章命题 1.5。

12. 一方面，若对任意的 $x \geqslant 1$ 均有 $f(x) = \sum\limits_{n\leqslant x} Q(n)g\left(\frac{x}{n}\right)$，则

$$\begin{aligned}\sum_{n\leqslant x} \mu(n)Q(n)f\left(\frac{x}{n}\right) &= \sum_{n\leqslant x} \mu(n)Q(n) \sum_{m\leqslant x/n} Q(m)g\left(\frac{x}{mn}\right)\\ &= \sum_{n\leqslant x} \sum_{m\leqslant x/n} \mu(n)Q(mn)g\left(\frac{x}{mn}\right)\\ &= \sum_{k\leqslant x} Q(k)g\left(\frac{x}{k}\right) \sum_{mn=k} \mu(n) = g(x),\end{aligned}$$

上面最后一步用到了定理 2.10 以及 $Q(1) = 1$。

另一方面，若对任意的 $x \geqslant 1$ 有 $g(x) = \sum\limits_{n\leqslant x} \mu(n)Q(n)f\left(\frac{x}{n}\right)$，则

$$\begin{aligned}\sum_{n\leqslant x} Q(n)g\left(\frac{x}{n}\right) &= \sum_{n\leqslant x} Q(n) \sum_{m\leqslant x/n} \mu(m)Q(m)f\left(\frac{x}{mn}\right)\\ &= \sum_{n\leqslant x} \sum_{m\leqslant x/n} \mu(m)Q(mn)f\left(\frac{x}{mn}\right)\\ &= \sum_{k\leqslant x} Q(k)f\left(\frac{x}{k}\right) \sum_{mn=k} \mu(m) = f(x),\end{aligned}$$

上面最后一步再次用到了定理 2.10 以及 $Q(1) = 1$。

13. (1) 若令 $g(x) = 1$ ($\forall\ x > 0$)，则

$$\sum_{n\leqslant x} g\left(\frac{x}{n}\right) = [x],$$

再由上题结论（取 Q 为恒等于 1 的函数）知 $\sum\limits_{n\leqslant x} \mu(n)\left[\frac{x}{n}\right] = g(x) = 1$。

(2) 当 $x < 2$ 时命题显然成立，下设 $x \geqslant 2$。由 (1) 知

$$x\sum_{n\leqslant x} \frac{\mu(n)}{n} = 1 + \sum_{n\leqslant x} \mu(n)\left\{\frac{x}{n}\right\},$$

因此

$$x\left|\sum_{n\leqslant x} \frac{\mu(n)}{n}\right| = \left|\{x\} + \left(1 - \left\{\frac{x}{2}\right\}\right) + \sum_{3\leqslant n\leqslant x} \mu(n)\left\{\frac{x}{n}\right\}\right| \leqslant x,$$

两边同时除以 x 便得结论。

14. 按照 §1.4 习题 14，可将 n 唯一地写成 $n=n_1^k n_2$ 的形式，其中 n_2 不被任一素数的 k 次幂整除，于是

$$\sum_{d^k|n}\mu(d)=\sum_{j|n_1}\mu(j)=\begin{cases}0, & 若\ n_1>1,\\ 1, & 若\ n_1=1\end{cases}$$
$$=\begin{cases}0, & 若存在\ m>1\ 使得\ m^k\mid n,\\ 1, & 其它情况.\end{cases}$$

15. 我们有

$$\sum_{\substack{d|n\\ \omega(d)<r}}\mu(d)=\sum_{j=0}^{r-1}\sum_{\substack{d|n\\ \omega(d)=j}}\mu(d)=\sum_{j=0}^{r-1}(-1)^j\binom{\omega(n)}{j}=(-1)^{r-1}\binom{\omega(n)-1}{r-1},$$

其中最后一步可通过对 r 使用数学归纳法得到。

16. 当 $x\in(-1,1)$ 时

$$\sum_{n=1}^{\infty}\mu(n)\frac{x^n}{1-x^n}=\sum_{n=1}^{\infty}\mu(n)\sum_{k=1}^{\infty}x^{nk}=\sum_{m=1}^{\infty}x^m\sum_{nk=m}\mu(n)=x,$$

上面最后一步用到了定理 2.10，而倒数第二步需用到一个二重级数求和的性质，参见 [5] §12.2 习题 6 与习题 9。

17. (1) 首先，对任意的正整数 n，由第一章命题 1.5 知

$$(f*g)(n)=\sum_{d|n}f(d)g\left(\frac{n}{d}\right)=\sum_{d|n}f\left(\frac{n}{d}\right)g(d)=(g*f)(n),$$

所以 Dirichlet 卷积满足交换律。其次，因为对任意的正整数 n 有

$$\begin{aligned}\big((f*g)*h\big)(n)&=\sum_{ab=n}(f*g)(a)h(b)=\sum_{ab=n}h(b)\sum_{cd=a}f(c)g(d)\\&=\sum_{bcd=n}f(c)g(d)h(b)=\sum_{ca=n}f(c)\sum_{db=a}g(d)h(b)\\&=\sum_{ca=n}f(c)(g*h)(a)=\big(f*(g*h)\big)(n).\end{aligned}$$

所以 Dirichlet 卷积满足结合律。最后，对任意的正整数 n 有

$$\big(f*(g+h)\big)(n)=\sum_{d|n}f(d)\left(g\left(\frac{n}{d}\right)+h\left(\frac{n}{d}\right)\right)=\sum_{d|n}f(d)g\left(\frac{n}{d}\right)+\sum_{d|n}f(d)h\left(\frac{n}{d}\right)$$

$$= (f * g + f * h)(n),$$

这就证明了 Dirichlet 卷积对通常的加法有分配律。

(2) 可以参照命题 2.4 的证明过程来处理，具体来说，设 f 与 g 均可乘，则当 $(m,n)=1$ 时有

$$\begin{aligned}(f * g)(mn) &= \sum_{d|mn} f(d)g\Big(\frac{mn}{d}\Big) = \sum_{k|m}\sum_{\ell|n} f(k\ell)g\Big(\frac{mn}{k\ell}\Big) \\ &= \sum_{k|m}\sum_{\ell|n} f(k)f(\ell)g\Big(\frac{m}{k}\Big)g\Big(\frac{n}{\ell}\Big) = \sum_{k|m} f(k)g\Big(\frac{m}{k}\Big)\sum_{\ell|n} f(\ell)g\Big(\frac{n}{\ell}\Big) \\ &= (f * g)(m)\cdot(f * g)(n),\end{aligned}$$

故而 $f * g$ 是可乘函数。

(3) 因为 $f = F * \mu$，所以由 (2) 知 f 是可乘函数。

19. 记

$$S = \big\{n \in \mathbb{Z}_{>0} : 对满足\ (k,\ell)=1\ 及\ k\ell=n\ 的任意\ k,\ell\ 均有\ g(n)=g(k)g(\ell)\big\},$$

只需证明 $S = \mathbb{Z}_{>0}$。利用第二数学归纳法。首先，由上题知 $g(1) = \dfrac{1}{f(1)} = 1$，所以 $1 \in S$。其次，若 $n > 1$ 且小于 n 的任意正整数均属于 S，那么对于满足 $(k,\ell)=1$ 及 $k\ell = n$ 的任意 k,ℓ，若 k 与 ℓ 中有一个等于 1，则 $g(n) = g(1)g(n) = g(k)g(\ell)$；当 $1 < k, \ell < n$ 时，由上题知

$$g(n) = -\frac{1}{f(1)}\sum_{d|k\ell,\ d<k\ell} f\Big(\frac{k\ell}{d}\Big)g(d) = -\sum_{\substack{d_1|k \\ d_1d_2<k\ell}}\sum_{d_2|\ell} f\Big(\frac{k\ell}{d_1d_2}\Big)g(d_1d_2),$$

再利用 f 的可乘性及归纳假设可得

$$\begin{aligned}g(n) &= -\sum_{\substack{d_1|k \\ d_1d_2<k\ell}}\sum_{d_2|\ell} f\Big(\frac{k}{d_1}\Big)f\Big(\frac{\ell}{d_2}\Big)g(d_1)g(d_2) \\ &= -\sum_{\substack{d_1|k \\ d_1<k}}\sum_{d_2|\ell} f\Big(\frac{k}{d_1}\Big)f\Big(\frac{\ell}{d_2}\Big)g(d_1)g(d_2) - \sum_{d_1|k}\sum_{\substack{d_2|\ell \\ d_2<\ell}} f\Big(\frac{k}{d_1}\Big)f\Big(\frac{\ell}{d_2}\Big)g(d_1)g(d_2) \\ &\quad + \sum_{\substack{d_1|k \\ d_1<k}}\sum_{\substack{d_2|\ell \\ d_2<\ell}} f\Big(\frac{k}{d_1}\Big)f\Big(\frac{\ell}{d_2}\Big)g(d_1)g(d_2) \\ &= u(\ell)g(k) + u(k)g(\ell) + g(k)g(\ell) = g(k)g(\ell),\end{aligned}$$

因此 $n \in S$。从而命题得证。

20. (1) 利用 Möbius 反转公式。

(2) 由 Λ_k 的定义知

$$\begin{aligned}\Lambda_{k+1}(n) &= \sum_{d|n}\mu(d)\Big(\log\frac{n}{d}\Big)^{k+1}\\ &= (\log n)\sum_{d|n}\mu(d)\Big(\log\frac{n}{d}\Big)^{k} - \sum_{d|n}\mu(d)(\log d)\Big(\log\frac{n}{d}\Big)^{k}\\ &= \Lambda_k(n)\log n - \sum_{dm=n}\mu(d)(\log d)(\log m)^k,\end{aligned}$$

而由例 2.12 及 Möbius 反转公式知 $-\mu(d)\log d = \sum\limits_{uv=d}\mu(u)\Lambda(v)$，因此

$$\begin{aligned}-\sum_{dm=n}\mu(d)(\log d)(\log m)^k &= \sum_{dm=n}\log^k m\sum_{uv=d}\mu(u)\Lambda(v)\\ &= \sum_{uvm=d}\Lambda(v)\mu(u)\log^k m\\ &= \sum_{vt=n}\Lambda(v)\Lambda_k(t) = (\Lambda_k*\Lambda)(n),\end{aligned}$$

综上命题得证。

(3) 首先，由 $\Lambda_1=\Lambda$ 知当 $\omega(n)>1$ 时有 $\Lambda_1(n)=0$，再利用 (2) 并对 k 使用归纳法可以证明当 $\omega(n)>k$ 时 $\Lambda_k(n)=0$。

(4) 固定 k 并对 ℓ 使用归纳法。当 $\ell=1$ 时由 (2) 知

$$\Lambda_{k+1}(n) = \Lambda_k(n)\log n + (\Lambda_k*\Lambda)(n) \geqslant (\Lambda_k*\Lambda_1)(n).$$

现设命题对某个 ℓ 成立，那么对 $\ell+1$ 而言有

$$\begin{aligned}\Lambda_{k+\ell+1}(n) &= \Lambda_{k+\ell}(n)\log n + (\Lambda_{k+\ell}*\Lambda)(n)\\ &\geqslant (\Lambda_k*\Lambda_\ell)(n)\log n + ((\Lambda_k*\Lambda_\ell)*\Lambda)(n)\\ &\geqslant \sum_{d|n}(\Lambda_\ell(d)\log d + (\Lambda_\ell*\Lambda)(d))\Lambda_k\Big(\frac{n}{d}\Big)\\ &= \sum_{d|n}\Lambda_{\ell+1}(d)\Lambda_k\Big(\frac{n}{d}\Big) = (\Lambda_k*\Lambda_{\ell+1})(n),\end{aligned}$$

从而命题得证。

21. 若 m 和 n 中至少有一个是 1，则由习题 20 (3) 知命题成立，下设 m 与 n 均 $\geqslant 2$。

对 k 使用归纳法。当 $k=0$ 时不等式两侧均等于 0，从而命题成立。现设命题对 k 成立，那么由上题的 (2) 知（容易看出该等式对于 $k=0$ 也是正确的）

$$\begin{aligned}\Lambda_{k+1}(mn) &= \Lambda_k(mn)\log(mn) + (\Lambda_k * \Lambda)(mn) \\ &\leqslant (\log m + \log n)\sum_{j=0}^{k}\binom{k}{j}\Lambda_j(m)\Lambda_{k-j}(n) + (\Lambda_k * \Lambda)(mn)\end{aligned} \tag{A.7}$$

因为 $(m,n)=1$，所以

$$\begin{aligned}(\Lambda_k * \Lambda)(mn) &= \sum_{d\mid mn}\Lambda_k(d)\Lambda\Big(\frac{mn}{d}\Big) = \sum_{d_1\mid m}\sum_{d_2\mid n}\Lambda_k(d_1d_2)\Lambda\Big(\frac{mn}{d_1d_2}\Big) \\ &\leqslant \sum_{d_1\mid m}\sum_{d_2\mid n}\Lambda\Big(\frac{mn}{d_1d_2}\Big)\sum_{j=0}^{k}\binom{k}{j}\Lambda_j(d_1)\Lambda_{k-j}(d_2).\end{aligned}$$

注意到 m, $n\geqslant 2$，故而当 $d_1\neq m$ 且 $d_2\neq n$ 时必有 $\Lambda\Big(\dfrac{mn}{d_1d_2}\Big)=0$，进而知

$$\begin{aligned}(\Lambda_k * \Lambda)(mn) \leqslant{}& \sum_{d_1\mid m}\Lambda\Big(\frac{m}{d_1}\Big)\sum_{j=0}^{k}\binom{k}{j}\Lambda_j(d_1)\Lambda_{k-j}(n) \\ &+\sum_{d_2\mid n}\Lambda\Big(\frac{n}{d_2}\Big)\sum_{j=0}^{k}\binom{k}{j}\Lambda_j(m)\Lambda_{k-j}(d_2) \\ ={}& \sum_{j=0}^{k}\binom{k}{j}\Big((\Lambda_j * \Lambda)(m)\Lambda_{k-j}(n) + \Lambda_j(m)(\Lambda_{k-j} * \Lambda)(n)\Big).\end{aligned}$$

将上式代入 (A.7) 可得

$$\begin{aligned}\Lambda_{k+1}(mn) \leqslant{}& (\log m + \log n)\sum_{j=0}^{k}\binom{k}{j}\Lambda_j(m)\Lambda_{k-j}(n) \\ &+\sum_{j=0}^{k}\binom{k}{j}\Big((\Lambda_j * \Lambda)(m)\Lambda_{k-j}(n) + \Lambda_j(m)(\Lambda_{k-j} * \Lambda)(n)\Big) \\ ={}& \sum_{j=0}^{k}\binom{k}{j}\Lambda_{k-j}(n)\Big(\Lambda_j(m)\log m + (\Lambda_j * \Lambda)(m)\Big) \\ &+\sum_{j=0}^{k}\binom{k}{j}\Lambda_j(m)\Big(\Lambda_{k-j}(n)\log n + (\Lambda_{k-j} * \Lambda)(n)\Big)\end{aligned}$$

$$
\begin{aligned}
&=\sum_{j=0}^{k}\binom{k}{j}\Lambda_{j+1}(m)\Lambda_{k-j}(n)+\sum_{j=0}^{k}\binom{k}{j}\Lambda_{j}(m)\Lambda_{k+1-j}(n)\\
&=\sum_{j=1}^{k+1}\binom{k}{j-1}\Lambda_{j}(m)\Lambda_{k+1-j}(n)+\sum_{j=0}^{k}\binom{k}{j}\Lambda_{j}(m)\Lambda_{k+1-j}(n)\\
&=\Lambda_{k+1}(m)\Lambda_0(n)+\sum_{j=1}^{k}\left(\binom{k}{j-1}+\binom{k}{j}\right)\Lambda_{j}(m)\Lambda_{k+1-j}(n)\\
&\quad+\Lambda_0(m)\Lambda_{k+1}(n)\\
&=\sum_{j=0}^{k+1}\binom{k+1}{j}\Lambda_{j}(m)\Lambda_{k+1-j}(n),
\end{aligned}
$$

上面最后一步用到了组合关系式 $\binom{k}{j-1}+\binom{k}{j}=\binom{k+1}{j}$。至此命题得证。

22. 因为 $\sum\limits_{n=1}^{\infty}\dfrac{f(n)}{n^s}$ 与 $\sum\limits_{n=1}^{\infty}\dfrac{g(n)}{n^s}$ 均绝对收敛，所以由级数乘积的 Cauchy 定理（参见 [5] 第四章定理 5.5）知

$$
\left(\sum_{n=1}^{\infty}\frac{f(n)}{n^s}\right)\left(\sum_{n=1}^{\infty}\frac{g(n)}{n^s}\right)=\sum_{n=1}^{\infty}\frac{1}{n^s}\left(\sum_{k\ell=n}f(k)g(\ell)\right)=\sum_{n=1}^{\infty}\frac{(f*g)(n)}{n^s}.
$$

23. 可利用上题结论来证明。以 (3) 为例，当 $s>2$ 时利用 §7.1 习题 5 可得

$$
\begin{aligned}
\zeta(s-1)\zeta(s)^{-1}&=\left(\sum_{n=1}^{\infty}\frac{n}{n^s}\right)\left(\sum_{n=1}^{\infty}\frac{\mu(n)}{n^s}\right)\\
&=\sum_{n=1}^{\infty}\frac{1}{n^s}\left(\sum_{k\ell=n}k\mu(\ell)\right)=\sum_{n=1}^{\infty}\frac{\varphi(n)}{n^s},
\end{aligned}
$$

上面最后一步用到了例 2.9。

24. 因为对任意的正整数 d 有

$$
\sum_{\substack{n\leqslant x\\ d\mid n}}1=\left[\frac{x}{d}\right]=\frac{x}{d}+O(1),
$$

所以由 (7.4) 知区间 $[1,x]$ 中与 m 互素的整数的个数为

$$
\sum_{\substack{n\leqslant x\\ (n,m)=1}}1=x\prod_{p\mid m}\left(1-\frac{1}{p}\right)+O\left(\sum_{d\mid m}1\right)=\frac{\varphi(m)}{m}x+O(\tau(m)).
$$

25. 不妨设 $x>10$。对任意的 $z\in[2,x]$，在 (7.4) 中取 $N=\prod_{p\leqslant z}p$，$f(n)=1$，那么由

$$\sum_{\substack{n\leqslant x\\ d|n}}1=\frac{x}{d}+O(1)$$

知可取 $X=x$，$g(d)=\frac{1}{d}$，$r_d=O(1)$，进而有

$$\begin{aligned}\pi(x)-\pi(z)+1\leqslant\sum_{\substack{n\leqslant x\\ (n,N)=1}}1&=x\prod_{p|N}\Big(1-\frac{1}{p}\Big)+O\Big(\sum_{d|N}1\Big)\\&=x\prod_{p\leqslant z}\Big(1-\frac{1}{p}\Big)+O(2^{\pi(z)}).\end{aligned}$$

利用第九章定理 2.6 以及平凡估计 $\pi(z)\leqslant z$ 可得

$$\pi(x)\ll\frac{x}{\log z}+2^z,$$ ③

因此取 $z=\log x$ 便可得出结论。

26. 设 g_0 是模 p 的一个原根，则由第五章命题 1.2 的 (3) 和 (5) 知

$$\sum_{g \bmod p}g\equiv\sum_{\substack{j\leqslant p-1\\ (j,p-1)=1}}g_0^j\,(\bmod\ p).$$

利用定理 2.10 可得

$$\begin{aligned}\sum_{g \bmod p}g&\equiv\sum_{j\leqslant p-1}g_0^j\sum_{d|(j,p-1)}\mu(d)\equiv\sum_{d|p-1}\mu(d)\sum_{\substack{j\leqslant p-1\\ d|j}}g_0^j\\&\equiv\mu(p-1)+\sum_{\substack{d|p-1\\ d<p-1}}\sum_{j\leqslant\frac{p-1}{d}}g_0^{dj}\quad(\bmod\ p).\end{aligned}\tag{A.8}$$

当 $d<p-1$ 时，由 $g_0^d-1\not\equiv0\ (\bmod\ p)$ 以及

$$(g_0^d-1)\sum_{j\leqslant\frac{p-1}{d}}g_0^{dj}=g_0^d(g_0^{p-1}-1)\equiv0\,(\bmod\ p)$$

---

③为了得出这一结论，事实上无需使用第九章定理 2.6，这是因为由

$$\prod_{p\leqslant z}\Big(1-\frac{1}{p}\Big)^{-1}=\prod_{p\leqslant z}\Big(\sum_{j=1}^{\infty}\frac{1}{p^j}\Big)\geqslant\sum_{n\leqslant z}\frac{1}{n}\gg\log z$$

亦可得出同样的结论。

知 $\sum\limits_{j\leqslant\frac{p-1}{d}} g_0^{dj}\equiv 0 \pmod p$，将这代入 (A.8) 即得结论。

27. 由例 2.12 知

$$\Lambda(n)=\sum_{dk=n}\mu(d)\log k=\sum_{\substack{dk=n\\ d\leqslant V}}\mu(d)\log k+\sum_{\substack{dk=n\\ d>V}}\mu(d)\log k$$

对上式右边第二项中的 $\log k$ 使用例 2.3 可得

$$\begin{aligned}\sum_{\substack{dk=n\\ d>V}}\mu(d)\log k&=\sum_{\substack{dk=n\\ d>V}}\mu(d)\sum_{\ell\mid k}\Lambda(\ell)=\sum_{\substack{d\ell\mid n\\ d>V}}\mu(d)\Lambda(\ell)\\ &=\sum_{\substack{d\ell\mid n\\ \ell>U,\,d>V}}\mu(d)\Lambda(\ell)+\sum_{\substack{d\ell\mid n\\ \ell\leqslant U,\,d>V}}\mu(d)\Lambda(\ell)\\ &=\sum_{\substack{d\ell\mid n\\ \ell>U,\,d>V}}\mu(d)\Lambda(\ell)+\sum_{\substack{d\ell\mid n\\ \ell\leqslant U}}\mu(d)\Lambda(\ell)-\sum_{\substack{d\ell\mid n\\ \ell\leqslant U,\,d\leqslant V}}\mu(d)\Lambda(\ell),\end{aligned}$$

注意到由 $n>U$ 及定理 2.10 知

$$\sum_{\substack{d\ell\mid n\\ \ell\leqslant U}}\mu(d)\Lambda(\ell)=\sum_{\ell\leqslant U}\Lambda(\ell)\sum_{d\mid\frac{n}{\ell}}\mu(d)=0,$$

故而命题得证。

28. 记 $\boldsymbol{B}=(b_{ij})_{n\times n}$，其中

$$b_{ij}=\begin{cases}1, & 若\ j\mid i,\\ 0, & 若\ j\nmid i,\end{cases}$$

则 $\boldsymbol{B}$ 是下三角矩阵且其对角线上元素都是 1，所以 $\det\boldsymbol{B}=1$。对任意的 $i,\ j\in[1,n]$，由

$$f\big((i,j)\big)=\sum_{k\mid(i,j)}g(k)=\sum_{k=1}^{n}b_{ik}g(k)b_{jk}$$

知 $\boldsymbol{A}=\boldsymbol{B}\cdot\operatorname{diag}\big(g(1),\cdots,g(n)\big)\cdot\boldsymbol{B}^{\mathrm{T}}$，于是

$$\det\boldsymbol{A}=\det\boldsymbol{B}\cdot\det\operatorname{diag}\big(g(1),\cdots,g(n)\big)\cdot\det\boldsymbol{B}^{\mathrm{T}}=\prod_{k=1}^{n}g(k).$$

特别地，当 $f(m)=m$ 时 $g(m)=\varphi(m)$，当 $f(m)=\tau(m)$ 时 $g(m)=1$，所以

$$\det\big((i,j)\big)_{n\times n}=\prod_{k=1}^{n}\varphi(k),\qquad \det\big(\tau(i,j)\big)_{n\times n}=1.$$

29. 因为 $b_{ij}=[i,j]=\dfrac{ij}{(i,j)}$，所以若记 $\boldsymbol{C}=(c_{ij})_{n\times n}$，其中 $c_{ij}=\dfrac{1}{(i,j)}$，那么通过提出行列式中同一行或同一列中的公共元素可得

$$\det\boldsymbol{B}=(n!)^2\det\boldsymbol{C}.$$

注意到函数 $f(m)=\dfrac{1}{m}$ 的 Möbius 逆变换为

$$g(m)=\sum_{d\mid m}\mu(d)f\Big(\frac{m}{d}\Big)=\frac{1}{m}\sum_{d\mid m}\mu(d)d=\frac{1}{m}\prod_{p\mid m}(1-p),$$

所以由上题结论知

$$\begin{aligned}\det\boldsymbol{B}&=(n!)^2\prod_{k=1}^{n}g(k)=(n!)^2\prod_{k=1}^{n}\Big(\frac{1}{k}\prod_{p\mid k}(1-p)\Big)\\&=\prod_{k=1}^{n}\Big(k\prod_{p\mid k}(1-p)\Big)=\prod_{k=1}^{n}\big((-1)^{\omega(k)}\varphi(k)\alpha(k)\big).\end{aligned}$$

30. 由定理 2.10 知

$$\begin{aligned}\sum_{\substack{n=1\\(f(n),m)=1}}^{m}e\Big(\frac{an}{m}\Big)&=\sum_{n\leqslant m}e\Big(\frac{an}{m}\Big)\sum_{d\mid(f(n),m)}\mu(d)=\sum_{d\mid m}\mu(d)\sum_{\substack{n\leqslant m\\d\mid f(n)}}e\Big(\frac{an}{m}\Big)\\&=\sum_{d\mid m}\mu(d)\sum_{\substack{j\leqslant m\\d\mid f(j)}}\sum_{k=0}^{\frac{m}{d}-1}e\Big(\frac{a(kd+j)}{m}\Big)\\&=\sum_{d\mid m}\mu(d)\sum_{\substack{j\leqslant m\\f(j)\equiv0\,(\bmod\ d)}}e\Big(\frac{aj}{m}\Big)\sum_{k=0}^{\frac{m}{d}-1}e\Big(\frac{ak}{m/d}\Big),\end{aligned}$$

因为 $(a,m)=1$，所以上式中的内层和仅当 $d=m$ 时才不等于 0（参见第一章例 1.4），因此

$$\sum_{\substack{n=1\\(f(n),m)=1}}^{m}e\Big(\frac{an}{m}\Big)=\mu(m)\sum_{\substack{j\leqslant m\\f(j)\equiv0\,(\bmod\ m)}}e\Big(\frac{aj}{m}\Big),$$

从而命题得证。

31. 因为对于满足 $\ell\mid q$ 的两个给定的正整数 ℓ 和 q 有

$$\sum_{\substack{\ell\mid k\\k\mid q}}\mu\Big(\frac{q}{k}\Big)=\begin{cases}1, & 若\ \ell=q,\\0, & 若\ \ell\neq q,\end{cases}$$

所以

$$\sum_{\substack{n\\ [d,n]\leqslant x}} g(n)=\sum_{q\leqslant x}\sum_{[d,n]=q} g(n)=\sum_{\substack{q\leqslant x\\ d|q}}\sum_{n|q} g(n)\sum_{\substack{[d,n]|k\\ k|q}}\mu\Big(\frac{q}{k}\Big)$$

$$=\sum_{\substack{q\leqslant x\\ d|q}}\sum_{\substack{d|k\\ k|q}}\mu\Big(\frac{q}{k}\Big)\sum_{n|k} g(n)=\sum_{\substack{q\leqslant x\\ d|q}}\sum_{\substack{d|k\\ k|q}}\mu\Big(\frac{q}{k}\Big)f(k).$$

32. 由 §1.4 习题 25 知对于满足求和条件的 m, n 有 $d=uvk$，其中

$$k=(d,m,n),\qquad u=\frac{(d,m)}{k},\qquad v=\frac{(d,n)}{k}.$$

因此

$$\sum_{\substack{m\geqslant 1\\ d|mn}}\sum_{n\geqslant 1} f(m,n)=\sum_{uvk=d}\sum_{\substack{m\geqslant 1\\ (d,m)=ku,\ (d,n)=kv\\ (d,m,n)=k}}\sum_{n\geqslant 1} f(m,n)$$

$$=\sum_{uvk=d}\sum_{\substack{m\geqslant 1\\ (v,m)=(u,n)=1\\ (uv,um,vn)=1}}\sum_{n\geqslant 1} f(ukm,vkn).$$

注意到 d 是无平方因子数，所以当 $(v,m)=(u,n)=1$ 时必有 $(uv,um,vn)=1$，这意味着上式右边内层求和号最下方的条件是多余的，进而由定理 2.10 知

$$\sum_{\substack{m\geqslant 1\\ d|mn}}\sum_{n\geqslant 1} f(m,n)=\sum_{uvk=d}\sum_{m\geqslant 1}\sum_{n\geqslant 1} f(ukm,vkn)\sum_{s|(v,m)}\mu(s)\sum_{t|(u,n)}\mu(t)$$

$$=\sum_{uvk=d}\sum_{s|v}\sum_{t|u}\mu(s)\mu(t)\sum_{\substack{m\geqslant 1\\ s|m}}\sum_{\substack{n\geqslant 1\\ t|n}} f(ukm,vkn)$$

$$=\sum_{uvstk=d}\mu(s)\mu(t)\sum_{m\geqslant 1}\sum_{n\geqslant 1} f(ustkm,vstkn)$$

$$=\sum_{uvw=d}\sum_{m\geqslant 1}\sum_{n\geqslant 1} f(uwm,vwn)\sum_{stk=w}\mu(s)\mu(t).$$

又因为再次利用定理 2.10 可得

$$\sum_{stk=w}\mu(s)\mu(t)=\sum_{s|w}\mu(s)\sum_{t|\frac{w}{s}}\mu(t)=\mu(w),$$

故而命题得证。

习题 7.3

1. 利用例 2.2、推论 3.2 以及数学归纳法。

2. 只需证 $\varphi(n)\tau(n) \geqslant n$。因为这个不等式左右两边均是可乘函数，所以只需对 n 为素数幂的情况来证明即可。当 $n = p^\alpha$ $(\alpha \geqslant 1)$ 时

$$\varphi(p^\alpha)\tau(p^\alpha) = p^\alpha\Big(1 - \frac{1}{p}\Big)(\alpha+1) \geqslant p^\alpha \cdot \Big(1 - \frac{1}{2}\Big) \cdot 2 = p^\alpha,$$

从而命题得证。

3. 用 p_0 表示 n 的最小素因子，则 $p_0^{\Omega(n)} \leqslant n$，其中等号成立当且仅当 n 是素数，进而有

$$\varphi(n) = n\prod_{p|n}\Big(1 - \frac{1}{p}\Big) \leqslant n\Big(1 - \frac{1}{p_0}\Big) \leqslant n\Big(1 - \frac{1}{n^{1/\Omega(n)}}\Big).$$

并且等号成立当且仅当 n 是素数。

4. 由第一章命题 1.5 知

$$\sigma(n) = \frac{1}{2}\sum_{d|n}\Big(d + \frac{n}{d}\Big) \geqslant \sum_{d|n}\sqrt{n} = \tau(n)\sqrt{n}.$$

5. 由第一章命题 1.5 知

$$\sigma_\lambda(n) = \sum_{d|n} d^\lambda = \sum_{d|n}\Big(\frac{n}{d}\Big)^\lambda = n^\lambda\sum_{d|n}\frac{1}{d^\lambda} \leqslant n^\lambda\zeta(\lambda).$$

6. 这是因为

$$\begin{aligned}\log\prod_{\substack{p|n\\ p>\log n}}\Big(1 - \frac{1}{p}\Big) &= \sum_{\substack{p|n\\ p>\log n}}\log\Big(1 - \frac{1}{p}\Big) = \sum_{\substack{p|n\\ p>\log n}}\Big(-\frac{1}{p} + O\Big(\frac{1}{p^2}\Big)\Big)\\ &= -\sum_{\substack{p|n\\ p>\log n}}\frac{1}{p} + O\Big(\frac{1}{\log n}\Big) \ll \frac{\omega(n)}{\log n} + \frac{1}{\log n}\\ &\ll \frac{1}{\log\log n},\end{aligned}$$

上面最后一步用到了定理 3.4 (1)。

习题 7.4

1. 沿用定理 4.3 中的记号，则对 $t \in [a,b]$ 有 $S(t) = \sum\limits_{a<n\leqslant t} a_n = A(a) - A(t)$，于是由定理 4.3 知

$$\sum_{a<n\leqslant b} a_n f(n) = S(b)f(b) - \int_a^b S(t)f'(t)\,\mathrm{d}t$$

$$= A(a)f(b) - \int_a^b (A(a) - A(t))f'(t)\,\mathrm{d}t$$

$$= A(a)f(a) + \int_a^b A(t)f'(t)\,\mathrm{d}t.$$

2. 一方面，利用 $|\sin nx| \leqslant nx$ 可得

$$\sum_{n=1}^{N} (\log n)\sin nx \leqslant x\sum_{n=1}^{N} n\log n \leqslant xN^2 \log N.$$

另一方面，因为当 $x \neq 2k\pi$ $(k \in \mathbb{Z})$ 时 $\mathrm{e}^{\mathrm{i}x} \neq 1$，故而

$$\sum_{k=1}^{n} \mathrm{e}^{\mathrm{i}kx} = \frac{\mathrm{e}^{\mathrm{i}x}(1-\mathrm{e}^{\mathrm{i}nx})}{1-\mathrm{e}^{\mathrm{i}x}} = \frac{\mathrm{e}^{\mathrm{i}\frac{x}{2}}(1-\mathrm{e}^{\mathrm{i}nx})}{\mathrm{e}^{-\mathrm{i}\frac{x}{2}} - \mathrm{e}^{\mathrm{i}\frac{x}{2}}},$$

进而有

$$\left|\sum_{k=1}^{n} \mathrm{e}^{\mathrm{i}kx}\right| \leqslant \frac{2}{\left|\mathrm{e}^{-\mathrm{i}\frac{x}{2}} - \mathrm{e}^{\mathrm{i}\frac{x}{2}}\right|} = \frac{1}{\left|\sin\dfrac{x}{2}\right|}.$$

取虚部可得

$$\left|\sum_{k=1}^{n} \sin kx\right| \leqslant \frac{1}{\left|\sin\dfrac{x}{2}\right|}.$$

再结合分部求和及 $\sin\dfrac{x}{2} > \dfrac{x}{\pi}$ $(\forall\, x \in (0,\pi])$④ 知当 $x \in (0,\pi]$ 时

$$\sum_{n=1}^{N} (\log n)\sin nx \ll (\log N)\cdot\frac{1}{\sin\dfrac{x}{2}} \ll \frac{\log N}{x}.$$

综合两方面便可得出结论。

3. 只讨论 f 单调递增的情形。此时，利用

$$\int_{n-1}^{n} f(t)\,\mathrm{d}t \leqslant f(n) \leqslant \int_{n}^{n+1} f(t)\,\mathrm{d}t$$

可得

$$f([a]+1) + \sum_{a+1<n\leqslant b}\int_{n-1}^{n} f(t)\,\mathrm{d}t \leqslant \sum_{a<n\leqslant b} f(n) \leqslant \sum_{a<n\leqslant b-1}\int_{n}^{n+1} f(t)\,\mathrm{d}t + f([b]),$$

进而有

$$f(a) + \int_a^b f(t)\,\mathrm{d}t \leqslant \sum_{a<n\leqslant b} f(n) \leqslant \int_a^b f(t)\,\mathrm{d}t + f(b),$$

从而命题得证。

---

④参见 [5] 第七章例 3.5。

4. 由上题结论及分部积分可得

$$\sum_{2\leqslant n\leqslant x}\log\log n=\int_2^x\log\log t\,\mathrm{d}t+O(\log\log x)$$

$$=x\log\log x-2\log\log 2-\int_2^x\frac{\mathrm{d}t}{\log t}+O(\log\log x),$$

又因为

$$\int_2^x\frac{\mathrm{d}t}{\log t}=\int_2^{\sqrt{x}}\frac{\mathrm{d}t}{\log t}+\int_{\sqrt{x}}^x\frac{\mathrm{d}t}{\log t}\ll\sqrt{x}+\frac{1}{\log\sqrt{x}}\int_{\sqrt{x}}^x\mathrm{d}t\ll\frac{x}{\log x},$$

故而命题得证。

5. 由习题 3 知

$$\sum_{n\leqslant x}\Big(\log\frac{x}{n}\Big)^\alpha=\int_1^x\Big(\log\frac{x}{t}\Big)^\alpha\mathrm{d}t+O(\log^\alpha x),$$

对上式中的积分作变量替换 $t=\dfrac{x}{y}$ 可得

$$\sum_{n\leqslant x}\Big(\log\frac{x}{n}\Big)^\alpha=x\int_1^x\frac{\log^\alpha y}{y^2}\mathrm{d}y+O(\log^\alpha x)\ll x,$$

其中最后一步用到了积分 $\displaystyle\int_1^{+\infty}\frac{\log^\alpha y}{y^2}\mathrm{d}y$ 的收敛性。

6. 由 Euler 求和公式知

$$\sum_{n\leqslant x}\frac{1}{n^\alpha}=1+\sum_{1<n\leqslant x}\frac{1}{n^\alpha}=1+\int_1^x\frac{1}{t^\alpha}\mathrm{d}t-\alpha\int_1^x\frac{\psi(t)}{t^{\alpha+1}}\mathrm{d}t+\psi(1)-\frac{\psi(x)}{x^\alpha}$$

$$=\frac{1}{2}+\frac{1}{1-\alpha}(x^{1-\alpha}-1)-\alpha\int_1^x\frac{\psi(t)}{t^{\alpha+1}}\mathrm{d}t+O\Big(\frac{1}{x^\alpha}\Big),$$

其中

$$\int_1^x\frac{\psi(t)}{t^{\alpha+1}}\mathrm{d}t=\int_1^{+\infty}\frac{\psi(t)}{t^{\alpha+1}}\mathrm{d}t-\int_x^\infty\frac{\psi(t)}{t^{\alpha+1}}\mathrm{d}t=\int_1^{+\infty}\frac{\psi(t)}{t^{\alpha+1}}\mathrm{d}t+O\Big(\frac{1}{x^\alpha}\Big).$$

因此若记

$$C=\frac{1}{2}-\frac{1}{1-\alpha}-\alpha\int_1^{+\infty}\frac{\psi(t)}{t^{\alpha+1}}\mathrm{d}t,$$

则有

$$\sum_{n\leqslant x}\frac{1}{n^\alpha}=\frac{1}{1-\alpha}x^{1-\alpha}+C+O\Big(\frac{1}{x^\alpha}\Big).$$

7. 由 Euler 求和公式知

$$\sum_{n\leqslant x}\frac{\log n}{n}=\sum_{1<n\leqslant x}\frac{\log n}{n}=\int_1^x\frac{\log t}{t}\,\mathrm{d}t+\int_1^x\frac{1-\log t}{t^2}\psi(t)\,\mathrm{d}t+O\Big(\frac{\log x}{x}\Big)$$

$$=\frac{1}{2}\log^2 x+\int_1^{+\infty}\frac{1-\log t}{t^2}\psi(t)\,\mathrm{d}t+O\bigg(\int_x^{+\infty}\frac{\log t}{t^2}\,\mathrm{d}t+\frac{\log x}{x}\bigg),$$

因为

$$\int_x^{+\infty}\frac{\log t}{t^2}\,\mathrm{d}t\ll\frac{\log x}{\sqrt{x}}\int_x^{+\infty}\frac{1}{t^{\frac{3}{2}}}\,\mathrm{d}t\ll\frac{\log x}{x},$$

所以若记 $A=\int_1^{+\infty}\frac{1-\log t}{t^2}\psi(t)\,\mathrm{d}t$，则有

$$\sum_{n\leqslant x}\frac{\log n}{n}=\frac{1}{2}\log^2 x+A+O\Big(\frac{\log x}{x}\Big).$$

8. 由例 4.7 和上题结论知，对任意的正整数 $N>1$ 有

$$\sum_{n=1}^{2N}(-1)^n\frac{\log n}{n}=\sum_{n=1}^{N}\frac{\log 2n}{2n}-\sum_{n=1}^{N}\frac{\log(2n-1)}{2n-1}=2\sum_{n=1}^{N}\frac{\log 2n}{2n}-\sum_{n=1}^{2N}\frac{\log n}{n}$$

$$=(\log 2)\bigg(\log N+\gamma+O\Big(\frac{1}{N}\Big)\bigg)+\bigg(\frac{1}{2}\log^2 N+A+O\Big(\frac{\log N}{N}\Big)\bigg)$$

$$-\bigg(\frac{1}{2}\log^2(2N)+A+O\Big(\frac{\log N}{N}\Big)\bigg)$$

$$=\gamma\log 2-\frac{1}{2}\log^2 2+O\Big(\frac{\log N}{N}\Big).$$

令 $N\to\infty$ 即得结论。

9. 对任意的正整数 N，由习题 3 知

$$\sum_{n=1}^{N}\frac{x}{n^2+x^2}=\int_0^N\frac{x}{t^2+x^2}\,\mathrm{d}t+O\Big(\frac{1}{x}\Big).$$

令 $N\to\infty$ 可得

$$\sum_{n=1}^{\infty}\frac{x}{n^2+x^2}=\int_0^{+\infty}\frac{x}{t^2+x^2}\,\mathrm{d}t+O\Big(\frac{1}{x}\Big)$$

$$=\int_0^{+\infty}\frac{1}{t^2+1}\,\mathrm{d}t+O\Big(\frac{1}{x}\Big)=\frac{\pi}{2}+O\Big(\frac{1}{x}\Big).$$

10. (1) 因为 f 非负且至多在无平方因子数处取值非零，所以

$$\sum_{n\leqslant x} f(n) \leqslant x\sum_{n\leqslant x}\frac{f(n)}{n} \leqslant x\prod_{p\leqslant x}\left(1+\frac{f(p)}{p}\right).$$

(2) 用 g 表示 f 的 Möbius 逆变换，则由 Möbius 反转公式知对任意的正整数 n 有

$$g(n) = \sum_{d|n}\mu(d)f\left(\frac{n}{d}\right),$$

特别地，对任意的素数 p 有 $g(p) = f(p) - 1 \geqslant 0$。于是

$$\sum_{n\leqslant x} f(n) = \sum_{\substack{n\leqslant x\\ \mu(n)\neq 0}}\sum_{d|n} g(d) \leqslant \sum_{\substack{d\leqslant x\\ \mu(d)\neq 0}} g(d)\sum_{\substack{n\leqslant x\\ d|n}} 1 \leqslant x\sum_{\substack{d\leqslant x\\ \mu(d)\neq 0}}\frac{g(d)}{d}$$

$$\leqslant x\prod_{p\leqslant x}\left(1+\frac{g(p)}{p}\right) = x\prod_{p\leqslant x}\left(1+\frac{f(p)-1}{p}\right).$$

(3) 我们有

$$\sum_{n\leqslant x} f(n) = \sum_{\substack{ab\leqslant x\\ p|a\Rightarrow f(p)<1\\ p|b\Rightarrow f(p)\geqslant 1}} f(ab) = \sum_{\substack{a\leqslant x\\ p|a\Rightarrow f(p)<1}} f(a)\sum_{\substack{b\leqslant \frac{x}{a}\\ p|b\Rightarrow f(p)\geqslant 1}} f(b),$$

于是由 (2) 知

$$\sum_{n\leqslant x} f(n) \leqslant \sum_{\substack{a\leqslant x\\ p|a\Rightarrow f(p)<1}} f(a)\cdot\frac{x}{a}\prod_{\substack{p\leqslant \frac{x}{a}\\ f(p)\geqslant 1}}\left(1+\frac{f(p)-1}{p}\right)$$

$$\leqslant x\prod_{\substack{p\leqslant x\\ f(p)<1}}\left(1+\frac{f(p)}{p}\right)\prod_{\substack{p\leqslant x\\ f(p)\geqslant 1}}\left(1+\frac{f(p)-1}{p}\right).$$

11. 用 N 表示这样的有序对的个数，则

$$N = \sum_{\substack{m\leqslant x\\ (m,n)=1}}\sum_{n\leqslant x} 1 = \sum_{m\leqslant x}\sum_{n\leqslant x}\sum_{d|(m,n)}\mu(d)$$

$$= \sum_{d\leqslant x}\mu(d)\Bigg(\sum_{\substack{m\leqslant x\\ d|m}} 1\Bigg)^2 = \sum_{d\leqslant x}\mu(d)\left[\frac{x}{d}\right]^2 = \sum_{d\leqslant x}\mu(d)\left(\frac{x}{d}+O(1)\right)^2$$

$$= x^2\sum_{d\leqslant x}\frac{\mu(d)}{d^2}+O\bigg(\sum_{d\leqslant x}\frac{x}{d}\bigg)=x^2\sum_{d=1}^{\infty}\frac{\mu(d)}{d^2}+O(x\log x)$$

$$=\frac{6}{\pi^2}x^2+O(x\log x).$$

12. 由 §7.2 习题 14 知

$$Q(x)=\sum_{n\leqslant x}|\mu(n)|=\sum_{n\leqslant x}\sum_{d^2|n}\mu(d)=\sum_{d\leqslant\sqrt{x}}\mu(d)\sum_{\substack{n\leqslant x\\ d^2|n}}1$$

$$=\sum_{d\leqslant\sqrt{x}}\mu(d)\bigg(\frac{x}{d^2}+O(1)\bigg)=x\sum_{d\leqslant\sqrt{x}}\frac{\mu(d)}{d^2}+O(\sqrt{x})$$

$$=x\sum_{d=1}^{\infty}\frac{\mu(d)}{d^2}+O(\sqrt{x})=\frac{6}{\pi^2}x+O(\sqrt{x}),$$

上面最后一步用到了 (7.10)。

13. 第一个式子左右两侧均是关于 n 的可乘函数，所以只需对 n 是素数幂的情形验证即可，下证第二式。先后利用定理 4.10 及例 4.7 可得

$$\sum_{n\leqslant x}2^{\omega(n)}=\sum_{d^2k\leqslant x}\mu(d)\tau(k)=\sum_{d\leqslant\sqrt{x}}\mu(d)\sum_{k\leqslant\frac{x}{d^2}}\tau(k)$$

$$=\sum_{d\leqslant\sqrt{x}}\mu(d)\bigg(\frac{x}{d^2}\log\frac{x}{d^2}+(2\gamma-1)\frac{x}{d^2}+O\bigg(\frac{\sqrt{x}}{d}\bigg)\bigg)$$

$$=x(\log x)\sum_{d\leqslant\sqrt{x}}\frac{\mu(d)}{d^2}-2x\sum_{d\leqslant\sqrt{x}}\frac{\mu(d)\log d}{d^2}+(2\gamma-1)x\sum_{d\leqslant\sqrt{x}}\frac{\mu(d)}{d^2}$$

$$+O(\sqrt{x}\log x)$$

$$=\frac{6}{\pi^2}x\log x+\bigg(-2\sum_{d=1}^{\infty}\frac{\mu(d)\log d}{d^2}+(2\gamma-1)\frac{6}{\pi^2}\bigg)x+O(\sqrt{x}\log x).$$

14. (1) 利用数学归纳法。当 $k=0$ 时由例 4.7 知结论成立。现设命题对 k 成立，那么对于 $k+1$ 而言我们有

$$\sum_{n\leqslant x}\frac{\tau(n)^{k+1}}{n}=\sum_{n\leqslant x}\frac{\tau(n)^k}{n}\sum_{d\ell=n}1=\sum_{d\ell\leqslant x}\frac{\tau(d\ell)^k}{d\ell}$$

$$\leqslant\sum_{d\leqslant x}\frac{\tau(d)^k}{d}\sum_{\ell\leqslant x}\frac{\tau(\ell)^k}{\ell}\ll(\log x)^{2^{k+1}},$$

上面倒数第二步和最后一步分别用到了 §7.2 习题 1 和归纳假设，从而命题得证。

(2) 仍用数学归纳法。当 $k=0$ 时命题显然成立。现设命题对 k 成立，那么对于 $k+1$ 而言我们有

$$\begin{aligned}\sum_{n\leqslant x}\tau(n)^{k+1}&=\sum_{n\leqslant x}\tau(n)^k\sum_{d\ell=n}1=\sum_{d\leqslant x}\sum_{\ell\leqslant x/d}\tau(d\ell)^k\\&\leqslant\sum_{d\leqslant x}\tau(d)^k\sum_{\ell\leqslant x/d}\tau(\ell)^k,\end{aligned}$$

在这里我们再次用到了 §7.2 习题 1。进一步地，利用归纳假设以及 (1) 中的结论可得

$$\begin{aligned}\sum_{n\leqslant x}\tau(n)^{k+1}&\ll\sum_{d\leqslant x}\tau(d)^k\cdot\frac{x}{d}(\log x)^{2^k-1}=x(\log x)^{2^k-1}\sum_{d\leqslant x}\frac{\tau(d)^k}{d}\\&\ll x(\log x)^{2^k-1}\cdot(\log x)^{2^k}=(\log x)^{2^{k+1}-1},\end{aligned}$$

从而命题得证。

15. 由除数函数的定义知

$$\sum_{n\leqslant x}\tau(n)\tau(n+1)\ll\sum_{\substack{n_1n_2\leqslant x,\ n_3n_4\leqslant x+1\\ n_1\leqslant\sqrt{x},\ n_3\leqslant\sqrt{x+1}\\ n_3n_4-n_1n_2=1}}1=\sum_{\substack{n_1\leqslant\sqrt{x}\quad n_3\leqslant\sqrt{x+1}\\ (n_1,n_3)=1}}\sum\ \sum_{\substack{n_2\leqslant x/n_1\quad n_4\leqslant(x+1)/n_3\\ n_3n_4-n_1n_2=1}}\sum 1$$

注意到对给定的 n_1,n_3 而言，关于 n_2 和 n_4 的不定方程 $n_3n_4-n_1n_2=1$ 的在条件 $n_4\leqslant\dfrac{x+1}{n_3}$ 下的解数 $\ll\dfrac{x+1}{n_1n_3}$，因此

$$\sum_{n\leqslant x}\tau(n)\tau(n+1)\ll\sum_{n_1\leqslant\sqrt{x}}\sum_{n_3\leqslant\sqrt{x+1}}\frac{x+1}{n_1n_3}\ll x\log^2x.$$

16. 利用双曲求和法可得

$$\sum_{n\leqslant x}\frac{\tau(n)}{n}=\sum_{k\ell\leqslant x}\frac{1}{k\ell}=2\sum_{k\leqslant\sqrt{x}}\frac{1}{k}\sum_{\ell\leqslant x/k}\frac{1}{\ell}-\sum_{k\leqslant\sqrt{x}}\frac{1}{k}\sum_{\ell\leqslant\sqrt{x}}\frac{1}{\ell}.$$

先后使用例 4.7 与习题 7 可得

$$\begin{aligned}\sum_{n\leqslant x}\frac{\tau(n)}{n}&=2\sum_{k\leqslant\sqrt{x}}\frac{1}{k}\Big(\log\frac{x}{k}+\gamma+O\Big(\frac{k}{x}\Big)\Big)-\Big(\log\sqrt{x}+\gamma+O\Big(\frac{1}{\sqrt{x}}\Big)\Big)^2\\&=2(\log x+\gamma)\sum_{k\leqslant\sqrt{x}}\frac{1}{k}-2\sum_{k\leqslant\sqrt{x}}\frac{\log k}{k}+O\Big(\frac{1}{\sqrt{x}}\Big)\end{aligned}$$

$$
\begin{aligned}
&-\Big(\frac{1}{4}\log^2 x+\gamma\log x+\gamma^2+O\Big(\frac{\log x}{\sqrt{x}}\Big)\Big)\\
&=2(\log x+\gamma)\Big(\log\sqrt{x}+\gamma+O\Big(\frac{1}{\sqrt{x}}\Big)\Big)\\
&\quad-2\Big(\frac{1}{2}\log^2\sqrt{x}+A+O\Big(\frac{\log x}{\sqrt{x}}\Big)\Big)\\
&\quad-\Big(\frac{1}{4}\log^2 x+\gamma\log x+\gamma^2+O\Big(\frac{\log x}{\sqrt{x}}\Big)\Big)\\
&=\frac{1}{2}\log^2 x+2\gamma\log x+\gamma^2-2A+O\Big(\frac{\log x}{\sqrt{x}}\Big).
\end{aligned}
$$

17. 利用数学归纳法。当 $n=2$ 时这也即是 §2.1 习题 6。现设 $n\geqslant 3$ 且命题对 $n-1$ 成立，并用 T 表示方程 $a_1x_1+\cdots+a_nx_n=N$ 的正整数解的个数。若记 $d=(a_1,\cdots,a_{n-1})$，那么

$$
T=\sum_{\substack{k>0\\ dk+a_nx_n=N}}\sum_{x_n>0}\ \sum_{\substack{x_j>0\ (1\leqslant j\leqslant n-1)\\ a_1x_1+\cdots+a_{n-1}x_{n-1}=dk}}1.
$$

按照归纳假设，

$$
\begin{aligned}
T&=\sum_{\substack{k>0\\ dk+a_nx_n=N}}\sum_{x_n>0}\Big(\frac{d^{n-1}}{a_1\cdots a_{n-1}(n-2)!}k^{n-2}+O(k^{n-3})\Big)\\
&=\frac{d^{n-1}}{a_1\cdots a_{n-1}(n-2)!}\sum_{\substack{k>0\\ dk+a_nx_n=N}}\sum_{x_n>0}k^{n-2}+O(N^{n-2}).
\end{aligned}
$$

因为 $(d,a_n)=(a_1,\cdots,a_{n-1},a_n)=1$，所以方程 $dk+a_nx_n=N$ 必有解，设 $k=\alpha$，$x_n=\beta$ 是它的一组特解，那么 $d\alpha+a_n\beta=N$，并且 $dk+a_nx_n=N$ 的全部解也即

$$
\begin{cases}k=\alpha+a_nm,\\ x_n=\beta-dm\end{cases}\qquad m\in\mathbb{Z}.
$$

于是

$$
T=\frac{d^{n-1}}{a_1\cdots a_{n-1}(n-2)!}\sum_{-\frac{\alpha}{a_n}<m<\frac{\beta}{d}}(\alpha+a_nm)^{n-2}+O(N^{n-2}).\tag{A.9}
$$

利用 Euler 求和公式（或者更简单地，利用习题 3）可得

$$
\sum_{-\frac{\alpha}{a_n}<m<\frac{\beta}{d}}(\alpha+a_nm)^{n-2}=\sum_{-\frac{\alpha}{a_n}<m\leqslant\frac{\beta}{d}}(\alpha+a_nm)^{n-2}+O(N^{n-2})
$$

$$
\begin{aligned}
&= \int_{-\frac{\alpha}{a_n}}^{\frac{\beta}{d}} (\alpha + a_n t)^{n-2}\,\mathrm{d}t \\
&\quad + \int_{-\frac{\alpha}{a_n}}^{\frac{\beta}{d}} a_n(n-2)(\alpha + a_n t)^{n-3}\psi(t)\,\mathrm{d}t + O(N^{n-2}) \\
&= \frac{1}{a_n(n-1)}(\alpha + a_n t)^{n-1}\Big|_{-\frac{\alpha}{a_n}}^{\frac{\beta}{d}} + O(N^{n-2}) \\
&= \frac{1}{a_n(n-1)}\left(\frac{N}{d}\right)^{n-1} + O(N^{n-2}),
\end{aligned}
$$

将这代入 (A.9) 即得

$$
T = \frac{N^{n-1}}{a_1 \cdots a_n (n-1)!} + O(N^{n-2}),
$$

这就完成了归纳证明。

18. (1) 因为 $\lim\limits_{x\to\infty} \dfrac{x}{\mathrm{e}^x - 1} \neq 0$，所以由幂级数的运算知 $\dfrac{x}{\mathrm{e}^x - 1}$ 在 0 的充分小的去心邻域内可以展开成幂级数（参见 [5] §10.6）。再利用级数乘法的 Cauchy 定理（参见 [5] 第四章定理 5.5）可得

$$
\begin{aligned}
x &= (\mathrm{e}^x - 1)\sum_{n=0}^{\infty} \frac{B_n}{n!}x^n = \left(\sum_{n=1}^{\infty} \frac{x^n}{n!}\right)\left(\sum_{n=0}^{\infty} \frac{B_n}{n!}x^n\right) \\
&= \sum_{n=1}^{\infty}\left(\sum_{\substack{k+j=n \\ k\geqslant 1}} \frac{1}{k!}\cdot\frac{B_j}{j!}\right)x^n = \sum_{n=1}^{\infty}\left(\sum_{j=0}^{n-1}\binom{n}{j}B_j\right)\frac{x^n}{n!}.
\end{aligned}
$$

因此由 Maclaurin 展开式的唯一性知当 $n \geqslant 2$ 时有

$$
\sum_{j=0}^{n-1}\binom{n}{j}B_j = 0.
$$

两侧同时加上 B_n 即得所需结论。

(2) 由 (1) 知当 $n \geqslant 2$ 时有 $\sum\limits_{j=0}^{n-1}\dbinom{n}{j}B_j = 0$，也即 $B_{n-1} = -\dfrac{1}{n}\sum\limits_{j=0}^{n-2}\dbinom{n}{j}B_j$。又由于 $\lim\limits_{x\to 0}\dfrac{x}{\mathrm{e}^x - 1} = 1$，故 $B_0 = 1$，进而可归纳地计算出下列值:

n	0	1	2	3	4	5	6	7	8	9	10
B_n	1	$-\frac{1}{2}$	$\frac{1}{6}$	0	$-\frac{1}{30}$	0	$\frac{1}{42}$	0	$-\frac{1}{30}$	0	$\frac{5}{66}$

(3) 这是因为 $\dfrac{x}{\mathrm{e}^x - 1} - 1 + \dfrac{x}{2}$ 是 $\mathbb{R}\setminus\{0\}$ 上的偶函数。

20. 由 $B_n(x)$ 的定义知

$$B_{n+1}(x) = \int_0^x (n+1)B_n(y)\,\mathrm{d}y + B_n(0), \qquad \forall\, x \in [0,1).$$

进而容易通过归纳法证明 $|B_n(x)| \leqslant n \cdot n!$ ($\forall\, x \in [0,1)$)，所以级数 $\sum\limits_{n=0}^{\infty} \dfrac{B_n(x)}{n!} t^n$ 对 $|t| < 1$ 收敛，设其和函数为 $f(x)$。

当 $|t| \leqslant \dfrac{1}{2}$ 时，对任意的 $x \in [0,1)$ 有

$$f'(x) = \sum_{n=0}^{\infty} \frac{B_n'(x)}{n!} t^n = \sum_{n=1}^{\infty} \frac{nB_{n-1}(x)}{n!} t^n = \sum_{n=0}^{\infty} \frac{B_n(x)}{n!} t^{n+1} = tf(x).$$

于是若令 $g(x) = \mathrm{e}^{-tx} f(x)$，则

$$g'(x) = (f'(x) - tf(x))\mathrm{e}^{-tx} = 0, \qquad \forall\, x \in [0,1),$$

因此 $g(x) = c(t)$，这里 $c(t)$ 是仅与 t 相关的函数，从而 $f(x) = c(t)\mathrm{e}^{tx}$。此外，当 $t \in \left[-\dfrac{1}{2}, \dfrac{1}{2}\right] \setminus \{0\}$ 时，

$$\begin{aligned}\frac{c(t)(\mathrm{e}^t - 1)}{t} &= c(t)\int_0^1 \mathrm{e}^{tx}\,\mathrm{d}x = \int_0^1 f(x)\,\mathrm{d}x \\ &= \int_0^1 \left(\sum_{n=0}^{\infty} \frac{B_n(x)}{n!} t^n\right) \mathrm{d}x = \sum_{n=0}^{\infty} \frac{t^n}{n!} \int_0^1 B_n(x)\,\mathrm{d}x = 1.\end{aligned}$$

从而 $c(t) = \dfrac{t}{\mathrm{e}^t - 1}$。这就证明了 $f(x) = \dfrac{t\mathrm{e}^{tx}}{\mathrm{e}^t - 1}$。

最后，由函数 $\dfrac{t}{\mathrm{e}^t - 1}$ 幂级数展开式的唯一性知 $B_n(0)$ 也即是习题 18 中所定义的 Bernoulli 数 B_n。

21. 从 Euler 求和公式出发，反复应用分部积分（注意到 $\psi(x) = B_1(x)$）。

22. 在上题中取 $f(x) = x^p$，并注意到 f 的 $p+1$ 阶导数恒等于 0，我们有

$$\begin{aligned}\sum_{k=1}^{n} k^p &= \int_0^n x^p\,\mathrm{d}x + \sum_{j=1}^{p+1} (-1)^j \frac{B_j}{j!} \left(f^{(j-1)}(n) - f^{(j-1)}(0)\right) \\ &= \frac{n^{p+1}}{p+1} - B_1 n^p + \sum_{j=2}^{p} (-1)^j \frac{B_j}{j!} \cdot p(p-1)\cdots(p-j+2) n^{p+1-j} \\ &= \frac{n^{p+1}}{p+1} + \frac{n^p}{2} + \sum_{j=2}^{p} (-1)^j \binom{p+1}{j} \frac{B_j}{p+1} n^{p+1-j},\end{aligned}$$

上面最后一步用到了 $B_1 = -\dfrac{1}{2}$。

23. 在习题 21 中取 $f(x)=x^{-s}$，则对任意的正整数 j 有

$$f^{(j)}(x)=(-1)^j s(s+1)\cdots(s+j-1)x^{-s-j}.$$

现设 $N\geqslant 2$ 是一个正整数，那么

$$\begin{aligned}\sum_{n\leqslant N}\frac{1}{n^s}=1&+\int_1^N\frac{1}{x^s}\,\mathrm{d}x-B_1(0)\Big(\frac{1}{N^s}-1\Big)\\&-\sum_{j=2}^{k+1}\frac{s(s+1)\cdots(s+j-2)}{j!}B_j(0)\Big(\frac{1}{N^{s+j-1}}-1\Big)\\&-\frac{s(s+1)\cdots(s+k)}{(k+1)!}\int_1^N\frac{B_{k+1}(x)}{x^{s+k+1}}\,\mathrm{d}x.\end{aligned}$$

在习题 19 中我们证明了 $B_{k+1}(x)$ 是关于 $\{x\}$ 的多项式，于是由 $\int_0^1 B_{k+1}(x)\,\mathrm{d}x=0$ 知对任意的 $A\geqslant 1$ 有 $\int_0^A B_{k+1}(x)\,\mathrm{d}x\ll_k 1$，从而积分 $\int_1^{+\infty}\frac{B_{k+1}(x)}{x^{s+k+1}}\,\mathrm{d}x$ 对 $s>-k-1$ 收敛，于是令 $N\to+\infty$ 并注意到 $B_1(0)=-\frac{1}{2}$ 即得所需结论。

此外，由积分 $\int_1^{+\infty}\frac{B_{k+1}(x)}{x^{s+k+1}}\,\mathrm{d}x$ 对 $s>-k-1$ 收敛知通过这个式子我们可以把 ζ 函数延拓为 $(-k-1,1)\cup(1,+\infty)$ 上的函数，再由 k 的任意性知 ζ 函数可被延拓为 $\mathbb{R}\setminus\{1\}$ 上的函数。

24. 在上题中取 $s=0$ 及 $k=1$ 即得 $\zeta(0)=-\frac{1}{2}$。

现设 n 是一个正整数，在上题中取 $s=-2n$ 及 $k=2n$，并注意到由习题 20 知 $B_n(0)$ 也即是习题 18 中所定义的 Bernoulli 数 B_n，我们有

$$\begin{aligned}\zeta(-2n)&=-\frac{1}{2n+1}+\frac{1}{2}+\sum_{j=2}^{2n+1}\frac{(-1)^{j-1}(2n)(2n-1)\cdots(2n-j+2)}{j!}B_j\\&=-\frac{1}{2n+1}+\frac{1}{2}+\frac{1}{2n+1}\sum_{j=2}^{2n+1}(-1)^{j-1}\binom{2n+1}{j}B_j.\end{aligned}$$

由习题 18 知当 j 为大于 1 的奇数时 B_j 均为 0，再结合该题 (1) 知

$$\begin{aligned}\zeta(-2n)&=-\frac{1}{2n+1}+\frac{1}{2}-\frac{1}{2n+1}\sum_{j=2}^{2n+1}\binom{2n+1}{j}B_j\\&=-\frac{1}{2n+1}+\frac{1}{2}-\frac{1}{2n+1}(B_{2n+1}-B_0-(2n+1)B_1)=0.\end{aligned}$$

第八章

习题 8.1

2. 因为模 q 的特征共有 $\varphi(q)$ 个，所以当 $n \equiv 1 \pmod q$ 时

$$\sum_{\chi \,(\mathrm{mod}\, q)} \chi(n) = \sum_{\chi \,(\mathrm{mod}\, q)} 1 = \varphi(q).$$

如果 $n \not\equiv 1 \pmod q$，那么 (8.3) 中的诸 γ_j 不能全为 0，从而必存在模 q 的特征 χ_1 使得 $\chi_1(n) \neq 1$。注意到由命题 1.4 (2) 知

$$\chi_1(n) \sum_{\chi \,(\mathrm{mod}\, q)} \chi(n) = \sum_{\chi \,(\mathrm{mod}\, q)} \chi_1\chi(n) = \sum_{\chi \,(\mathrm{mod}\, q)} \chi(n),$$

所以 $\sum\limits_{\chi \pmod q} \chi(n) = 0$。

3. 设 χ_4 如例 1.3 (2) 所定义，又记

$$\chi(n) = \begin{cases} (-1)^{\frac{n^2-1}{8}}, & 若\ 2 \nmid n, \\ 0, & 若\ 2 \mid n, \end{cases} \tag{A.10}$$

则模 8 的全部特征为：χ_0，χ_4，χ，$\chi_4\chi$。

4. 如果结论不成立，我们设 χ 的最小正周期是 q_1，那么 $q_1 < q$ 且由带余数除法知 $q_1 \mid q$。又因为 q 是无平方因子数，所以存在素数 p 满足 $p \mid q$ 且 $p \nmid q_1$，于是存在整数 a, b 使得 $ap + bq_1 = 1$，进而有

$$1 = \chi(1) = \chi(ap + bq_1) = \chi(ap) = 0,$$

矛盾。

5. 因为 f 是定义在 $\mathbb{Z}$ 上的周期函数，所以必有最小正周期，设为 q，下面来证明 f 是模 q 的特征。事实上只需验证定义 1.1 中的条件 (1)。设 $(n, q) = d > 1$，我们要证明 $f(n) = 0$。反设 $f(n) \neq 0$，则由完全可乘性知 $f(d) \neq 0$。现记 $q = q_1 d$，则 $q_1 < q$，且对任意的 $m \in \mathbb{Z}$ 有

$$f(m + q_1)f(d) = f(md + q) = f(md) = f(m)f(d),$$

也即 $f(m + q_1) = f(m)$，这与 q 是 f 的最小正周期矛盾。

7. (1) 这是第七章定理 1.7 (2) 的特殊情形。

(2) 这是因为对任意的 k，关于变量 s 的函数项级数 $\sum\limits_{n=1}^{\infty}\dfrac{(-1)^n\chi(n)\log^k n}{n^s}$ 在 $(0,+\infty)$ 上均内闭一致收敛，故可以通过逐项求导得到。

(3) 当 $s>1$ 时级数 $\sum\limits_{n=1}^{\infty}\dfrac{\chi(n)}{n^s}$ 与 $\sum\limits_{n=1}^{\infty}\dfrac{\chi(n)\mu(n)}{n^s}$ 均绝对收敛，故由级数乘法的 Cauchy 定理知

$$\begin{aligned}L(s,\chi)\sum_{n=1}^{\infty}\frac{\chi(n)\mu(n)}{n^s}&=\sum_{m=1}^{\infty}\frac{\chi(m)}{m^s}\sum_{n=1}^{\infty}\frac{\chi(n)\mu(n)}{n^s}\\&=\sum_{k=1}^{\infty}\frac{\chi(k)}{k^s}\sum_{mn=k}\mu(n)=1,\end{aligned}$$

其中最后一步用到了第七章定理 2.10。

(4) 与上题的证明类似，但在这里需使用第七章例 2.3。

8. 由第六章命题 1.1 知 $\rho(n)\ll 2^{\omega(n)}$，再结合第七章定理 3.4 知当 $s>1$ 时级数 $\sum\limits_{n=1}^{\infty}\dfrac{\rho(n)}{n^s}$ 收敛。此外，由第四章推论 2.5 知 ρ 是可乘函数，并且由 §5.4 习题 2 及第六章命题 1.1 知对素数 p 及正整数 α 有

$$\rho(p^\alpha)=\begin{cases}1, & 若\ p=2\ 且\ \alpha=1，\\0, & 若\ p=2\ 且\ \alpha\geqslant 2，\\2, & 若\ p\equiv 1\ (\mathrm{mod}\ 4)，\\0, & 若\ p\equiv 3\ (\mathrm{mod}\ 4)。\end{cases}$$

于是由 Euler 恒等式（参见第七章定理 1.7）知当 $s>1$ 时有

$$\begin{aligned}\sum_{n=1}^{\infty}\frac{\rho(n)}{n^s}&=\left(1+\frac{1}{2^s}\right)\prod_{p\equiv 1\,(\mathrm{mod}\ 4)}\left(1+\frac{2}{p^s}+\frac{2}{p^{2s}}+\cdots\right)\\&=\left(1+\frac{1}{2^s}\right)\prod_{p\equiv 1\,(\mathrm{mod}\ 4)}\left(1+\frac{1}{p^s}\right)\left(1-\frac{1}{p^s}\right)^{-1}\\&=\left(1+\frac{1}{2^s}\right)\prod_{p>2}\left(1+\frac{1}{p^s}\right)\prod_{p\equiv 3\,(\mathrm{mod}\ 4)}\left(1+\frac{1}{p^s}\right)^{-1}\prod_{p\equiv 1\,(\mathrm{mod}\ 4)}\left(1-\frac{1}{p^s}\right)^{-1}\\&=\prod_p\left(1-\frac{1}{p^{2s}}\right)\prod_p\left(1-\frac{1}{p^s}\right)^{-1}\prod_p\left(1-\frac{\chi_4(p)}{p^s}\right)^{-1}\\&=\frac{\zeta(s)L(s,\chi_4)}{\zeta(2s)}.\end{aligned}$$

9. 由特征的正交性知

$$\sum_{\chi\,(\mathrm{mod}\ q)}\left|\sum_{n\leqslant x}a_n\chi(n)\right|^2=\sum_{\chi\,(\mathrm{mod}\ q)}\sum_{n\leqslant x}a_n\chi(n)\sum_{m\leqslant x}\overline{a_m\chi(m)}$$

$$= \sum_{\substack{n\leqslant x\\(mn,q)=1}}\sum_{m\leqslant x} a_n\overline{a_m}\sum_{\chi\,(\mathrm{mod}\ q)}\chi(n)\overline{\chi}(m)$$

$$= \varphi(q)\sum_{\substack{n\leqslant x\\(mn,q)=1\\n\equiv m\,(\mathrm{mod}\ q)}}\sum_{m\leqslant x} a_n\overline{a_m}.$$

因为 $|a_n\overline{a_m}| \leqslant \frac{1}{2}(|a_n|^2+|a_m|^2)$，所以

$$\sum_{\chi\,(\mathrm{mod}\ q)}\left|\sum_{n\leqslant x}a_n\chi(n)\right|^2 \leqslant \frac{\varphi(q)}{2}\sum_{\substack{n\leqslant x\\(mn,q)=1\\n\equiv m\,(\mathrm{mod}\ q)}}\sum_{m\leqslant x}(|a_n|^2+|a_m|^2) = \varphi(q)\sum_{\substack{n\leqslant x\\(mn,q)=1\\n\equiv m\,(\mathrm{mod}\ q)}}\sum_{m\leqslant x}|a_n|^2$$

$$= \varphi(q)\sum_{\substack{n\leqslant x\\(n,q)=1}}|a_n|^2\sum_{\substack{m\leqslant x\\m\equiv n\,(\mathrm{mod}\ q)}}1 \leqslant \varphi(q)\left(\frac{x}{q}+1\right)\sum_{\substack{n\leqslant x\\(n,q)=1}}|a_n|^2.$$

10. 由本节最后一段的讨论及 Cauchy 不等式知

$$\sum_{\substack{n\leqslant x\\n\equiv \ell\,(\mathrm{mod}\ q)}}a_n - \frac{1}{\varphi(q)}\sum_{\substack{n\leqslant x\\(n,q)=1}}a_n = \frac{1}{\varphi(q)}\sum_{\substack{\chi\,(\mathrm{mod}\ q)\\\chi\neq\chi_0}}\chi(\overline{\ell})\sum_{n\leqslant x}a_n\chi(n)$$

$$\ll \frac{1}{\varphi(q)}\left(\sum_{\substack{\chi\,(\mathrm{mod}\ q)\\\chi\neq\chi_0}}|\chi(\overline{\ell})|^2\right)^{\frac{1}{2}}\left(\sum_{\substack{\chi\,(\mathrm{mod}\ q)\\\chi\neq\chi_0}}\left|\sum_{n\leqslant x}a_n\chi(n)\right|^2\right)^{\frac{1}{2}},$$

再利用上题结论即得

$$\sum_{\substack{n\leqslant x\\n\equiv \ell\,(\mathrm{mod}\ q)}}a_n - \frac{1}{\varphi(q)}\sum_{\substack{n\leqslant x\\(n,q)=1}}a_n \ll \left(\frac{x}{q}+1\right)^{\frac{1}{2}}\left(\sum_{n\leqslant x}|a_n|^2\right)^{\frac{1}{2}}$$

$$\ll \frac{\sqrt{x}}{(\log x)^A}\left(\sum_{n\leqslant x}|a_n|^2\right)^{\frac{1}{2}}.$$

习题 8.2

1. 模 8 的原特征有两个，它们分别是

$$\chi(n) = \begin{cases}(-1)^{\frac{n^2-1}{8}}, & 若\ 2\nmid n,\\ 0, & 若\ 2\mid n\end{cases}$$

与

$$\chi_4(n)\chi(n)=\begin{cases}(-1)^{\frac{n^2-1}{8}+\frac{n-1}{2}}, & 若\ 2\nmid n,\\ 0, & 若\ 2\mid n,\end{cases}$$

其中 χ_4 是模 4 的非主特征。

2. 必要性可由原特征的定义得出。下证充分性。此时对于任意的与 q 互素且满足 $n_1\equiv n_2\ (\mathrm{mod}\ q^*)$ 的整数 n_1,n_2，由 $n_1\overline{n_2}\equiv 1\ (\mathrm{mod}\ q^*)$ 知 $\chi(n_1\overline{n_2})=1$，也即 $\chi(n_1)=\chi(n_2)$，这说明 q 并不是 χ 在集合 $\{n\in\mathbb{Z}:(n,q)=1\}$ 上取值时的最小正周期，从而 χ 不是原特征。

3. 设 g 是模 p^α 的原根，当 $p\nmid n$ 时记 $\gamma=\mathrm{ind}_g n$，我们来考虑由

$$\chi(n)=e\left(\frac{a\gamma}{\varphi(p^\alpha)}\right)$$

所定义的模 p^α 非主特征 χ，其中 $1\leqslant a<\varphi(p^\alpha)$。

必要性：反设 $p\mid a$，则 $a=p^k\ell$，其中 $1\leqslant k<\alpha$ 且 $p\nmid\ell$。对于满足 $n'\equiv n\ (\mathrm{mod}\ p^{\alpha-k})$ 的任意的 n'，若用 γ' 表示 n' 对模 p^α 的以 g 为底的指标，则有

$$g^\gamma\equiv n\equiv n'\equiv g^{\gamma'}\ (\mathrm{mod}\ p^{\alpha-k}),$$

注意到 g 也是模 $p^{\alpha-k}$ 的原根（参见第五章推论 2.3 下面一段），所以 $\gamma\equiv\gamma'\ (\mathrm{mod}\ \varphi(p^{\alpha-k}))$，进而有

$$\chi(n)=e\left(\frac{a\gamma}{\varphi(p^\alpha)}\right)=e\left(\frac{\ell\gamma}{\varphi(p^{\alpha-k})}\right)=e\left(\frac{\ell\gamma'}{\varphi(p^{\alpha-k})}\right)=e\left(\frac{a\gamma'}{\varphi(p^\alpha)}\right)=\chi(n'),$$

这与 χ 是原特征矛盾。

充分性：反设 χ 不是原特征，并设它在集合 $\{n\in\mathbb{Z}:(n,p)=1\}$ 上取值时的最小正周期为 $q^*=p^\beta$，那么由 χ 不是主特征（因为 $p\nmid a$）知 $1\leqslant\beta<\alpha$。当 $\alpha=1$ 时这样的 β 是不存在的，所以不妨设 $\alpha\geqslant 2$。现取 $n=q^*+1$，那么 $n\not\equiv 1\ (\mathrm{mod}\ p^\alpha)$，于是 n 对模 p^α 的以 g 为底的指标 γ 不等于 0，从而有

$$\chi(n)=e\left(\frac{a\gamma}{\varphi(p^\alpha)}\right)\neq 1=\chi(1),$$

这与 q^* 是 χ 在集合 $\{n\in\mathbb{Z}:(n,q)=1\}$ 上取值时的周期矛盾。

4. 因为每个模 q 的特征都可以由某个模 d 的原特征诱导，其中 $d\mid q$，并且这两者之间有一一对应关系，故

$$\sum_{\chi\,(\mathrm{mod}\ q)}\chi(n)=\sum_{d\mid q}\ \sideset{}{^*}\sum_{\chi\,(\mathrm{mod}\ d)}\chi(n),$$

进而由 Möbius 反转公式以及定理 1.6 (2) 知

$$\sum_{\chi\,(\mathrm{mod}\ q)}^{*}\chi(n)=\sum_{d|q}\mu\Big(\frac{q}{d}\Big)\sum_{\chi\,(\mathrm{mod}\ d)}\chi(n)=\sum_{d|q,\ d|n-1}\mu\Big(\frac{q}{d}\Big)\varphi(d)$$
$$=\sum_{d|(n-1,q)}\mu\Big(\frac{q}{d}\Big)\varphi(d).$$

5. 利用

$$\sum_{\substack{\chi\,(\mathrm{mod}\ q)\\ \chi(-1)=-1}}^{*}\chi(n)=\frac{1}{2}\sum_{\chi\,(\mathrm{mod}\ q)}^{*}\chi(n)(1-\chi(-1))$$
$$=\frac{1}{2}\sum_{\chi\,(\mathrm{mod}\ q)}^{*}\chi(n)-\frac{1}{2}\sum_{\chi\,(\mathrm{mod}\ q)}^{*}\chi(-n)$$

以及上题结论。

6. 因为 $\chi=\chi_0\chi^*$，所以

$$\sum_{\substack{n=1\\ n\equiv a\,(\mathrm{mod}\ q^*)}}^{q}\chi(n)=\sum_{\substack{n=1\\ (n,q)=1\\ n\equiv a\,(\mathrm{mod}\ q^*)}}^{q}\chi^*(n)=\chi^*(a)\sum_{\substack{n=1\\ (n,q)=1\\ n\equiv a\,(\mathrm{mod}\ q^*)}}^{q}1. \tag{A.11}$$

现记 $q=q^*q_1q_2$，其中 $q_1=\prod_{p^\alpha\|q,\ p\nmid q^*}p^\alpha$，那么 q_2 的素因子均整除 q^*。于是由 §3.2 习题 6 (2) 知，若令 $n=q^*k+q_1\ell$，那么当 ℓ 通过模 q^* 的简化剩余系，且 k 通过模 q_1q_2 的完全剩余系中与 q_1 互素的元素时，n 就通过模 q 的一个简化剩余系。注意到这样给出的 n 满足 $n\equiv a\pmod{q^*}$ 当且仅当 $\ell\equiv a\overline{q_1}\pmod{q^*}$，所以

$$\sum_{\substack{n=1\\ (n,q)=1\\ n\equiv a\,(\mathrm{mod}\ q^*)}}^{q}1=\sum_{\substack{k\leqslant q_1q_2\\ (k,q_1)=1}}1=q_2\varphi(q_1)=q_1q_2\prod_{p|q_1}\Big(1-\frac{1}{p}\Big)=\frac{\varphi(q)}{\varphi(q^*)},$$

将这代入 (A.11) 即可得出结论。

习题 8.3

1. 把模 4 的非主特征记作 χ_4，它是模 4 唯一的原特征，对应的 Gauss 和 $\tau(\chi_4)=2\mathrm{i}$。设 χ mod 8 如 (A.10) 所定义，则在 §8.2 习题 1 中我们已经验证了 χ 与 $\chi_4\chi$ 是模 8 仅有的两个原特征，它们都是实特征，对应的 Gauss 和分别为 $\tau(\chi)=2\sqrt{2}$ 与 $\tau(\chi_4\chi)=2\sqrt{2}\,\mathrm{i}$。

2. 按照定义

$$\tau(\overline{\chi}) = \sum_{m\,(\mathrm{mod}\ q)} \overline{\chi}(m)e\Big(\frac{m}{q}\Big) = \overline{\sum_{m\,(\mathrm{mod}\ q)} \chi(m)e\Big(\frac{-m}{q}\Big)}$$
$$= \overline{\sum_{m\,(\mathrm{mod}\ q)} \chi(-m)e\Big(\frac{m}{q}\Big)} = \chi(-1)\overline{\tau(\chi)}.$$

3. 若 $\Big(q^*, \dfrac{q}{q^*}\Big) = 1$，则当我们用 χ_0 表示模 $\dfrac{q}{q^*}$ 的主特征时，由命题 3.1 可得

$$\tau(\chi) = \tau(\chi_0\chi^*) = \chi_0(q^*)\chi^*\Big(\frac{q}{q^*}\Big)\tau(\chi_0)\tau(\chi^*) = \chi^*\Big(\frac{q}{q^*}\Big)\mu\Big(\frac{q}{q^*}\Big)\tau(\chi^*),$$

上面最后一步用到了 Ramanujan 和的计算公式。

现设 $\Big(q^*, \dfrac{q}{q^*}\Big) > 1$，那么题目中等式右边为 0，下面来证明 $\tau(\chi)$ 也等于 0。设素数 $p \Big| \Big(q^*, \dfrac{q}{q^*}\Big)$，于是 $p \mid q^*$ 且 $q^* \Big| \dfrac{q}{p}$。由 Gauss 和的定义知

$$\tau(\chi) = \sum_{n\,(\mathrm{mod}\ q)} \chi(n)e\Big(\frac{n}{q}\Big) = \sum_{j\leqslant p}\sum_{k\leqslant \frac{q}{p}} \chi\Big(\frac{q}{p}j + k\Big)e\bigg(\frac{\frac{q}{p}j + k}{q}\bigg)$$
$$= \sum_{j\leqslant p}\sum_{k\leqslant \frac{q}{p}} \chi\Big(\frac{q}{p}j + k\Big)e\Big(\frac{j}{p} + \frac{k}{q}\Big).$$

注意到 $p \Big| \dfrac{q}{p}$，所以 $\Big(\dfrac{q}{p}j + k, q\Big) = 1$ 当且仅当 $\Big(\dfrac{q}{p}j + k, \dfrac{q}{p}\Big) = 1$，而这又当且仅当 $\Big(k, \dfrac{q}{p}\Big) = 1$。又因为 $q^* \Big| \dfrac{q}{p}$，所以

$$\tau(\chi) = \sum_{j\leqslant p}\sum_{\substack{k\leqslant \frac{q}{p}\\ (k,\frac{q}{p})=1}} \chi^*\Big(\frac{q}{p}j + k\Big)e\Big(\frac{j}{p} + \frac{k}{q}\Big) = \sum_{j\leqslant p}\sum_{\substack{k\leqslant \frac{q}{p}\\ (k,\frac{q}{p})=1}} \chi^*(k)e\Big(\frac{j}{p} + \frac{k}{q}\Big)$$
$$= \sum_{\substack{k\leqslant \frac{q}{p}\\ (k,\frac{q}{p})=1}} \chi^*(k)e\Big(\frac{k}{q}\Big)\sum_{j\leqslant p} e\Big(\frac{j}{p}\Big) = 0,$$

上面最后一步用到了第一章例 1.4。

至此命题得证。

4. (1) 这是因为由第三章命题 2.8 (1) 知当 a 遍历模 q 的完全剩余系时 $1 - a$ 也遍历模 q 的完全剩余系。

(2) 由 $\tau(\chi)$ 的定义知

$$\tau(\chi_1)\tau(\chi_2) = \sum_{a\,(\mathrm{mod}\ q)} \chi_1(a)e\Big(\frac{a}{q}\Big)\sum_{b\,(\mathrm{mod}\ q)} \chi_2(b)e\Big(\frac{b}{q}\Big)$$

$$= \sum_{a \,(\mathrm{mod}\ q)} \chi_1(a) e\Big(\frac{a}{q}\Big) \sum_{b \,(\mathrm{mod}\ q)} \chi_2(ab) e\Big(\frac{ab}{q}\Big)$$

$$= \sum_{b \,(\mathrm{mod}\ q)} \chi_2(b) \sum_{a \,(\mathrm{mod}\ q)} \chi_1\chi_2(a) e\Big(\frac{b+1}{q}a\Big)$$

$$= \sum_{b \,(\mathrm{mod}\ q)} \chi_2(b) G(b+1, \chi_1\chi_2).$$

因为 $\chi_1\chi_2$ 是原特征，故由命题 3.2

$$\tau(\chi_1)\tau(\chi_2) = \tau(\chi_1\chi_2) \sum_{b \,(\mathrm{mod}\ q)} \chi_2(b) \overline{\chi_1\chi_2}(b+1), \tag{A.12}$$

其中

$$\sum_{b \,(\mathrm{mod}\ q)} \chi_2(b) \overline{\chi_1\chi_2}(b+1) = \sum_{n \,(\mathrm{mod}\ q)} \chi_2(n-1) \overline{\chi_1\chi_2}(n)$$

$$= \sum_{\substack{n \,(\mathrm{mod}\ q) \\ (n,q)=1}} \chi_2(n-1) \chi_1\chi_2(\overline{n}),$$

这里 $\overline{n}$ 表示某个满足 $n\overline{n} \equiv 1 \pmod q$ 的整数，于是有

$$\sum_{b \,(\mathrm{mod}\ q)} \chi_2(b) \overline{\chi_1\chi_2}(b+1) = \sum_{\substack{n \,(\mathrm{mod}\ q) \\ (n,q)=1}} \chi_2(1-\overline{n}) \chi_1(\overline{n})$$

$$= \sum_{\substack{n \,(\mathrm{mod}\ q) \\ (n,q)=1}} \chi_2(1-n) \chi_1(n) = J(\chi_1, \chi_2),$$

将上式代入 (A.12) 便可得出结论。

(3) 我们有

$$J(\chi, \overline{\chi}) = \sum_{a \,(\mathrm{mod}\ q)} \overline{\chi}(a) \chi(1-a) = \sum_{\substack{a \,(\mathrm{mod}\ q) \\ (a,q)=1}} \chi(\overline{a}) \chi(1-a),$$

这里 $\overline{a}$ 表示 a 在模 q 下的逆。于是

$$J(\chi, \overline{\chi}) = \sum_{\substack{a \,(\mathrm{mod}\ q) \\ (a,q)=1}} \chi(\overline{a}-1) = \sum_{\substack{a \,(\mathrm{mod}\ q) \\ (a,q)=1}} \chi(a-1),$$

现利用第七章定理 2.10 去转化求和条件 $(a,q)=1$，可得

$$J(\chi,\overline{\chi})=\sum_{d|q}\mu(d)\sum_{\substack{a\ (\mathrm{mod}\ q)\\ d|a}}\chi(a-1)=\sum_{d|q}\mu(d)\sum_{k\leqslant\frac{q}{d}}\chi(dk-1).$$

与命题 3.2 的证明过程类似，可以证明当 $d<q$ 时上式右边内层和均等于 0，于是

$$J(\chi,\overline{\chi})=\mu(q)\chi(qk-1)=\chi(-1)\mu(q).$$

5. (1) 由命题 3.2 知

$$L(1,\chi)=\sum_{n=1}^{\infty}\frac{\chi(n)}{n}=\sum_{n=1}^{\infty}\frac{1}{n}\cdot\frac{1}{\tau(\overline{\chi})}G(n,\overline{\chi})=\frac{1}{\tau(\overline{\chi})}\sum_{n=1}^{\infty}\frac{1}{n}\sum_{a=1}^{q}\overline{\chi}(a)e\Big(\frac{an}{q}\Big).$$

因为当 $a=q$ 时 $\overline{\chi}(a)=0$，而当 $1\leqslant a\leqslant q-1$ 时级数 $\sum\limits_{n=1}^{\infty}\dfrac{e(an/q)}{n}$ 均收敛，故而可交换上式右边求和号得到

$$L(1,\chi)=\frac{1}{\tau(\overline{\chi})}\sum_{a=1}^{q-1}\overline{\chi}(a)\sum_{n=1}^{\infty}\frac{e(an/q)}{n}.$$

(2) 上式右边的求和可以写成

$$\sum_{a=1}^{q-1}\overline{\chi}(a)\sum_{n=1}^{\infty}\frac{1}{n}\cos\frac{2\pi an}{q}+\mathrm{i}\sum_{a=1}^{q-1}\overline{\chi}(a)\sum_{n=1}^{\infty}\frac{1}{n}\sin\frac{2\pi an}{q}.$$

因为 χ 是奇特征，所以

$$\begin{aligned}\sum_{a=1}^{q-1}\overline{\chi}(a)\sum_{n=1}^{\infty}\frac{1}{n}\cos\frac{2\pi an}{q}&=\sum_{a=1}^{q-1}\overline{\chi}(q-a)\sum_{n=1}^{\infty}\frac{1}{n}\cos\frac{2\pi(q-a)n}{q}\\&=-\sum_{a=1}^{q-1}\overline{\chi}(a)\sum_{n=1}^{\infty}\frac{1}{n}\cos\frac{2\pi an}{q},\end{aligned}$$

故而

$$\sum_{a=1}^{q-1}\overline{\chi}(a)\sum_{n=1}^{\infty}\frac{1}{n}\cos\frac{2\pi an}{q}=0,$$

于是

$$L(1,\chi)=\frac{\mathrm{i}}{\tau(\overline{\chi})}\sum_{a=1}^{q-1}\overline{\chi}(a)\sum_{n=1}^{\infty}\frac{1}{n}\sin\frac{2\pi an}{q}.$$

由习题 2 与命题 3.3 知

$$\frac{1}{\tau(\overline{\chi})}=\frac{1}{\chi(-1)\overline{\tau(\chi)}}=-\frac{\tau(\chi)}{q},$$

再结合

$$\sum_{n=1}^{\infty}\frac{\sin 2\pi nx}{n}=\pi\left(\frac{1}{2}-x\right),\qquad \forall\, x\in(0,1)\ ⑤$$

便可得到

$$L(1,\chi)=-\frac{\mathrm{i}\pi\tau(\chi)}{q}\sum_{a=1}^{q-1}\overline{\chi}(a)\left(\frac{1}{2}-\frac{a}{q}\right)=\frac{\mathrm{i}\pi\tau(\chi)}{q^2}\sum_{a=1}^{q-1}a\overline{\chi}(a).$$

第九章

习题 9.1

1. 由于 $\pi(p_n)=n$，故当 $n\to\infty$ 时 $p_n\sim n\log p_n$。于是对任意的 $\varepsilon>0$，存在正整数 n_ε，使得当 $n>n_\varepsilon$ 时有

$$1-\varepsilon<\frac{p_n}{n\log p_n}<1+\varepsilon,$$

也即

$$\log n+\log\log p_n+\log(1-\varepsilon)<\log p_n<\log n+\log\log p_n+\log(1+\varepsilon).$$

因此当 $n\to\infty$ 时 $\log p_n\sim\log n$，进而得到 $p_n\sim n\log n$。

2. 因为

$$\psi(x)=\sum_{p^k\leqslant x}\log p=\sum_{k=1}^{\infty}\sum_{p\leqslant x^{\frac{1}{k}}}\log p=\sum_{k=1}^{\infty}\theta(x^{\frac{1}{k}}),$$

所以

$$\sum_{n=1}^{\infty}\mu(n)\psi(x^{\frac{1}{n}})=\sum_{n=1}^{\infty}\mu(n)\sum_{k=1}^{\infty}\theta(x^{\frac{1}{nk}})=\sum_{m=1}^{\infty}\theta(x^{\frac{1}{m}})\sum_{nk=m}\mu(n)=\theta(x),$$

上面最后一步用到了第七章定理 2.10。

3. 只证第一个式子，第二个式子可类似证明。由第七章推论 4.4 知

$$\sum_{p\leqslant x}\frac{\log p}{p}=\frac{\log x}{x}\pi(x)+\int_1^x\frac{\log t-1}{t^2}\pi(t)\,\mathrm{d}t.$$

因为假设了素数定理，所以对任意的 $\varepsilon>0$，存在 $A>1$，使得当 $x\geqslant A$ 时有

$$\left|\pi(x)\Big/\frac{x}{\log x}-1\right|<\varepsilon.$$

⑤参见 [5] 第十八章例 3.10。

于是当 $x > A$ 时

$$\begin{aligned}\left|\sum_{p\leqslant x}\frac{\log p}{p}-\log x\right| &= \left|\int_1^x\left(\frac{\log t-1}{t^2}\pi(t)-\frac{1}{t}\right)\mathrm{d}t+\frac{\log x}{x}\pi(x)\right| \\ &= \left|\int_A^x\left(\frac{\log t-1}{t^2}\pi(t)-\frac{1}{t}\right)\mathrm{d}t+O_A(1)\right| \\ &= \left|\int_A^x\left(\frac{\log t-1}{t^2}\cdot\frac{t}{\log t}(1+O(\varepsilon))-\frac{1}{t}\right)\mathrm{d}t+O_A(1)\right| \\ &= \int_A^x\left(\frac{1}{t\log t}+O\Big(\frac{\varepsilon}{t}\Big)\right)\mathrm{d}t+O_A(1) \\ &= \log\log x+O(\varepsilon\log x)+O_A(1).\end{aligned}$$

于是由极限的定义知当 $x\to+\infty$ 时有 $\sum\limits_{p\leqslant x}\frac{\log p}{p}\sim\log x$。

4. (1) 存在素数 p 使得 $p=[n^c]$ 当且仅当 $p\leqslant n^c<p+1$，而这当且仅当 $-(p+1)^{\frac{1}{c}}<-n\leqslant -p^{\frac{1}{c}}$。

(2) $c=1$ 的情况是也即是素数定理，故不妨设 $0<c<1$。由 (1) 知

$$\begin{aligned}\pi_c(x) &= \sum_{p\leqslant x}\left(\big[-p^{\frac{1}{c}}\big]-\big[-(p+1)^{\frac{1}{c}}\big]\right)=\sum_{p\leqslant x}\left((p+1)^{\frac{1}{c}}-p^{\frac{1}{c}}+O(1)\right) \\ &= \sum_{p\leqslant x}\left((p+1)^{\frac{1}{c}}-p^{\frac{1}{c}}\right)+O(x).\end{aligned}$$

进而由第七章推论 4.4 可得

$$\pi_c(x)=\left((x+1)^{\frac{1}{c}}-x^{\frac{1}{c}}\right)\pi(x)-\int_1^x\frac{1}{c}\left((t+1)^{\frac{1}{c}-1}-t^{\frac{1}{c}-1}\right)\pi(t)\,\mathrm{d}t+O(x),$$

与上题类似处理可得 $\pi_c(x)\sim\frac{x^{\frac{1}{c}}}{\log x}$（当 $x\to+\infty$ 时）。

习题 9.2

1. 在定理 2.2 的证明中我们验证了

$$\psi(x)=\theta(x)+O(\sqrt{x}\log x),$$

所以 (1) 与 (2) 等价。下面来证明素数定理与 (2) 等价。一方面，由定理 2.2 的证明过程知

$$\pi(x)=\frac{\theta(x)}{\log x}+\int_2^x\frac{\theta(t)}{t\log^2 t}\,\mathrm{d}t=\frac{\theta(x)}{\log x}+O\Big(\frac{x}{\log^2 x}\Big),$$

因此如果 (2) 成立，则素数定理成立。另一方面，同样有

$$\theta(x)=\pi(x)\log x-\int_2^x\frac{\pi(t)}{t}\,\mathrm{d}t=\pi(x)\log x+O\Big(\frac{x}{\log x}\Big),$$

所以如果素数定理成立，那么 (2) 也成立。

2. 利用命题 2.3 (2) 以及第七章定理 3.4 (1) 可得

$$\begin{aligned}\sum_{p\mid n}\frac{\log p}{p}&=\sum_{\substack{p\mid n\\ p\leqslant\log(n+2)}}\frac{\log p}{p}+\sum_{\substack{p\mid n\\ p>\log(n+2)}}\frac{\log p}{p}\\&\ll\sum_{p\leqslant\log(n+2)}\frac{\log p}{p}+\frac{\log\log(n+2)}{\log(n+2)}\sum_{p\mid n}1\ll\log\log(n+2).\end{aligned}$$

3. 由第七章推论 4.4 知对任意的 $x\geqslant 2$ 有

$$\sum_{n\leqslant x}\frac{\Lambda(n)}{n}=\frac{\psi(x)}{x}+\int_1^x\frac{\psi(t)}{t^2}\,\mathrm{d}t.$$

因为 $\psi(x)=O(x)$ 且由命题 2.3 (1) 知上式左边等于 $\log x+O(1)$，所以

$$\int_1^x\frac{\psi(t)}{t^2}\,\mathrm{d}t=\log x+O(1).\tag{A.13}$$

下面用反证法来证明结论。反设 $\varlimsup\limits_{x\to+\infty}\dfrac{\psi(x)}{x}=\alpha>1$，则存在 $A>0$，使得当 $x>A$ 时有 $\dfrac{\psi(x)}{x}>\dfrac{\alpha+1}{2}>1$，于是当 $x>A$ 时

$$\int_1^x\frac{\psi(t)}{t^2}\,\mathrm{d}t\geqslant\int_A^x\frac{\psi(t)}{t^2}\,\mathrm{d}t\geqslant\frac{\alpha+1}{2}\int_A^x\frac{1}{t}\,\mathrm{d}t=\frac{\alpha+1}{2}(\log x-\log A),$$

这与 (A.13) 矛盾。

类似可证 $\varlimsup\limits_{x\to+\infty}\dfrac{\psi(x)}{x}\geqslant 1$。

4. 由第七章推论 4.4 知

$$\begin{aligned}\sum_{n\leqslant x}\frac{\Lambda(n)}{n}&=\frac{\psi(x)}{x}+\int_1^x\frac{\psi(t)}{t^2}\,\mathrm{d}t=\log x+\frac{\psi(x)}{x}+\int_1^x\frac{\psi(t)-t}{t^2}\,\mathrm{d}t\\&=\log x+1+O\Big(\frac{1}{\log^A x}\Big)+\int_1^{+\infty}\frac{\psi(t)-t}{t^2}\,\mathrm{d}t+O\Big(\int_x^{+\infty}\frac{\psi(t)-t}{t^2}\,\mathrm{d}t\Big)\\&=\log x+1+\int_1^{+\infty}\frac{\psi(t)-t}{t^2}\,\mathrm{d}t+O\Big(\int_x^{+\infty}\frac{1}{t\log^{A+1}x}\,\mathrm{d}t+\frac{1}{\log^A x}\Big)\end{aligned}$$

$$= \log x + C + O\Big(\frac{1}{\log^A x}\Big),$$

其中

$$C = 1 + \int_1^{+\infty} \frac{\psi(t) - t}{t^2}\, \mathrm{d}t.$$

5. 用 p_k 表示按从小到大顺序排列的第 k 个素数，并记 $n_k = p_1 p_2 \cdots p_k$，我们来证明这样的 $\{n_k\}$ 满足要求。由 (7.3) 中的第一式知 $\tau(n_k) = 2^k$，因为由习题 1 知素数定理等价于 $\theta(x) \sim x$（当 $x \to +\infty$ 时），所以当 $k \to \infty$ 时有

$$\log n_k = \sum_{p \leqslant p_k} \log p = p_k(1 + o(1)),$$

再由 §9.1 习题 1 知 $\log n_k = (1 + o(1))k \log k$，故而 $k = \dfrac{\log n_k}{\log\log n_k}(1 + o(1))$，进而有

$$\tau(n_k) = 2^k = n_k^{(\log 2 + o(1))/\log\log n_k}.$$

7. 因为当 $p \to \infty$ 时

$$\Big(1 - \frac{A}{p}\Big)\Big(1 - \frac{1}{p}\Big)^{-A} = \Big(1 - \frac{A}{p}\Big)\Big(1 + \frac{A}{p} + O\Big(\frac{1}{p^2}\Big)\Big) = 1 + O\Big(\frac{1}{p^2}\Big),$$

所以无穷乘积 $\prod\limits_p \Big(1 - \dfrac{A}{p}\Big)\Big(1 - \dfrac{1}{p}\Big)^{-A}$ 收敛，设其收敛于 a，则 $a \neq 0$，且由上式知

$$\prod_{p \leqslant x} \Big(1 - \frac{A}{p}\Big)\Big(1 - \frac{1}{p}\Big)^{-A} = a \prod_{p > x} \Big(1 + O\Big(\frac{1}{p^2}\Big)\Big) = a\Big(1 + O\Big(\frac{1}{x}\Big)\Big).$$

进而由 Mertens 定理知

$$\begin{aligned}
\prod_{p \leqslant x} \Big(1 - \frac{A}{p}\Big) &= a\Big(1 + O\Big(\frac{1}{x}\Big)\Big) \cdot \prod_{p \leqslant x} \Big(1 - \frac{1}{p}\Big)^A \\
&= a\Big(1 + O\Big(\frac{1}{x}\Big)\Big) \cdot \Big(\frac{\mathrm{e}^{-\gamma}}{\log x}\Big(1 + O\Big(\frac{1}{\log x}\Big)\Big)\Big)^A \\
&= \frac{a\mathrm{e}^{-A\gamma}}{(\log x)^A}\Big(1 + O\Big(\frac{1}{\log x}\Big)\Big).
\end{aligned}$$

10. 因为 $S(x) = \sum\limits_{d \leqslant x} \Lambda(d)\Big[\dfrac{x}{d}\Big]$，所以

$$T(x) = \sum_{d \leqslant x} \Lambda(d) f\Big(\frac{x}{d}\Big),$$

进而由上题知

$$\sum_{\frac{x}{6}<d\leqslant x}\Lambda(d)\leqslant T(x)\leqslant\sum_{d\leqslant x}\Lambda(d),$$

也即

$$\psi(x)-\psi\Big(\frac{x}{6}\Big)\leqslant T(x)\leqslant\psi(x).$$

11. 因为由 (9.3) 知 $S(x)=x\log x-x+O(\log x)$，所以

$$T(x)=Ax+O(\log x),$$

其中 $A=\log\dfrac{2^{\frac12}3^{\frac13}5^{\frac15}}{30^{\frac{1}{30}}}$。于是由上题结论便可立即得出下界估计，再仿照定理 2.1 中上界的证明就可得到上界估计。

习题 9.3

1. 对任意的正整数 n 有

$$\frac{\sigma_\lambda(n)}{n^\lambda}=\sum_{d|n}\Big(\frac{d}{n}\Big)^\lambda=\sum_{d|n}\frac{1}{d^\lambda}=\prod_{p^\alpha\|n}\Big(1+\frac{1}{p^\lambda}+\cdots+\frac{1}{p^{\alpha\lambda}}\Big)$$
$$\leqslant\prod_{p|n}\Big(1-\frac{1}{p^\lambda}\Big)^{-1}.$$

2. 当 $\lambda>1$ 时，由上题结论及 Euler 恒等式（参见第七章定理 1.7）可得

$$\frac{\sigma_\lambda(n)}{n^\lambda}\leqslant\prod_{p|n}\Big(1-\frac{1}{p^\lambda}\Big)^{-1}\leqslant\prod_{p}\Big(1-\frac{1}{p^\lambda}\Big)^{-1}=\zeta(\lambda).$$

3. 选择 k 满足 $\pi(k)\geqslant\omega(n)$，则由第 1 题结论知

$$\sigma_\lambda(n)\leqslant n^\lambda\prod_{p|n}\Big(1-\frac{1}{p^\lambda}\Big)^{-1}\leqslant n^\lambda\prod_{p\leqslant k}\Big(1-\frac{1}{p^\lambda}\Big)^{-1}.\tag{A.14}$$

由素数定理知对任意的 $\varepsilon>0$，存在 $A>0$，使得当 $x\geqslant A$ 时有

$$\pi(x)=\frac{x}{\log x}\big(1+O(\varepsilon)\big),$$

所以当 $k>A$ 时

$$\sum_{p\leqslant k}\frac{1}{p^\lambda}=\frac{\pi(k)}{k^\lambda}+\lambda\int_2^k\frac{\pi(t)}{t^{\lambda+1}}\,\mathrm{d}t$$
$$=\frac{k^{1-\lambda}}{\log k}\big(1+O(\varepsilon)\big)+\lambda\big(1+O(\varepsilon)\big)\int_2^k\frac{1}{t^\lambda\log t}\,\mathrm{d}t+O_A(1),\tag{A.15}$$

由分部积分可得

$$\begin{aligned}\lambda\int_2^k \frac{1}{t^\lambda\log t}\,\mathrm{d}t &= \frac{\lambda}{1-\lambda}\int_2^k \frac{1}{\log t}\,\mathrm{d}t^{1-\lambda}\\ &= \frac{\lambda}{1-\lambda}\left(\frac{k^{1-\lambda}}{\log k}-\frac{2^{1-\lambda}}{\log 2}\right)+\frac{\lambda}{1-\lambda}\int_2^k \frac{1}{t^\lambda\log^2 t}\,\mathrm{d}t\\ &= \frac{\lambda}{1-\lambda}\frac{k^{1-\lambda}}{\log k}+O\left(\frac{k^{1-\lambda}}{\log^2 k}\right),\end{aligned}$$

上面关于积分 $\int_2^k \frac{1}{t^\lambda\log^2 t}\,\mathrm{d}t$ 的处理可参照定理 2.2 证明的最后一步来进行。将上式代入 (A.15) 可得

$$\sum_{p\leqslant k}\frac{1}{p^\lambda}=\frac{k^{1-\lambda}}{(1-\lambda)\log k}(1+o(1)),\qquad 当\ k\to\infty\ 时.$$

于是当 $k\to\infty$ 时

$$\log\prod_{p\leqslant k}\left(1-\frac{1}{p^\lambda}\right)^{-1}=\sum_{p\leqslant k}\left(\frac{1}{p^\lambda}+O\left(\frac{1}{p^{2\lambda}}\right)\right)=\frac{k^{1-\lambda}}{(1-\lambda)\log k}(1+o(1)),$$

将这代入 (A.14) 即得

$$\sigma_\lambda(n)\leqslant n^\lambda\exp\left(\frac{k^{1-\lambda}}{(1-\lambda)\log k}(1+o(1))\right).$$

注意到由素数定理及第七章定理 3.4 知可适当选取 k 满足 $k\sim\log n$（当 $n\to\infty$ 时）就能保证 $\pi(k)\geqslant\omega(n)$，所以命题得证。

习题 9.4

1. 用 p_k 表示第 k 个素数，那么当 $n\geqslant p_k^2$ 且 $n\in S$ 时必有 $p_1p_2\cdots p_k\mid n$，这是因为若有某个 p_j $(1\leqslant j\leqslant k)$ 使得 $p_j\nmid n$，则有 $(p_j^2,n)=1$，但 p_j^2 不是素数，这与 $n\in S$ 矛盾。特别地，若 $n\in[p_k^2,p_{k+1}^2)\cap S$，则 $p_1p_2\cdots p_k\mid n$。

注意到由 Bertrand 假设知当 $k\geqslant 5$ 时

$$p_{k+1}^2<4p_k^2<8p_{k-1}p_k<p_1p_2\cdots p_k,$$

并且 $p_5^2=121<2\cdot3\cdot5\cdot7=p_1p_2p_3p_4$，故而当 $k\geqslant 4$ 时 $[p_k^2,p_{k+1}^2)\cap S=\varnothing$。又因为

$$[p_3^2,p_4^2)\cap S=[25,49)\cap S=\{30\},$$

所以 $\max S=30$。

2. 首先注意到区间 $[7,19]$ 中的每个整数均可写成小于 13 的互不相同的素数之和，因此对这个区间中每个数加上 13 便知区间 $[20,32]$ 中的每个整数均可写成 $\leqslant 13$ 的互不相同的素数之和，进而可得区间 $[7,32]$ 中的每个整数均可写成 $\leqslant 13$ 的互不相同的素数之和。

现归纳地假设 p 是一个满足 $7<p\leqslant \dfrac{n-6}{2}$ 的素数，且区间 $[7,n]$ 中的每个整数均可写成 $\leqslant p$ 的互不相同的素数之和。因为由 Bertrand 假设知存在素数 $q\in(p,2p]$，故而区间 $[7+q,n+q]$ 中的每个整数均可写成 $\leqslant q$ 的互不相同的素数之和。注意到

$$q+7\leqslant 2p+7\leqslant n+1,$$

所以结合归纳假设知区间 $[7,n+q]$ 中的每个整数均可写成 $\leqslant q$ 的互不相同的素数之和。此外，还容易验证 $7<q\leqslant \dfrac{n+q-6}{2}$。因此重复以上步骤便可对大于 6 的任意整数证明结论。

习题 9.5

1. 由第七章推论 4.4 知

$$\begin{aligned}\sum_{\substack{p\leqslant x\\ p\equiv a\,(\mathrm{mod}\ q)}}\frac{1}{p}&=\frac{1}{\log x}\sum_{\substack{p\leqslant x\\ p\equiv a\,(\mathrm{mod}\ q)}}\frac{\log p}{p}+\int_2^x\Bigg(\sum_{\substack{p\leqslant t\\ p\equiv a\,(\mathrm{mod}\ q)}}\frac{\log p}{p}\Bigg)\frac{\mathrm{d}t}{t\log^2 t}\\&=\frac{1}{\varphi(q)}+O\Big(\frac{1}{\log x}\Big)+\frac{1}{\varphi(q)}(\log\log x-\log\log 2)\\&\quad+\int_2^x\Bigg(\sum_{\substack{p\leqslant t\\ p\equiv a\,(\mathrm{mod}\ q)}}\frac{\log p}{p}-\frac{\log t}{\varphi(q)}\Bigg)\frac{\mathrm{d}t}{t\log^2 t}\\&=\frac{1}{\varphi(q)}\log\log x+A+O\Big(\frac{1}{\log x}\Big),\end{aligned}$$

其中

$$A=\frac{1-\log\log 2}{\varphi(q)}+\int_2^{+\infty}\Bigg(\sum_{\substack{p\leqslant t\\ p\equiv a\,(\mathrm{mod}\ q)}}\frac{\log p}{p}-\frac{\log t}{\varphi(q)}\Bigg)\frac{\mathrm{d}t}{t\log^2 t}.$$

2. 由 Dirichlet 定理知存在无穷多个形如 $kq+1$ $(k\in\mathbb{Z}_{>0})$ 的素数，用 a_m 表示按从小到大顺序排列的第 m 个形如 $kq+1$ 的素数。现取整数 ℓ 满足 $\ell-1\leqslant\alpha<\ell$，并记 $n_j=(a_1\cdots a_\ell)^j$，则 $n_j\equiv 1\ (\mathrm{mod}\ q)$ $(\forall\ j)$，进而有

$$|\chi(n_j)|\tau(n_j)=(j+1)^\ell\geqslant\Bigg(\frac{\log n_j}{\log(a_1\cdots a_\ell)}\Bigg)^\ell=\Bigg(\frac{1}{\log(a_1\cdots a_\ell)}\Bigg)^\ell\log^\ell n_j.$$

注意到 $\left(\dfrac{1}{\log(a_1\cdots a_\ell)}\right)^\ell$ 仅与 α 有关，而与 j 无关，故而命题得证。

3. 按照 §8.1 习题 7 (2)，对 $s>1$ 有

$$L(s,\chi)=\sum_{n=1}^{\infty}\frac{\chi(n)}{n^s}=\prod_p\left(1-\frac{\chi(p)}{p^s}\right)^{-1}, \tag{A.16}$$

因此

$$\log L(s,\chi)=-\sum_p\log\left(1-\frac{\chi(p)}{p^s}\right)=\sum_p\sum_{m=1}^{\infty}\frac{\chi(p^m)}{mp^{ms}}.$$

4. 因为复特征以共轭形式成对出现且当 $s>1$ 时 $L(s,\overline{\chi})=\overline{L(s,\chi)}$，所以 $\prod\limits_{\chi\,(\mathrm{mod}\ q)}L(s,\chi)$ 是实数。又由上题知当 $s>1$ 时

$$\begin{aligned}\log\prod_{\chi\,(\mathrm{mod}\ q)}L(s,\chi)&=\sum_{\chi\,(\mathrm{mod}\ q)}\log L(s,\chi)=\sum_{\chi\,(\mathrm{mod}\ q)}\sum_p\sum_{m=1}^{\infty}\frac{\chi(p^m)}{mp^{ms}}\\&=\sum_p\sum_{m=1}^{\infty}\frac{1}{mp^{ms}}\sum_{\chi\,(\mathrm{mod}\ q)}\chi(p^m)\\&=\varphi(q)\sum_p\sum_{\substack{m=1\\p^m\equiv1\,(\mathrm{mod}\ q)}}^{\infty}\frac{1}{mp^{ms}}>0,\end{aligned}$$

故而命题得证。

5. 由 (A.16) 知当 $s>1$ 时

$$\begin{aligned}L(s,\chi_0)&=\prod_p\left(1-\frac{\chi_0(p)}{p^s}\right)^{-1}=\prod_{p\nmid q}\left(1-\frac{1}{p^s}\right)^{-1}\\&=\prod_{p|q}\left(1-\frac{1}{p^s}\right)\prod_p\left(1-\frac{1}{p^s}\right)^{-1}=\zeta(s)\prod_{p|q}\left(1-\frac{1}{p^s}\right)\end{aligned}$$

而在 §7.4 例 4.8 的证明过程中我们得到了

$$\zeta(s)=\frac{1}{s-1}+O(1),\qquad\forall\ s>1,$$

所以

$$\lim_{s\to1^+}(s-1)L(s,\chi_0)=\prod_{p|q}\left(1-\frac{1}{p}\right).$$

6. 假设存在复特征 χ_1 使得 $L(1,\chi_1)=0$，则 $L(1,\overline{\chi_1})=0$。因为由 §8.1 习题 7 (2) 知 $L(s,\chi)$ 与 $L(s,\overline{\chi})$ 均在 $s=1$ 处可导，故而

$$\lim_{s\to 1^+}\frac{L(s,\chi_1)}{s-1}=\lim_{s\to 1^+}\frac{L(s,\chi_1)-L(1,\chi_1)}{s-1}=L'(1,\chi_1),$$

$$\lim_{s\to 1^+}\frac{L(s,\overline{\chi_1})}{s-1}=\lim_{s\to 1^+}\frac{L(s,\overline{\chi_1})-L(1,\overline{\chi_1})}{s-1}=L'(1,\overline{\chi_1}),$$

结合上题结论知

$$\begin{aligned}&\lim_{s\to 1^+}\prod_{\chi\,(\mathrm{mod}\ q)}L(s,\chi)\\ =&\lim_{s\to 1^+}(s-1)\Big((s-1)L(s,\chi_0)\Big)\cdot\frac{L(s,\chi_1)}{s-1}\cdot\frac{L(s,\overline{\chi_1})}{s-1}\prod_{\substack{\chi\,(\mathrm{mod}\ q)\\ \chi\neq\chi_0,\,\chi_1,\,\overline{\chi_1}}}L(s,\chi)=0.\end{aligned}$$

参 考 文 献

[1] 闵嗣鹤, 严士健. 初等数论[M]. 3 版. 北京: 高等教育出版社, 2003.

[2] 潘承洞, 潘承彪. 初等数论[M]. 3 版. 北京: 北京大学出版社, 2013.

[3] И. М. ВИНОГРАДОВ，Основы Теории Чисел[M]. Изд. Лев.，1981。(中译本: 维诺格拉多夫. 数论基础[M]. 6 版. 裘光明, 译. 北京: 高等教育出版社, 1956.)

[4] GAUSS C F. Disquisitiones arithmeticae[M]. Fleischer: Leipzig, 1801. (中译本: 高斯. 算术探索[M]. 潘承彪, 张明尧, 译. 哈尔滨: 哈尔滨工业大学出版社, 2011.)

[5] 陆亚明. 数学分析入门[M]. 北京: 高等教育出版社, 2022.

[6] GREEN B，TAO T. The primes contain arbitrarily long arithmetic progressions[J]. Ann. of Math., 2008, 167: 481−547.

[7] RICHERT H -E. Selberg's sieve with weights[J]. Mathematika, 1969, 16: 1−22.

[8] CHEN J R. On the representation of a large even integer as the sum of a prime and the product of at most two primes[J]. Sci. Sinica., 1973, 16: 157−176.

[9] ACZEL A D. Fermat's last theorem: Unlocking the secret of an ancient mathematical problem[M]. New York: Bantam Doubleday Dell Publishing Group, Inc., 1996. (中译本: 艾克赛尔. 费马大定理: 解开一个古代数学难题的秘密[M]. 左平, 译. 上海: 上海科学技术文献出版社, 2008.)

[10] CARMICHAEL R D. On composite numbers P which satisfy the Fermat congruence $a^{P-1} \equiv 1 \pmod{P}$[J]. Amer. Math. Monthly, 1912, 19: 22−27.

[11] ALFORD W R, GRANVILLE A, POMERANCE C. There are infinitely many Carmichael numbers[J]. Ann. of Math., 1994, 140: 703−722.

[12] KORSELT A. Problème chinois[J]. L'interm. des Math., 1899, 6: 142−143.

[13] CHERNICK J. On Fermat's simple theorem[J]. Bull. Amer. Math. Soc., 1939, 45: 269−274.

[14] HEATH−BROWN D R. The square sieve and consecutive square-free numbers[J]. Math. Ann., 1984, 266(3): 251−259.

[15] VAUGHAN R C. Sommes trigonométriques sur les nombres premiers[J]. C. R. Acad. Sci. Paris Sér. A-B, 1977, 285: 981−983.

[16] HARDY G H. On Dirichlet's divisor problem[J]. Proc. London Math. Soc., 1916, 15(2): 1−25.

[17] 董光昌. 除数问题（III）[J]. 数学学报, 1956, 6(4): 515−541.

[18] BOURGAIN J, WATT N. Mean square of zeta function, circle problem and divisor problem revisited[J]. arXiv:1709.04340v1 [math.AP], 2017.

[19] RIEMANN B. Über die Anzahl der Primzahlen unter einer gegebenen Grösse[J]. Monatsber Berlin Akad., 1859: 671−680.

[20] WALFISZ A. Zur additiven Zahlentheorie II[J]. Math. Z., 1936, 40(1): 592−607.

[21] SIEGEL C L. Über die Classenzahl quadratischer Zahlkörper[J]. Acta Arith., 1936, 1: 83−86.

[22] MONTGOMERY H L, VAUGHAN R C. Exponential sums with multiplicative coefficients[J]. Invent. Math., 1977, 43: 69−82.

[23] PALEY R E A C. A theorem on characters[J]. J. London Math. Soc., 1932, 7: 28−32.

[24] BURGESS D A. On character sums and L-series[J]. Proc. London Math. Soc., 1962, 12(3): 193−206.

[25] BURGESS D A. On character sums and L-series II[J]. Proc. London Math. Soc., 1963, 13(3): 524−536.

[26] CHEBYSHEV P L. Mémoire sur les nombres premiers[J]. Mem. Acad. Sci., Saint Petersburg, 1850, 7: 17−33.

[27] HADAMARD J. Sur la distribution des zeros de la fonction $\zeta(s)$ et ses consequences arithmétiques[J]. Bull. Soc. Math. France, 1896, 24: 199−220.

[28] DE LA VALLÉE POUSSIN C J. Recherches analytiques sur la théorie des nombres (première partie)[J]. Ann. Soc. Sci. Bruxelle, 1896, 20: 183−256.

[29] SELBERG A. An elementary proof of the prime number theorem[J]. Ann. of Math., 1949, 50(2): 305−313.

[30] ERDÖS P. On a new method in elementary number theory which leads to an elementary proof of the prime number theorem[J]. Proc. Nat. Acad. Sci., 1949, 35: 374−384.

[31] PIATETSKI−SHAPIRO I I. On the distribution of prime numbers in the sequences of the form $[f(n)]$[J]. Mat. Sb., 1953, 33: 559−566.

[32] RIVAT J, SARGOS P. Nombres premiers de la forme $[n^c]$[J]. Can. J. Math., 2001, 53: 414−433.

[33] HARDY G H, RAMANUJAN S. The normal number of prime factors of a number n[J]. Quart. J. Math., 1917, 48: 76−92.

[34] TURÁN P. On a theorem of Hardy and Ramanujan[J]. J. London Math. Soc., 1934, 9(4): 274−276.

[35] POLYMATH D H J. Variants of the Selberg sieve, and bounded intervals containing many primes[J]. Res. Math. Sci., 2014, 1: 1−83.

[36] ERDÖS P. Beweis eines Satzes von Tschebyschef[J]. Acta Sci. Math. (Szeged), 1930–1932, 5: 194–198.

[37] RICHERT H -E. Über Zerfällungen in ungleiche Primzahlen[J]. Math. Z., 1949, 52: 342–343.

[38] LANDAU E. Handbuch der Lehre von der Verteilung der Primzahlen[M]. Leipzig-Berlin: Teubner, 1909.

[39] SHAPIRO H N. On primes in arithmetic progression II[J]. Ann. of Math., 1950, 52(2): 231–243.

[40] HARDY G H, WRIGHT E M. An introduction to the theory of numbers (5th ed.)[M]. Oxford University Press, 1979.

[41] 华罗庚. 数论导引[M]. 北京: 科学出版社, 1957.

[42] JONES J A, JONES J M. Elementary number theory[M]. Springer Undergraduate Mathematics Series, London: Springer-Verlag, 1998.

[43] 柯召，孙琦. 数论讲义[M]. 北京: 高等教育出版社, 1986.

[44] KLINE M. Mathematical thought from ancient to modern times[M]. Oxford University Press, 1972.（中译本: 克莱因. 古今数学思想[M]. 张理京等, 译. 上海: 上海科学技术出版社, 2002.）

[45] KONINCK DE J -M, MERCIER A. 1001 problems in classical number theory[M]. Providence: American Mathematical Society, 2007.

[46] 闵嗣鹤. 数论的方法: 上册[M]. 北京: 科学出版社, 1958.

[47] MONTGOMERY H L, VAUGHAN R C. Multiplicative number theory I. classical theory[M]. Cambridge Studies in Advanced Mathematics, vol. 97, Cambridge: Cambridge Univ. Press, 2006.

[48] NATHANSON M. Additive number theory, the classical bases[M]. Graduate Texts in Mathematics, vol. 164, Springer–Verlag, 1996.

[49] 潘承洞, 潘承彪. 素数定理的初等证明[M]. 上海: 上海科学技术出版社, 1988.

[50] 潘承洞, 潘承彪. 解析数论基础[M]. 北京: 科学出版社, 1991.

[51] P. RIBENBOIM. The little book of bigger primes[M]. New York: Springer-Verlag, 1991.（中译本: 里本伯姆. 博大精深的素数[M]. 孙淑玲，冯克勤, 译. 北京: 科学出版社, 2007.）

[52] TENENBAUM G. Introduction to analytic and probabilistic number theory[M]. Cambridge Studies in Advanced Mathematics, vol. 46, Cambridge: Cambridge Univ. Press, 1995.

[53] 王渝生. 中国算学史[M]. 上海: 上海人民出版社, 2006.

[54] WEIL A. Number theory: An approach through history; from Hammurapi to Legendre[M]. Boston: Birkhäuser, 1983.（中译本: 韦伊. 数论——从汉穆拉比到勒让德的历史导引[M]. 胥鸣伟, 译. 北京: 高等教育出版社, 2010.）

索 引